誘電体論

フレーリッヒ 著
永宮健夫
中井祥夫 訳

物理学叢書
16

吉岡書店

物 理 学 叢 書

編集
小谷 正雄 東京大学教授
小林 稔 京都大学教授
小井山 常修 京都大学助教授
井本 高木 京都大学教授
山本 健二 京都大学教授

この肖像は Fröhlich 夫人の
スケッチによる

    I feel greatly honoured to find my book
on Dielectrics translated into Japanese, the language
of an ancient culture. I hope that this may contribute
to the stimulating exchange of ideas between scientists.

                          H. FRÖHLICH.

THEORY OF
DIELECTRICS

DIELECTRIC CONSTANT
AND
DIELECTRIC LOSS

BY

H. FRÖHLICH

PROFESSOR OF THEORETICAL PHYSICS
IN THE UNIVERSITY OF LIVERPOOL

SECOND EDITION

Copyright © 1960

OXFORD
AT THE CLARENDON PRESS
1958

序

第二版への序

　この第二版が第一版と違うところは附録 B を追加したことである．この追加項目は三つの節から成り立っている．最初の二つでは静電的誘電率の一般論を扱い，そこでは7節に展開した一般論をさらにおし進めた．また最後の節では R. A. Sack と E. P. Gross の誘電損失に関する重要な仕事を述べたが，しかし現在のところでは，この理論はまだ本書のような主に基礎的事項を扱った本で，くわしく述べるほどの段階には達していない．

1957
H. F.

第一版への序

　誘電物質の諸性質はいろいろな分科の科学者にとって興味あるものである．物理学者，化学者，電気工学者，生物学者がこれに属するであろう．それらの人々の興味はそれぞれ異なる面に注がれている．例えば電気工学者は，ある範囲でほとんど誘電損失のない物質を探し出すために，誘電損失の周波数および温度依存性を知りたいであろう．他方，化学者は分子の性質に関する結論をひき出すために，誘電体の知識を使うことができる．これらの目的，あるいは他の多くの目的のために，誘電体の理論のまとめが要望されている．

　この本で意図するところは，誘電率と誘電損失の組織立った叙述をすることである．著者はこの叙述が，誘電体に関係する研究の各種の分科からの要求をみたしうることを望んでいる．私はこの叙述を行うに当って，誘電体の問題が，古典統計力学の応用として，方法論的見地からも十分興味のあるものであることを発見した．この応用がつまらないものでありえないことは，ごく最近までつづいた文献上の論争からもうかがい知れることである．また7節に導いたいくつかの一般的定理は新らしいもの

であると考える．

　私がこの単行書を書いた意図は，これを応用科学者に役立たせることであった．しかし一般論を扱った諸節は研究者諸氏に対しても価値のあるものであることを望んでいる．読者に要求される数学的知識は，微積分学の知識を時折こえる程度のものである．それにしても，微積分学の駆使は生物学者にとって重荷であろうと聞いている．また読者は原子および分子の物理学，統計力学，および静電気学のある程度の基礎的知識をもつものと想定している．量子力学は必要としない．量子力学と誘電体理論の関係は Van Vleck の著書 [V1] に扱われている．

　特に断らない限り，単位は c. g. s. 静電単位系を使う．ベクトルは太文字で表わしている．同一記号を重複して使っているところがあるが，これは残念ながら止むをえない．$\infty, \simeq, \sim$ の記号はそれぞれ "比例する，ほぼ等しい，同じ程度の大きさである" のいみである．慣例に従って，k はボルツマン定数，h はプランク定数，$\hbar$ は $h/2\pi$ である．

　多数の同僚諸氏にいろいろの御援助をえたが，それに対して厚く感謝したい．F. C. Frank 博士，Willis Jackson 教授，H. Pelzer 博士の三氏には原稿の全部または一部を読んで頂き，貴重な示唆を賜わった．R. Sack 博士には校正に助力して頂き，S. Zineau 氏には索引を作って頂いた．実験事実を集める上に助力して下さった B. Szigeti 博士と，原稿の最初の書き下しを読んで多数の有益な示唆を与えて下さった J. H. Simpson 博士には特にお礼を申上げたい．

　またこの機会に British Electrical and Allied Industries Research Association (E. R. A.) に対して謝意を表したい．その援助なしには，この本に書かれている研究の多くがなされずに終ったであろう．

　なお Physical Society, Faraday Society, *Nature*，および引用した図版の各著者に対しても御礼の意を表したいと思う．

H. F.

訳 者 の 序

　この本は誘電体の理論を深く掘り下げてまとめているという点で比類がないものと思う．誘電体理論は Maxwell-Sellmeyer, Clausius-Mossotti, Lorentz-Lorenz, また Langevin-Debye などの名で知られている古い公式から，Onsager 理論，Kirkwood 理論などの比較的新らしいものに至るまで，長い歴史をへており，しかもなお十分すっきりしたとはいえないものであった．イオン結晶の赤外吸収の理論にしてもそうであった．しかし本書の7節で述べられている一般論は，Kirkwood 理論をさらに一般的にしたものであって，静電誘電率の最も一般的な理論であり，この方面に終止符を打ったものであると考えられる．また赤外吸収を扱った最後の節の理論も，これは主として Szigeti の理論を紹介したものであるが，十分納得の行くものである．誘電損失を扱った諸節については，誘電損失が個々の物質によって異なる機構をもつために，これがすべてをカバーしているとはいえないが，しかし，著者ができるだけ一般的見地から理論をまとめようとした努力はうかがえる．応用の章は十分とはいえないが，しかし代表的な興味ある例を挙げており，教育的にすぐれたものである．誘電体の例をあげれば限りがなく，またそうすればページ数は尨大なものになり，却ってまとまりのないものになるであろう．
　一口にいうならば，この本はわずかなページ数のうちに誘電体理論の本質的な所を簡潔に，かつ最も完璧に，まとめたものといえるであろう．
　本書に欠けているものは強誘電体（ferroelectric）の理論である．これについては本文の最後に一言ふれているにすぎない．これについては近年多くの著述があるが，その一つとして次のものをあげておこう：

　W. Känzig: Ferroelectrics and Antiferroelectrics (Seitz-Turnbull: *Solid State Physics*, Vol. 5, p. 5–197 (1957).

　著者は誘電体の専門家というよりは，むしろ金属電子論および絶縁体電子論の大家であって，誘電体には後者に関連してたまたま興味をもったと考えられる節がある．著者の研究の有名なものとしては，超伝導の解決の糸口を作った"格子振動を媒介とする電子間相互作用"の理論があり，またポーラロンの理論がある．
　翻訳に当っては，原文が（概してきわめて親切ではあるが）所々不親切であったり

表現が拙かったりしていたため，思いきって意訳にせざるをえなかった箇所もあった．しかし概して忠実な訳を試みたつもりである．この訳によってある所は原本よりも明瞭に意味が受けとられ，また英語にあまり達者でない人が，誤って判読することが防がれ，本書の価値がよりよく理解されるようになれば幸である．脚註に＊印をつけたのは訳者が説明を補なった箇所である．†と‡は原著の脚註である．なお附録Bは原著が甚だ分りにくく書かれているので，かなりの意訳を試みると共に，＊印脚註をややくわしくつけておいた．

最後に，訳者の一人の多忙と他の一人の外遊のため，訳の完成がいちじるしくおくれたにもかかわらず，寛容を示され，さらに出版上に多くの助力をして下さった吉岡清氏，および訳の延引による英国出版社側の難色の解除に労をとられた Fröhlich 教授に対して厚く御礼を申上げる．また望月和子さんには原稿執筆の上で多大な助力を得たことを附記し，ここで謝意を表したい．（永宮記す）

訳　　　者

目　次

序　文

訳　者　序

第Ⅰ章　巨視的な理論

1. 静　電　場 …………………………………………………… 1
2. 時間によって変化する電場 …………………………………… 4
3. エネルギーとエントロピー …………………………………… 9

第Ⅱ章　静電的誘電率

4. 概　　説 ……………………………………………………… 16
5. 双極子間の相互作用 ………………………………………… 23
6. 気体および稀薄溶液中の双極性分子 ………………………… 28
7. 一　般　定　理 ……………………………………………… 39
8. 特別な場合 …………………………………………………… 52

第Ⅲ章　動的な性質

9. つりあいの達成 ……………………………………………… 68
10. Debye の式 ………………………………………………… 77
11. Debye の式を与える模型 …………………………………… 85
12. 一　般　化 …………………………………………………… 98
13. 共　鳴　吸　収 ……………………………………………… 107

第Ⅳ章 応用例

14. 構造と誘電性 ……………………………………………… 114
15. 無極性の物質 ……………………………………………… 119
16. 双極性の物質 ……………………………………………… 126
17. 双極性の固体および液体 ………………………………… 142
18. イオン結晶 ………………………………………………… 160

附　録

A 1. 電磁理論 …………………………………………………… 173
A 2. 双極子能率と他の静電的諸問題 ………………………… 178
A 3. Clausius-Mossotti の公式 ……………………………… 187
A 4. 吸収曲線の形 [$F\,9$] …………………………………… 192
B 1. 静電的誘電率 ……………………………………………… 197
B 2. 反作用場：簡単な一例 …………………………………… 209
B 3. 誘電損失 …………………………………………………… 214

文　献 …………………………………………………………… 217

索　引 …………………………………………………………… 220

---

†, ‡ は原著者脚註。
*, ** は訳者脚註。

第 I 章 巨視的な理論

1. 静 電 場

p. 1
　一般に誘電体の電気的な性質は**誘電率**によって表わされる．大低の物質では誘電率は，電場の強さをかなり広範囲に変えても，それには無関係に一定の値を保つが，交流電場の場合にはその周波数に関係し，また，物質の状態をきめる（例えば温度のような）パラメーターにも関係する．本章で概説する巨視的な（つまり現象論的な）理論では，物質の誘電率は実験的に知られた量であるとする．しかし，第 II 章以下では，物質の原子的構造をもとにしてその誘電率（およびその温度，周波数等による変化）を導き出すことが主な目的となる．

　本書では，いつも均一な組成をもった物質だけに注目することにし，また，それにかかる電場の強さは時間的には変化してもよいが，空間的には一様であると仮定する．

　まず真空中で距離 d だけはなれた二枚の平行平面板からなる蓄電器について考えてみる．ただし d は極板の拡がりにくらべて小さいとする．平面極板の面積を A として，二枚の極板にそれぞれ $+\sigma A$ および $-\sigma A$ の電荷を帯電させる．ここに $+\sigma$ は極板の単位面積当りに存在する電荷であり，表面電荷密度とよばれる量である．この電荷によって生じる電場は，極板の端に近い部分を除けば，一様で，極板の表面に垂直に向っており，その大きさは

$$E = 4\pi\sigma \qquad \text{（真空）} \qquad (1.1)$$

で与えられる．

　この式に係数 4π が現われているのは，電荷の単位の選び方によるもので，いわゆる c. g. s. 静電単位系を用いたためである．原子物理学では普通この単位系が用いられている．つまり単位の電荷を電場中に置いたとき，それに働く力をダインで表わすものとして電場の強さを定義すると，式 (1.1)

から電荷の単位が一義的に定められる.*

二枚の平面板の間の電圧 Φ は測定できるもので,その絶対値は

$$\Phi=|E|d \tag{1.2}$$

であたえられる.

いま,極板上の電荷を一定に保ったまま,極板の間の空間を均一な誘電体でみたすと,電圧は下る.誘電体を入れない場合の電圧と,入れた場合の電圧の比を**静電的誘電率**といい,これを ϵ_s で表わす.誘電体を入れても (1.2) は成り立つから,そのとき電場の強さは小さくなったわけで,その値は次のようになる:

$$E=4\pi\sigma/\epsilon_s \tag{1.3}$$

となる.(1.1) と (1.3) を比べれば,誘電体を挿入したときに電場が弱まることは,電荷の表面密度 σ を

$$P=\sigma\left(1-\frac{1}{\epsilon_s}\right)=\sigma\frac{\epsilon_s-1}{\epsilon_s} \tag{1.4}$$

だけ減らしてやったことと同じである.

故に,誘電体に対する電場の影響は,蓄電器の正の極板に接する誘電体の表面に負の電荷を帯びさせ,負の極板に接する面に正の電荷を帯びさせることである.この電荷密度は一定で P に等しい.原子論的な立場からみれば,帯電していない物体はすべて正負同数の素電荷によって構成されているから,誘電体が上記のようにふるまうことは当然予期されることである.誘電体中では,導体中とちがってこれらの電荷は媒質内を自由に動き回ることができないが,しかし電場がかかったときに,電荷は少しだけもとの位置からずれることができる.負電荷は正極板に向かってずれ,正電荷は負極板に向かってずれる.このとき誘電体内に,蓄電器の極板に平行な任意の平面を考えると,この平面の単位面積を垂直に通過する全電気量は一定で,それは P に等しい.そこで P を誘電体の**分極**とよぶ.

---

* 訳者註 (以下訳者註は * 印):単位電荷から 1 cm の距離の点の電場の強さが 1 であるという定義のおぎないが必要である.

1. 静電場

　分極によって生じた電荷を誘電体から取り去ることはできないから，分極 P を電荷のずれと考えることは，巨視的な物理学では仮想的な概念であるといえよう．分極による電荷は，極板上にあるそれと反対符号で大きさの等しい電荷の部分を打ち消す．もとから極板上にあった電荷を**真電荷**(true charge)と呼び，そのうち誘電体の表面電荷によって打ち消される部分を**束縛電荷**(bound charge)と呼ぶ（図1参照）．そこで，真電荷を用いて表わされる新しい場の量 D を導入するのが慣わしである．この量は電気変位とよばれ，

$$D = 4\pi\sigma \tag{1.5}$$

によって定義される．真空中では当然 $D=E$ である．誘電体中では(1.3)と(1.5)によって

$$D = \epsilon_s E \tag{1.6}$$

となる．また(1.4),(1.5),(1.6)によって

$$D = E + 4\pi P. \tag{1.7}$$

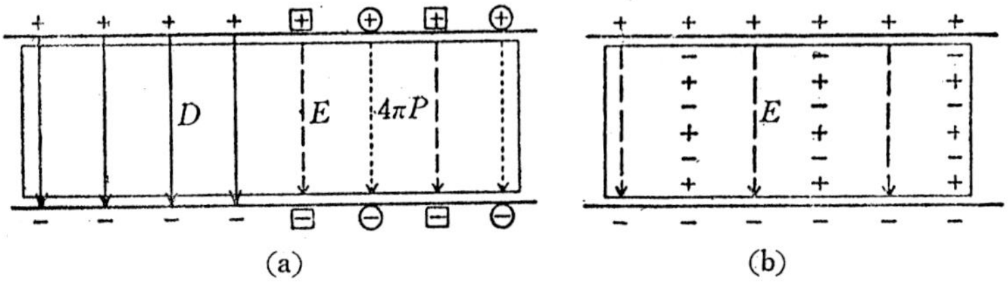

図 1. 誘電率 $\epsilon_s = 2$ であるような誘電体を蓄電器に挿入した場合.
(a) 巨視的な説明. 左の部分は D の源泉となる真電荷を＋一で表わし, 右の部分は真電荷が束縛電荷⊕⊖と**自由電荷**⊞⊟から成ることを示す. ⊕⊖は $4\pi P$ を生じ, ⊞⊟は E を生じる. こうして $D = E + 4\pi P$ を得る.
(b) 原子論的な説明. 真電荷だけが存在し, 場は E だけで記述される. しかし (＋－＋－……) で表わした誘電体の分極によって表面電荷が生じ, それが蓄電器の極板上の電荷の一部を打ち消す.

　このように，巨視的物理学では，誘電体の電場を二つの場の量によって記述しなければならない．ふつう二つの場の量として，電場の強さ E と電気変位 D とをえらぶ．すると，分極 P は(1.7)を用いてそれらから導かれる．D は(1.5)が示すように（真）電荷によってきまり，E は個々の誘電

体に対して成り立つ特別な関係 (1.6) によって D からみちびかれる.

上述のことを原子論的な立場と結びつけるには，表面電荷 $\pm PA$ に相当して

$$M = PAd = PV \tag{1.8}$$

で与えられる**電気双極能率** M がその誘電体に生じるということに注意する. ここに $V = Ad$ は誘電体の体積である. 他方，4 節で述べるように，この電気能率 M は，物質を構成する正負の素電荷の配列状態から計算することができる. そうすると (1.8) から，(1.6) と (1.7) を使って

$$\epsilon_s - 1 = 4\pi M/VE = 4\pi P/E \tag{1.9}$$

が得られるが，この式によって巨視的な理論と原子論的な理論のつながりが与えられる.

2. 時間によって変化する電場

さて，蓄電器の極板上の電荷（従って誘電体に加わる電場）が時間とともに変化する場合を考えよう. 静電的な場合と同じく，極板の間に置かれた誘電体は電場によって分極する. この分極にともなう電荷の変位はいくらかの慣性を示すのが常であって，一定の電場が急に加えられた場合でも分極は直ちにその静電的な価に達することはなく，ゆっくりとその価に近づいていく（図 2 参照）.

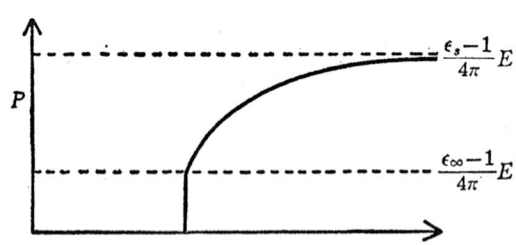

図 2. 一定の電場 E を急に加えたときに生じる誘電体の分極 P の時間的変化

静電的な場合と同様に，誘電体の中の電場を表わすには二つの場の量を必

2. 時間によって変化する電場

要とし，やはりこの量には電場の強さ E と電気変位 D がえらばれる．D はこの場合にも (1.5) で定義され，(1.7) による E, D, P の関係もそのまま成立する．しかし今の場合，E と D を関係づける (1.6) はもはや成り立たず，もっと一般的な関係で置き換えねばならない．

まず重要な場合として

$$E = E_0 \cos \omega t \tag{2.1}$$

で表わされる周期的な電場を考える．E_0 は時間に関係せず，また $\omega/2\pi$ はサイクル/秒 で表わした周波数である．このような電場がかなりの時間継続すると，やがて D も時間に関して周期的に変化するようになるが，一般に D は必ずしも E と同位相で変化するとは限らず，位相差 ϕ を示す：

$$D = D_0 \cos(\omega t - \phi) = D_1 \cos \omega t + D_2 \sin \omega t. \tag{2.2}$$

ここに，初等三角法によって，

$$D_1 = D_0 \cos \phi, \quad D_2 = D_0 \sin \phi. \tag{2.3}$$

大抵の誘電体では D_0 は E_0 に比例するが，D_0/E_0 の値はふつう交流電場の周波数に関係する．故に周波数に関係した二つの誘電率 $\epsilon_1(\omega)$ および $\epsilon_2(\omega)$ を

$$D_1 = \epsilon_1 E_0 \quad \text{および} \quad D_2 = \epsilon_2 E_0 \tag{2.4}$$

によって導入することができる．そうすると (2.3) および (2.4) から

$$\tan \phi = \frac{\epsilon_2}{\epsilon_1} \tag{2.5}$$

となる．3 節ではこの ϵ_2 が誘電体におけるエネルギー損失に比例する量であることを証明しよう．

周波数が 0 に近づくと，これらの関係は 1 節 で与えた関係と同じものになるはずである．故に（静電場では誘電損失がないとして）

$$\omega \to 0 \text{ のとき} \quad \epsilon_2(\omega) \to 0, \quad \epsilon_1(\omega) \to \epsilon_s. \tag{2.6}$$

これにもう一つの関係 (10節参照)

$$\omega \to \infty \text{ のとき} \quad \epsilon_1(\omega) \to \epsilon_\infty \tag{2.7}$$

を考え合わせる．この関係は，本書で考察する限りの最高の周波数領域において $\epsilon_1(\omega)$ が漸近的に近づく値が ϵ_∞ であるという意味に了解しておく．この周波数は赤外線領域の波長に相当する．

上記の式は，複素誘電率

$$\epsilon = \epsilon_1 + i\epsilon_2 \tag{2.8}$$

を導入し，また (2.1) を

$$E = E_0 e^{-i\omega t} \tag{2.9}$$

と書くことによって，簡潔な形に書くことができる．ただし (2.9) の実数部だけを考える（それは (2.1) と同じである）．すると

$$D = \epsilon E \tag{2.10}$$

の実数部は (2.2) および (2.4) と同じになる．

二つの誘電率 ϵ_1 および ϵ_2 を周波数 ω の関数としてみるとき，もしも E と D の関係が線型であるならば，それらは互いに全然無関係ではない[†]．この線型関係はふつう重ね合わせの原理によって表現され，それは，上に考えたものよりももっと一般的な時間変化をする電場を考えることによってよく説明できる．まず，時刻 u と $u+du$ の間だけ強さ $E(u)$ の電場が誘電体にかかり，それ以外のときは電場は 0 であるとする．このときの電気変位 D は，分極 P が慣性をもつことからみて，$t > u + du$ であるような時刻 t に対しても消えずに残り，しかしやがて消えて行く．つまり，D は $t-u$ の関数であり，

$$t > u + du \quad \text{ならば} \quad D(t-u) = E(u)\alpha(t-u)du$$

である．ここに，$\alpha(t-u)$ は D が徐々に減少して行くことを表わす減衰関数 (decay function) であって，とくに

$$t \to \infty \quad \text{ならば} \quad \alpha(t-u) \to 0 \tag{2.11}$$

となる．電気変位 D の中には全く時間的な遅れなしに電場について行く

[†] B. Gross [G4] および S. Whitehead [W5] 参照．そこに色々の文献があげられている．

[‡] (1.7) によれば $E = 0$ のときは $D = 4\pi P$ となることに注意．

2. 時間によって変化する電場

うな部分もあるが，その部分は，先に ϵ_∞ に与えた意味から考えて，$\epsilon_\infty E(u)$ に等しいとおける.

つまり

$$u < t < u + du \quad \text{ならば} \quad D(t-u) = \epsilon_\infty E(u) + E(u)\alpha(0)du$$

となる．ここに α は短かい時間 du の間は $\alpha(0)$ という一定値をとると考える．

次に，少し遅れた時刻 u' と $u'+du'$ の間にもう一度別の電場 $E(u')$ をかけたとする．このとき，重ね合わせの原理によって，これによる電気変位 $D(t-u')$ は先の変位に一次的に重ね合わされると仮定する．このような重ね合わせの原理を，時刻 $u=0$ に始まって時間とともに連続的に変化する電場 $E(u)$ に対してあてはめると，時刻 t の電気変位 $D(t)$ は次のように与えられることになる：

$$D(t) = \epsilon_\infty E(t) + \int_0^t E(u)\alpha(t-u)du. \tag{2.12}$$

この式を周期的に変化する電場に対して用いてみる．(2.1) の E を (2.12) に入れると

$$D(t) - \epsilon_\infty E_0 \cos \omega t = E_0 \int_0^t \alpha(t-u) \cos \omega u \, du$$

$$= E_0 \int_0^t \alpha(x) \cos \omega(t-x) dx$$

が得られる．但し，$x = t-u$ とした．このすべての積分で，t はパラメーターとみなしていることに注意してほしい．再びここで電場 E は，D を時間の周期関数とみなしてよいくらいに，充分に長く継続したと仮定する．これは $\alpha(t)$ が事実上消えるのに要する時間 t_0 にくらべて，t が大きいことを意味している．すると，(2.11) を参照して上の x についての積分は，上限を ∞ で置き換えてもよい．そうしても積分値は殆んど変らず

$$D(t) - \epsilon_\infty E_0 \cos \omega t = E_0 \int_0^\infty \alpha(x) \cos \omega(t-x) dx$$

となり，三角法の公式によって

$$D(t) - \epsilon_\infty E_0 \cos \omega t = E_0 \cos \omega t \int_0^\infty \alpha(x) \cos \omega x \, dx$$
$$+ E_0 \sin \omega t \int_0^\infty \alpha(x) \sin \omega x \, dx \qquad (2.13)$$

を得る．これを (2.2), (2.4) とくらべて

$$\epsilon_1(\omega) - \epsilon_\infty = \int_0^\infty \alpha(x) \cos \omega x \, dx, \qquad (2.14)$$

$$\epsilon_2(\omega) = \int_0^\infty \alpha(x) \sin \omega x \, dx \qquad (2.15)$$

が導かれる．結局，$\epsilon_1(\omega)-\epsilon_\infty$ も $\epsilon_2(\omega)$ も同じ減衰関数の $\alpha(x)$ から導かれることになり，従ってそれらは互いに独立であり得ない．

附録 (A. 1, iii) で行なう計算によると，次のような関係がえられる：

$$\epsilon_1(\omega) - \epsilon_\infty = \frac{2}{\pi} \int_0^\infty \epsilon_2(\mu) \frac{\mu}{\mu^2 - \omega^2} d\mu, \qquad (2.16)$$

$$\epsilon_2(\omega) = \frac{2}{\pi} \int_0^\infty \{\epsilon_1(\mu) - \epsilon_\infty\} \frac{\omega}{\omega^2 - \mu^2} d\mu, \qquad (2.17)$$

ここに μ は積分変数であり，積分は両方ともその主値をとる．

(2.16) を使って静電的誘電率を $\epsilon_2(\omega)$ から求めることができる．このとき (2.16) は明らかに

$$\epsilon_s = \epsilon_1(0) = \epsilon_\infty + \frac{2}{\pi} \int_0^\infty \epsilon_2(\mu) \frac{d\mu}{\mu} \qquad (2.18)$$

となる．この式が示すところによると，$\epsilon_s - \epsilon_\infty$ が非常に小さな物質では，あまり大きな誘電損失（ϵ_2 に比例する）がない．

最後に述べたいことは，巨視的と原子論的な理論の間のつながりは (1.9) と同様な性質の式によって与えられるということである．このことは (1.7) が，時間的に変化する電場の場合でも，静電場の場合でも，同様に成り立つという事実に基づいている．1節と同じ考えにより，今の場合も分極 P は単位体積当りの電気能率 M に等しい．このことから (1.8) が出る．(2.10) によって複素誘電率 ϵ を導入すると，(1.7) を使って

3. エネルギーとエントロピー

$$(\epsilon-1)E = 4\pi M/V \tag{2.19}$$

となる. ただし左辺では実数部のみを考える. それ故, もしも

$$M = M_1 \cos \omega t + M_2 \sin \omega t \tag{2.20}$$

であれば,

$$\epsilon_1 - 1 = 4\pi M_1/VE_0, \quad \epsilon_2 = 4\pi M_2/VE_0 \tag{2.21}$$

となる.

3. エネルギーとエントロピー

A. 静電場[†]

多くの教科書には

$$\epsilon_s \frac{E^2}{8\pi}$$

は, 電場 E が存在するときに, 静電誘電率 ϵ_s の誘電体がもつ単位体積当りの電気的なエネルギーを表わすと書いてある. しかし, ϵ_s が温度によって変化する場合には, この表現は誤解を招きやすい. 誘電体の単位体積について, まず電場をかけてから次に電場を除いたときにおこるエネルギーの変化は実際上記の量になっているが, しかし, このエネルギー変化は, 電場をかけている際に誘電体がどのような状態に保たれているかによるはずである. 例えば等温的に電場をかけていく場合と, 断熱的にかけていく場合とでは, ちがった結果になる. 以下もっと正確に述べるように, 上記の量は, ほんとは誘電体の自由エネルギーの変化である.

この議論をはじめる前に, 読者に熱力学の二つの基本法則についての主要点を思い起してもらおう. 簡単な例として, 体積 v, 圧力 p, 温度 T の気体を考える. 体積を dv だけ増すと仕事 pdv がなされる. エネルギー保存則によって

$$dU = dQ - pdv \tag{3.1}$$

は気体がもつエネルギーの変化となる. dQ は体積を増している間に系に流

[†] Abraham-Becker [*A 1*, 第 XI 章] 参照

入した熱量である．(3.1)はこの簡単な場合の熱力学の第一法則を表わしている．dQ という量は全微分ではない．すなわち，dQ が二つの近い値 Q_1 と Q_2 の差となるような一義的な熱力学的関数 Q は存在しない．しかし可逆過程に対しては

$$dS = \frac{dQ}{T} \qquad (3.2)$$

は，関数 S すなわちエントロピーの全微分を表わしている．S は熱力学の第二法則と関連して基本的な意味をもつ重要な量である（教科書をみよ）．

S を用いると，Helmholtz の自由エネルギー F は

$$F = U - TS \qquad (3.3)$$

で与えられる．F は等温的な（すなわち温度を一定に保った）過程において系がなし得る仕事の最大量を表わしている．

電場 E の中に置かれた誘電体では，電磁気学によると（附録 A 1, i 参照），

$$\frac{1}{4\pi} E dD \qquad (3.4)$$

は，電気変位 D を小さい量 dD だけ増したときに誘電体の単位体積に流れこむエネルギーを表わす．

いま誘電体の体積を常に一定に保って，電場 E 以外には温度 T だけが変えられるパラメーターであるとしよう．すると，T または E，もしくはその両方を少しだけ変化させた場合，誘電体の単位体積当りのエネルギー U の増加分 dU は

$$dU = dQ + \frac{E}{4\pi} dD \qquad (3.5)$$

となる．ただし dQ は単位体積に流入した熱量である．

この式は，E および D をそれぞれ $-p$ および v で置き換えれば，気体に対する (3.1) と同じものになる．しかし気体に対して存在する p, v および T の関係式（状態方程式）は，E, D および T の関係式とは異なっている．後者に対しては (1.6) が成り立ち，この式の誘電率 ϵ_s は T には関

3. エネルギーとエントロピー

係するが E には無関係となっている．それ故

$$dD = d(\epsilon_s E) = \epsilon_s dE + E d\epsilon_s = \epsilon_s dE + E \frac{\partial \epsilon_s}{\partial T} dT$$

となり，D の変化は，温度を一定に保って電場の強さを変えたことによる部分と，E を一定に保って温度を変えたことによる部分の和になっている．以下，便宜上，T と E^2 を独立変数に選ぶ．そうすると，熱力学の第一法則を表わす (3.5) は次のようになる：

$$dQ + \frac{\epsilon_s}{8\pi} d(E^2) + \frac{E^2}{4\pi} \frac{\partial \epsilon_s}{\partial T} dT = dU = \frac{\partial U}{\partial (E^2)} d(E^2) + \frac{\partial U}{\partial T} dT. \quad (3.6)$$

もう一つの関係がエントロピーの法則から得られる．この法則によると，(3.2) で与えられる dS は全微分になっていなければならない．すなわち

$$dS = \frac{\partial S}{\partial T} dT + \frac{\partial S}{\partial (E^2)} d(E^2) \quad (3.7)$$

であるような関数 $S(T, E^2)$ が一義的に存在しなければならない．そこで

$$dS = A(T, E^2) dT + B(T, E^2) d(E^2) \quad (3.8)$$

と書き，A および B はどちらも二つの変数 T および E^2 の関数であるとすると，dS が全微分であることから，

$$\frac{\partial B}{\partial T} = \frac{\partial A}{\partial (E^2)} \quad (3.9)$$

の関係の成立が要求される．何となれば，この両辺は $\partial^2 S/\partial T \partial (E^2)$ に等しいからである．さて，(3.6) から求めた dQ を (3.2) に入れると

$$dS = \frac{1}{T}\left(\frac{\partial U}{\partial T} - \frac{E^2}{4\pi}\frac{\partial \epsilon_s}{\partial T}\right) dT + \frac{1}{T}\left(\frac{\partial U}{\partial (E^2)} - \frac{\epsilon_s}{8\pi}\right) d(E^2). \quad (3.10)$$

この式は (3.8) の形を持っているから，(3.9) は

$$\frac{\partial}{\partial T}\left\{\frac{1}{T}\left(\frac{\partial U}{\partial (E^2)} - \frac{\epsilon_s}{8\pi}\right)\right\} = \frac{\partial}{\partial (E^2)}\left\{\frac{1}{T}\left(\frac{\partial U}{\partial T} - \frac{E^2}{4\pi}\frac{\partial \epsilon_s}{\partial T}\right)\right\}$$

となり，微分を実行すると次の関係がえられる：

$$\frac{\partial U}{\partial (E^2)} = \frac{1}{8\pi}\left(\epsilon_s + T\frac{\partial \epsilon_s}{\partial T}\right).$$

これを E^2 について積分すると，エネルギー密度は

$$U = U_0(T) + \left(\epsilon_s + T\frac{\partial \epsilon_s}{\partial T}\right)\frac{E^2}{8\pi} \tag{3.11}$$

となる．$U_0(T)$ は E^2 に無関係で T だけの関数であり，従って電場がない場合の誘電体のエネルギーを表わしている．

(3.11) の U を (3.10) に入れて，これを (3.7) とくらべると，$\dfrac{\partial S}{\partial T}$ および $\partial S/\partial (E^2)$ を求めることができ，これからエントロピー S は簡単に計算できる．すなわち，

$$\frac{\partial S}{\partial T} = \frac{1}{T}\frac{\partial U_0}{\partial T} + \frac{E^2}{8\pi}\frac{\partial^2 \epsilon_s}{\partial T^2}, \quad \frac{\partial S}{\partial (E^2)} = \frac{1}{8\pi}\frac{\partial \epsilon_s}{\partial T}$$

となり，これを積分して

$$S = S_0(T) + \frac{\partial \epsilon_s}{\partial T}\frac{E^2}{8\pi}. \tag{3.12}$$

ここに $S_0(T)$ は電場がないときのエントロピーを表わす．最後に (3.3) から自由エネルギー

$$F = F_0(T) + \frac{\epsilon_s E^2}{8\pi} \tag{3.13}$$

が得られる．$F_0(T)$ は電場がないときの自由エネルギーである．このようにして，始めに述べた通り，$\epsilon_s \cdot E^2/8\pi$ は自由エネルギーの変化を表わすことがわかった．

上に求めた U, S および F の式は甚だ教訓的な意味をもっている．つまり自由エネルギーの式 (3.13) は（気体における F の意味と同様に）等温可逆過程で系からとり出し得る電気的エネルギーが $\epsilon_s E^2/8\pi$ であるということを示している．

6 節で述べるように，稀薄な双極性の気体のような物質に対しては

$$\epsilon_s = \epsilon_0 + \text{constant}/T \tag{3.14}$$

3. エネルギーとエントロピー

(ϵ_0 は T に無関係）であるが，これに対する電場によるエネルギー変化は，エネルギー式 (3.11) によって，$\epsilon_0 E^2/8\pi$ で与えられる．従ってこの場合には，ϵ_s の温度に関係する部分はエネルギーに対して少しも寄与をしない．それ故，自由エネルギーから $\epsilon_0 E^2/8\pi$ を除いた残りの $(\epsilon_s-\epsilon_0)E^2/8\pi$ はすべてエントロピーの変化によるものである．†

最後に，(3.12) によれば，エントロピーは $\partial\epsilon_s/\partial T$ が正ならば電場によって増加し，$\partial\epsilon_s/\partial T$ が負ならば減少する．エントロピーは分子の無秩序の尺度であるから，双極性の液体及び気体のように T が増すときに ϵ_s が減少するような物質では，電場をかけることによって分子はより秩序的に並ぶということになる．このことは，電場がないときに全く無秩序に向いた双極子が，電場によって部分的に向きをそろえると考えれば当然である．一方，ある双極性の固体では ϵ_s が T と共に増加する．この場合は電場をかけることによって無秩序さが増加する．このことも，電場がないときに双極子が

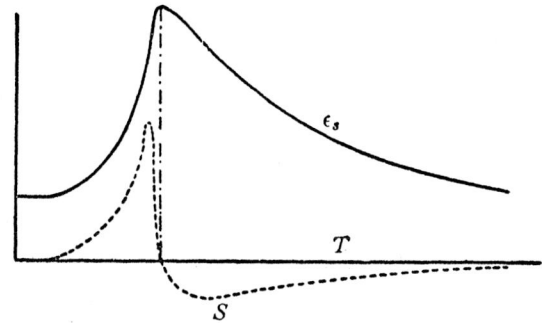

図 3. 誘電率 ϵ_s の温度変化の模様と，電場による分極で生じたエントロピーの変化 $S \propto \partial\epsilon_s/\partial T$ の模様．[*] $S>0$ ならば電場によって無秩序が増し，$S<0$ ならばより秩序的になる．$0°K$ の近くでは物質は始めから完全に秩序的であるから，$\partial\epsilon_s/\partial T$ は $T=0$ の近くで負になることはできない．

---

† 絶対0度の附近ではこのことは熱力学の第三法則と矛盾する．故に，(3.14) のような温度依存性は $T=0$ の附近では正しくない．

[*] この S は本文中の (3.12) の $S-S_0(T)$ に対応する量であることに注意．

秩序よく並んでいると仮定すれば理解できる．固体ではこのようなことがあり得る．*すなわち電場は双極子の一部を違った方向にまげ，既存の秩序をへらすことしかできないわけである．

B. 周期的な電場

時間とともに変化する一般の電場の場合に，A と同様な計算を行うことは大変複雑である．しかし，周期的な電場があるときの等温変化を考察することは容易で，熱にかわる電気エネルギー量の1周期にわたる平均値はすぐ求めることができる．

この場合は温度が一定に保たれており，また E が周期的であるので，誘電体のエネルギー U は1周期にわたって平均をとれば変化しない．それ故 (3.5) で $dU=0$ となり，1周期についてこれを積分すれば

$$\int dQ = -\frac{1}{4\pi}\int E\,dD = -\frac{1}{4\pi}\int_0^{2\pi/\omega} E\frac{\partial D}{\partial t}dt$$

となる．

従って，単位体積から毎秒発生する熱，すなわち，電場からのエネルギーの損失の割合 L は

$$L = \frac{\omega}{8\pi^2}\int_0^{2\pi/\omega} E\frac{\partial D}{\partial t}dt$$

で与えられる．

ここで (2.1) の E および (2.2) と (2.4) の D を使うと

$$L = \frac{\omega E_0^2}{8\pi^2}\int_0^{2\pi/\omega} \cos\omega t\left(\epsilon_1\frac{\partial \cos\omega t}{\partial t} + \epsilon_2\frac{\partial \sin\omega t}{\partial t}\right)dt.$$

この積分を実行して，
$$L = \frac{\epsilon_2 E_0^2 \omega}{8\pi}. \tag{3.15}$$

この量は (2.5) の位相角変化 ϕ を使って，
$$L = \frac{\epsilon_1 E_0^2 \omega}{8\pi}\tan\phi \tag{3.16}$$

と表わすこともできる．このため，ϕ は通常**損失角**とよばれる．

---

* 後述の秩序-無秩序転移の項（P 59）参照．

3. エネルギーとエントロピー

(3.15) を導く他の方法を附録 (A 1. ii) に示しておいた． また ϵ_1 および ϵ_2 と物質の光学常数との関係も附録 (A 1. iv) に論じてある．

第II章 静電的誘電率

4. 概　　説

　本章で意図することは，外電場によって誘電体中に誘起される電気双極子能率を物質の原子的または分子的な構造から計算することである．そうすると誘電率 ϵ_s は (1.9) を用いて求めることができる．

　後に7節で，静電的誘電率 ϵ_s と物質の構造上の性質を結びつける一般公式を導く．しかし，ϵ_s のあらわな値とその温度依存性を計算することは大きな形式的困難[*]にぶつかるのが常である．そのため，ここでは二つの型の近似法を導入する．

　第一は，簡単な模型をとって，さらに複雑な構造をもった物質を代表させることである．第二は，温度のようなパラメーターの，ある限られた範囲内だけで通用するような数学的近似法を用いることである．こうすると，ある近似式が，与えられた物質に対して適用できるか否かを判断するには，(a) 基礎になる模型が実際の物質をよく表わすように選ばれているかどうか，(b) 数学的近似が，いま考えているパラメーターの与えられた範囲に対して成り立つかどうか，の二点を検討しなければならない．

　誘電体は素電荷 e_i から成り立っていると考えることができる．そして帯電していないならば，

$$\sum e_i = 0 \tag{4.1}$$

である．電荷 e_i のある定まった点に関する**電気双極能率**[†]を，その点から e_i へ引いた動径ベクトル $\mathbf{l}_i$ として，ベクトル $e_i \mathbf{l}_i$ で定義する．全系の合成能率は各々の双極子をベクトル的にすべて加えたもので，$\sum_i e_i \mathbf{l}_i$ である．この量は，電荷の総和が0であれば，定点の位置に無関係である．何故ならば，

---

　[*]　ϵ_s の数値をそれから求めることができるような正確な式の形を出すことが困難であるという意味である．
　[†]　電気能率，双極能率，または単に能率とよぶこともある．

4. 概　説

元の点から b だけ離れた点に関する双極能率を求めると，(4.1) を使って，

$$\sum e_i(\mathbf{l}_i+\mathbf{b}) = \sum e_i \mathbf{l}_i + \mathbf{b}\sum e_i = \sum e_i \mathbf{l}_i$$

となり，元のものと同じになる。

物質の最低エネルギー状態（基準状態）ではその双極能率は 0 であると仮定する。そうすると，電荷 e_i の基準状態での位置ベクトルを $\mathbf{l}_{i0}$ として，

$$\sum e_i \mathbf{l}_0 = 0. \tag{4.2}$$

それ故，基準状態でのつりあいの位置からはかった変位を $\mathbf{r}_i$ とすると，$\mathbf{l}_i = \mathbf{l}_0 + \mathbf{r}$ となり，(4.2) を使って書き表わした量

$$\mathbf{M}(X) = \sum_i e_i \mathbf{l}_i = \sum_i e_i \mathbf{r}_i \tag{4.3}$$

は，一組の変位

$$X = (\mathbf{r}_1, \mathbf{r}_2, \cdots, \mathbf{r}_i, \cdots) \tag{4.4}$$

に対応するその物質の電気的双極能率を表わすことになる（変位の組を X と略記）。もちろん，同じ $\mathbf{M}$ を生じるような変位の組 X は沢山あってもよい。

素電荷のうちのあるものをまとめて，原子，分子，結晶の単位胞，もしくはもっと大きな単位を作る一集団として取り扱うと便利なことが多い。このような集団の j 番目のものが S 個の素電荷 $e_{j1}, e_{j2}, \cdots e_{jk}, \cdots e_{js}$ を含むとし，また，それらのすべての変位の組 $\mathbf{r}_{j1}, \cdots, \mathbf{r}_{js}$ を略記して

$$x_j = (\mathbf{r}_{j1}, \mathbf{r}_{j2}, \cdots, \mathbf{r}_{jk}, \cdots \mathbf{r}_{js}) \tag{4.5}$$

とすると，

$$\mathbf{m}(x_j) = \sum_{k=1}^{s} e_{jk}\mathbf{r}_{jk} \tag{4.6}$$

は j 番目の電荷集団の電気能率となり，また全体の能率は

$$\mathbf{M}(X) = \sum_j \mathbf{m}(x_j) \tag{4.7}$$

となる。$\sum_j$ はすべての集団についての和を意味する。つまり，個々の能率 $\mathbf{m}(x_j)$ のベクトル和が全能率 $\mathbf{M}(X)$ となる。我々の課題は，外からの電場を受けて生じる平均の変位，従って平均の電気能率を求めることである。

ある変位が電気能率に対してどのような平均寄与をなすかについて，大体の観念を得るために，次のような特徴をもつ変位が起る二つの場合を考えよ

う：

(i) 変位した電荷がつりあいの位置に対して弾性的に束縛されている場合，

(ii) 電荷のつりあいの位置が数個あり，その各々が電場の強さに依存する確率で占められている場合．

第一の場合は，電荷 e を帯びた質量 m の粒子を距離 $\mathbf{r}$ だけ変位させたときに，粒子に対して $-\mathbf{r}$ に比例した復元力が変位と逆の方向に作用する（そのため－の符号）．それ故，一定の電場 $\mathbf{f}$ が外からかかると，時間変数を t として運動方程式は：

$$\frac{d^2\mathbf{r}}{dt^2} = -\omega_0^2 \mathbf{r} + \frac{e}{m}\mathbf{f}. \tag{4.8}$$

ここに $\omega_0/2\pi$ は振動数を表わし，$-m\omega_0^2 \mathbf{r}$ は復元力である．この式はまた

$$\frac{d^2}{dt^2}(\mathbf{r}-\bar{\mathbf{r}}) = -\omega_0^2(\mathbf{r}-\bar{\mathbf{r}}) \tag{4.9}$$

と書くことができる．ここに

$$\bar{\mathbf{r}} = \frac{e}{m\omega_0^2}\mathbf{f}, \tag{4.10}$$

すなわち，$d\bar{\mathbf{r}}/dt = 0$．電荷 e は位置 $\bar{\mathbf{r}}$ を中心として調和振動を行ない，従ってこの $\bar{\mathbf{r}}$ は変位の時間的な平均値を表わす．$\mathbf{C}$ および δ を定数とすれば，(4.9) から

$$\mathbf{r} = \bar{\mathbf{r}} + \mathbf{C}\cos(\omega_0 t + \delta)$$

となり，平均の電気能率はつぎのようになる．

$$e\mathbf{r} = \frac{e^2}{m\omega_0^2}\mathbf{f}. \tag{4.11}$$

第二の場合の例として，電荷 e を帯びた粒子が距離 b だけ離れた二つのつりあいの位置 A と B をもつ場合を考えよう．電場がない場合には粒子は両方の位置で等しいエネルギーをもち，それは図 4 に示したような形のポテンシャル場で運動していると考えることができる．

4. 概　　説

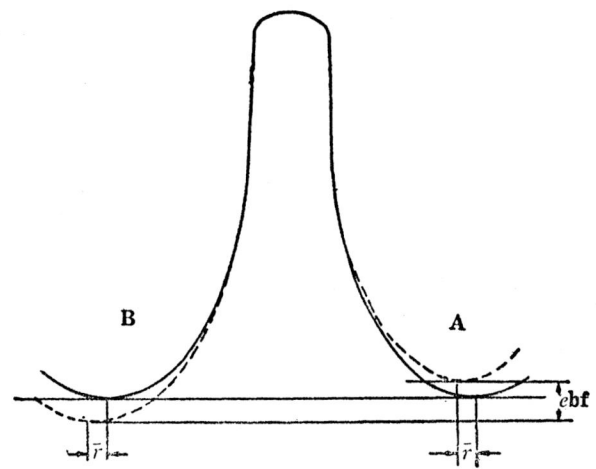

図 4. 二つの平衡位置をもった荷電粒子の位置エネルギー，点線は電場 **f** がかかったときのものを示す．

このような粒子がその周囲と熱平衡にあるならば，粒子は二つのつりあい点のどちらか，例えば A のまわりに，kT 程度のエネルギーをもって振動しているであろう．しかし統計的なゆらぎの結果，時には二点をへだてているポテンシャルの山をとびこえて他のつり合い点 B へ行けるだけのエネルギーを獲得する機会があるであろう．それ故，時間的な平均をとれば，A にいると同じだけ B にもいることになり，粒子が A にいる確率も B にいる確率も 1/2 となる．

電場 **f** がかかると，ここに二通りの変化が起る．まず，(i) の場合と同様に，つりあいの位置が $\bar{r}$ だけずれる．簡単のために，このずれは A でも B でも同じであるとする．次に二つのつりあい点における粒子の位置エネルギー V_A および V_B が変化する．これは，電場と粒子との相互作用のエネルギーが A 点と B 点とで $e(\mathbf{bf})$ だけ異なることによる．すなわち：

$$V_A - V_B = e(\mathbf{bf}) \tag{4.12}$$

それ故，粒子は，平均として A の近くよりも B の近くで余計の時間を費やすことになる．実際，統計力学によれば，エネルギー V をもつ粒子を見

出す確率は $e^{-V/kT}$ に比例するから，それぞれ A 位置および B 位置に粒子を見出す確率は

$$p_A = \frac{e^{-V_A/kT}}{e^{-V_A/kT} + e^{-V_B/kT}}, \quad p_B = \frac{e^{-V_B/kT}}{e^{-V_A/kT} + e^{-V_B/kT}}. \quad (4.13)$$

となる．ただし，粒子が二つの位置のどちらかには必ず存在するという物理的条件によって，

$$p_A + p_B = 1 \quad (4.14)$$

となるように (4.13) を規格化した．(4.13) と (4.12) から $p_B - p_A$ を求めると，次のようになる．

$$p_B - p_A = \frac{e^{e(\mathbf{bf})/kT} - 1}{e^{e(\mathbf{bf})/kT} + 1} > 0. \quad (4.15)$$

有限な時間 t_1 にわたって系が満足するべき条件を考えると，確率 p_A および p_B のこのような定義から，粒子が位置 A ですごす時間は ((4.14)を使って)

$$p_A t_1 = \left[\frac{1}{2} - \frac{1}{2}(p_B - p_A)\right] t_1$$

となり，位置 B ですごす時間は

$$p_B t_1 = \left[\frac{1}{2} + \frac{1}{2}(p_B - p_A)\right] t_1$$

となる．つまり，時間 t_1 の $(p_A - p_B)/2$ 倍の間，粒子は A から B へ向う $\mathbf{b}$ の距離だけずれている．従って，電場によって誘起される平均の能率は

$$\frac{1}{2} e\mathbf{b}(p_B - p_A) \quad (4.16)$$

である．$\mathbf{b}$ と $\mathbf{f}$ の間の角を θ とすると，誘起された能率の電場方向の成分は，(4.16) と (4.15) を用いて，

$$\frac{1}{2} eb \cos\theta \frac{e^{ebf\cos\theta/kT} - 1}{e^{ebf\cos\theta/kT} + 1} \quad (4.17)$$

となる．

4. 概説

大低の場合には

$$ebf \ll kT \tag{4.18}$$

と仮定してもよい．というのは，$e=|$電子の電荷$|$，$f=300\,\text{volt/cm}=1\,\text{c.g.s.}$ 静電単位，$b=10^{-8}\,\text{cm}.\simeq$（分子内のとなりあう電子間の距離），$T=300°$（=室温）とすると，

$$\frac{ebf}{kT} \simeq \frac{4.8\times10^{-10}\times10^{-8}\times1}{1.4\times10^{-16}\times300} \simeq 10^{-4} \tag{4.19}$$

となるからである．

(4.17) を ebf/kT で展開すると，電場方向の平均の誘起能率は

$$\left(\frac{1}{2}eb\right)^2 \cos^2\theta\, f/kT + e\bar{r} \tag{4.20}$$

となる．ここに $e\bar{r}$ は (i) の場合に考えた能率と同じもので，ここでは弾性的変位をとり入れるために加えておいた．

場合によっては，二つの電荷 $+e$ と $-e$ が強く結合して電気双極子 $\mu=e\mathbf{d}$ を作ることがある．ここに $\mathbf{d}$ は両電荷の間の距離である．このとき双極子 μ の向きが反対であるような二つの平衡位置があるとし，それらの位置エネルギーは電場がないときに互いに等しいとすると，この場合は，上記の (ii) の場合と同じになる．電場 $\mathbf{f}$ がかかったときには，電場と双極子の相互作用は

$$-(\mu\mathbf{f}) \tag{4.21}$$

で与えられ，μ と $\mathbf{f}$ の間の角を θ とすれば，二つの位置のエネルギーの差は $2\mu f\cos\theta$ となる．これは (4.12) で

$$\mu = \frac{1}{2}e\mathbf{b} \tag{4.22}$$

とおいたものと同じになる．実際，(ii) の場合に A と B の中点に動かない電荷 $-e$ を置いてみると，それはいまの場合と同じことになる．電荷 $-e$ は静止していて A 点または B 点から $b/2$ だけへだたっているから，双極子能率 μ は (4.22) となり，あきらかに誘起能率は二つの場合に対して同

じでなければならない．これを (4.20) に入れると，電場方向の誘起能率は

$$\frac{\mu^2 \cos^2\theta}{kT} f + e\bar{r} \qquad (4.23)$$

となる．(i) の場合とちがって，今の場合は電気能率は温度に関係する．(1.9) によれば，このような双極子が多数集まってできた物質は温度に関係した誘電率をもつはずである．従ってこのような物質は，すべての電荷が弾性的に束縛されているような物質とは異なったふるまいをする．(3.12) によって，このことから，双極子の (ii) の場合は，電場をかけると試料のエントロピーが減少することになる ($\partial\epsilon_s/\partial T < 0$ であるから)．電場がかかったとき，電場の方向を向いた双極子の数の割合 p_B は反対方向の双極子の数の割合 p_A よりも大になり，$p_A = p_B$ であるような完全無秩序の状態よりも秩序の高い（エントロピーの低い）状態が実現されるからである．

　上述の二つの場合 (i), (ii) に対する電場の作用の相違は，誘電率の理論全体にとって本質的なものであるから，これはよく理解しておいてほしい．(i) の場合は，電場は弾性的に束縛された電荷に力を及ぼし，そのつりあい位置をずらせる．(ii) の場合にも電場がおよぼす力は (4.20) と (4.23) に現われている (i) の型の $e\bar{r}$ の項を与えるが，しかし，電場がこの力によって双極子を一つのつりあい位置から他のつりあい位置へ回転させると考えることは正しくない．この場合の電場の作用はもっと間接的であって，双極子が一つのつりあい位置から他のつりあい位置へとびうつる確率をわずか変化させることである．この事情は，後に 9 節で上述の模型の動的な性質を論じるときに，もっと詳しく述べよう．

　どの場合にもすべての電荷が弾性的変位をうけるが，(ii) の場合に普通の強さの電場によって向きを変える双極子の数は全体のうちのごく小部分だけであることに気をつけてほしい．向きをかえる双極子の分数は $\frac{1}{2}(p_B - p_A)$ であるが，これは (4.15), (4.18) および (4.19) によって 300 volt/cm の電場のとき 10^{-4} 程度である．100,000 volt/cm の電場に対しても全体の双極子のうちの約 2% が向きをかえるにすぎない．

5. 双極子間の相互作用

　誘電体では，根本的に異なった二種類の相互作用が存在し，それを区別しなければならない．その一つである化学結合による力，van der Waals の引力，反撥力などは力の及ぶ範囲がせまく (short range)，ふつう最近隣のもの同士の間についてだけ相互作用を考えれば充分である．これに比して，もう一つの種類の，双極子間にはたらく相互作用の力は，きわめて遠方まで及ぶ (long range)．この事情を次に説明しよう．

　前に述べたように (4 節参照)，分極した誘電体は，それぞれある大きさの双極能率をもった小さな領域の集まりで，全体の双極子能率はこの小さな領域の能率のベクトル和である．ところで，よく知られているように，巨視的な理論によれば，巨視的な試料の単位体積当りのエネルギーはその試料の形によってちがった値をとる（附録 A 2. iii 参照）．このことは，双極子間の相互作用を巨視的な距離に対しても考慮に入れねばならないことを意味し，双極子相互作用の力が非常に重要であることを示している．

　双極子間の力が遠くまで及ぶため，特定の双極子と，試料に含まれている他のすべての双極子との間の相互作用を正確に求めることは大変めんどうである．しかし，ある距離†a_m よりも遠くにある双極子の集りを，その試料と同じ巨視的な誘電的性質をもつ連続的な媒質でおきかえたと考えると，その結果は大変よい近似になる．つまり一つの双極子と，その試料中の残りの部分との相互作用を問題にするとき，その双極子は有限箇の粒子を含む半径 a_m の球でかこまれ，この球の外は連続的媒質で埋められていると考えてよい．これがよい近似であるためには，球の内部全体の誘電的性質が巨視的な試料のそれと等しいようでなければならない．すなわち，球は十分多数の分子を含み，そのために統計的なゆらぎが極めて小さくなっていなければならない．

　このような見方から，双極子の相互作用に対する H. A. Lorentz [L 3] の

---

† 添字 m は巨視的 (macroscopic) の意味を表わす．

取り扱いが出て来る．すなわち，巨視的な試料の中から，微視的ではあるが試料と同じ誘電的性質をもつ程度に十分大きい球形の部分を選び出してやる．こうすれば球の内部に存在する双極子の間の相互作用は正確に求められる．しかし，それらの双極子と球の外との間の相互作用を考えるときは，後者を連続的媒質とみなすのである．この方法を具体的に説明するため，ごく簡単なモデルを使うことにしよう．そのモデルでは'原子'が単純立方格子の上に並んでいるとし，原子の大きさは格子間隔に比して極めて小さいとし，各原子は，格子点にかたく結びつけられた正電荷 $+e$ と，それに対して弾性的に束縛された負電荷 $-e$ とから成り立つとする．いま特定の一つの負電荷を変位させ，他のすべての電荷をそれぞれのつりあいの位置に固定しておいたとき，変位させた負電荷にはたらく力を復元力と呼ぶことにする．もしも他の電荷をも変位させれば，電荷の間の相互作用が変化するため，さらに別の力が加わるであろう．相互作用として静電的な作用だけが存在すると仮定し，特に近距離力は存在しないとする．さらに温度は絶対零度 $T=0$ に十分近くて，熱振動は無視できるものとする．

このような仮定をすれば，物質中に巨視的な電場 **E** が作られたとき，すべての負電荷は一様に，例えば $\bar{\mathbf{r}}$ だけ変位して，そのおのおのは双極子

$$\mathbf{m}=(-e)\bar{\mathbf{r}} \tag{5.1}$$

を作る．

各電荷にはたらいて，それを復元力に抗して変位させるような電場 **f** を**局所電場** (local field) もしくは**内部電場** (inner field) と呼ぶ．これと巨視的な電場 **E** とは区別しなければならない．そこで復元力を $-c^2\mathbf{r}$ で表わせば

$$\bar{\mathbf{r}}=\frac{(-e)}{c^2}\mathbf{f}$$

となり，(5.1) によって

$$\mathbf{m}=\frac{e^2}{c^2}\mathbf{f} \tag{5.2}$$

となる．Lorentz の方法によって **f** を求めるため，**f** の起源を球内にある

5. 双極子間の相互作用

ものと球外にあるものとに分け，それぞれの $\mathbf{f}$ への寄与を $\mathbf{f}_i$ および $\mathbf{f}_e$ とすれば，

$$\mathbf{f}=\mathbf{f}_i+\mathbf{f}_e. \tag{5.3}$$

すべての誘起双極子は同等であるから，$\mathbf{f}$ はすべての格子点で同じでなければならない．故に $\mathbf{f}_i$ を求めるために，球の中心にある双極子に着目し，その双極子と球内の他のすべての双極子との間の相互作用のエネルギー I を計算する．これは $\bar{r}$ に関係し，また $\mathbf{f}_i$ は I から

$$(-e)\mathbf{f}_i = -\operatorname{grad} I(\bar{r}) \tag{5.4}$$

の関係で求められる．電場が十分弱くて，$\bar{r}$ は格子間隔 a_0 にくらべて非常に小さいと仮定すると，各双極子は点双極子と考えることができる．同じ能率をもった二つの平行な双極子の間の静電相互作用エネルギーは

$$\frac{m^2}{l^3}(1-3\cos^2\psi) \tag{5.5}$$

で与えられる．ここに l は二つの双極子間の距離，ψ は $\mathbf{l}$ と $\mathbf{m}$ のなす角である．簡単のため，$\mathbf{m}$ は結晶軸に平行で，z 方向を向いているとする．$\mathbf{l}$ の三つの成分は，n, p, q を正または負の整数として，

$$X=na_0, \quad Y=pa_0, \quad Z=qa_0$$

で与えられる．そして $\cos\psi$ は Z/l であるから，全相互作用エネルギーは，(5.5) をすべての格子点について加えあわせて次のようになる：

$$I = m^2 \sum \frac{l^2-3Z^2}{l^5} = \frac{m^2}{a_0^3} \sum_{n,p,q} \frac{n^2+p^2-2q^2}{(n^2+p^2+q^2)^{5/2}}.$$

ところで n, p, q の三つの値の組を $n=n_0, p=p_0, q=q_0$ とすれば，それから循環置換によって，他の二つの組 $n=p_0, p=q_0, q=n_0$ および $n=q_0, p=n_0, q=p_0$ ができる．この三組に対する上記の和の中の項は丁度打ち消しあい，$I=0$ となる．それ故，(5.4) によって，

$$f_i=0. \tag{5.6}$$

球の外からの電場 f_e は巨視的に計算しなければならない．これは球の内

部に存在する分極以外のすべての源によって球の内部に生じる電場を表わすものである．このことを，はっきりと理解するために思い起してほしいことは，巨視的電場 $\mathbf{E}$ の一部は試料の外部（もしくは試料の表面）の真電荷から生じ，他の部分は誘電体の分極 $\mathbf{P}$ によって生じるということである．この $\mathbf{P}$ は真電荷による電場と反対方向の電場を作る．$\mathbf{f}_e$ を求めるには，$\mathbf{E}$ の中から，球の内部が $\mathbf{E}$ に寄与する部分を除外しなければならない．この部分を $\mathbf{E}_s$ とすると，

$$\mathbf{f}_e = \mathbf{E} - \mathbf{E}_s. \tag{5.7}$$

$\mathbf{E}_s$ は**自己場**（self-field），つまり，その定義によって，これは永久分極 $\mathbf{P}$ をもった球がその内部に作る電場である．その方向は $\mathbf{P}$ と逆である．静電気学による簡単な計算によると（附録 A 2.21参照）

$$\mathbf{E}_s = -\frac{4\pi}{3}\mathbf{P} \tag{5.8}$$

となる．故に (5.3), (5.6), (5.7), (5.8) および (1.9) によって

$$\mathbf{f} = \mathbf{f}_e = \mathbf{E} + \frac{4\pi}{3}\mathbf{P} = \frac{\epsilon_s + 2}{3}\mathbf{E}. \tag{5.9}$$

この式が球領域の大きさによらないことは注意すべきである．このことは，任意の大きさの一様に分極した球殻はその内部に少しも電場を作らないことを意味する．別の言葉でいえば，このような球殻と，その中にある双極子との間の相互作用は 0 である．これは先に双極子‐双極子相互作用をくわしく論じて得た結果の式 (5.6) と一致する．従っていまのモデルは，巨視的な取り扱いと微視的な取り扱いが同じ結果を与えるように選んであったわけである．もちろん，このような結果は近距離力が全然存在しないと仮定したときだけ得られるものである．近距離力が存在すれば $\mathbf{f}_i$ は変ってくる．しかし $\mathbf{f}_e$ に対する結果はかわらない．

　球内の双極子の相互作用のエネルギーは 0 であるから，球状の試料を真空中の均一な電場 $\mathbf{E}_0$ の中へ持って来たときには，$\mathbf{E}_0$ はそのまま各双極子に作用する局所場となる．実際，誘電率 ϵ_s の球状試料の内部の電場は，静電

5. 双極子間の相互作用

気学によって，$\mathbf{E}=3\mathbf{E}_0/(\epsilon_s+2)$ となるから（附録 A 2.16），(5.9) によって $\mathbf{f}=\mathbf{E}_0$ となる．

上に得た結果の (5.9) は Onsager [O1] が提案した別の方法によっても導出することができる．その方法は一般化することができ，後に一般論を展開する段階で使うことにする．

しかし，Onsager の論文では球がただ一つの双極分子しか含んでいないということに注意してほしい．このことは，球が巨視的試料と同じ性質をもつほど大きくはないという難点を含んでいる．それで我々が彼の解析を使うときには，球の大きさを十分大きくとって，球の外部を巨視的に扱っても大丈夫であるようにしよう．さて，巨視的な電場が存在しない場合に，一様に分極した球の領域を考えよう．この球は双極子能率 $\mathbf{M}=\mathbf{P}V$ をもつ．V は球の体積である．球を他の部分と切離して考えると，内部の電場は (5.8) で与えられる自己場 $\mathbf{E}_s$ である．しかし，球を試料の中で考えれば，分極した球とその周囲との間に相互作用があり，その相互作用は球内の電場を変える．このときの電場と $\mathbf{E}_s$ との差を**反作用場**（reaction field）といい，これを $\mathbf{R}$ と書けば，

$$\mathbf{R}=\frac{2(\epsilon_s-1)}{2\epsilon_s+1}\frac{\mathbf{M}}{a_m^3}=\frac{2}{3}\frac{\epsilon_s-1}{2\epsilon_s+1}\frac{4\pi\mathbf{M}}{V}=\frac{2}{3}\frac{\epsilon_s-1}{2\epsilon_s+1}4\pi\mathbf{P} \quad (5.10)$$

となる（附録 (A 2.18) 参照；a_m=球領域の半径）．分極した球によってその周囲が分極し，それによって球の内部にできる電場が $\mathbf{R}$ である．もしも試料中に巨視的な電場 $\mathbf{E}$ が作られ，それが球の能率 $\mathbf{M}$ を変えないとすれば，球の中の電場には**空孔電場**（cavity field）とよばれる電場 $\mathbf{G}$ ((A 2.15) 参照) がつけ加わる．これは

$$\mathbf{G}=\frac{3\epsilon_s}{2\epsilon_s+1}\mathbf{E} \quad (5.11)$$

で与えられる．このようにして，球の外部の源によって球の中にできる全電場は

$$f_e = G + R = \frac{3\epsilon_s}{2\epsilon_s+1}E + \frac{2}{3}\frac{\epsilon_s-1}{2\epsilon_s+1}4\pi P. \qquad (5.12)$$

p. 26
この式は **P** がどのような値であっても成り立つ．いま考えているような特別な場合には，$4\pi P = (\epsilon_s-1)E$（1節参照）の関係を導入して，(5.12) は (5.9) と同じになる．

最後に，ϵ_s を求めるため，(5.9) の **f** を (5.2) に代入する．そうすると，分極 **P** は

$$P = N_0 m = \frac{\epsilon_s+2}{3}\frac{e^2}{c^2}N_0 E$$

によって与えられる．ここに N_0 は単位体積当りの粒子の数である．従って (1.9) を用いて

$$\frac{\epsilon_s-1}{\epsilon_s+2} = \frac{4\pi}{3}N_0\frac{e^2}{c^2} \qquad (5.13)$$

を得るが，これはふつう Clausius-Mossotti の式として知られたものである (Clausius, *C 1*; Mossotti, *M 5* 参照)．　この式の上述の導出方法は，$\bar{r}$ が小さいという仮定以外の点では正確である．しかし注意しておきたいことは，$\bar{r}$ が増したとき ϵ_s が変るならば，それは誘電率が電場に依存する証拠であるということである（$\bar{r}$ の大きさは電場の強さだけに依るから）．　しかし，ここでは ϵ_s の電場依存性には立入らない．公式 (5.13) は誘電率が電場に無関係であるという極限の場合に正しく成り立つ．それでも，ここに示した導出法が，上述の模型に対してだけ成り立つということは承知しておいてほしい．この式が当然あてはまるといえるような物質はわりに少いが，しかし，この近似は単純な無極性の物質に対しては有用な近似となっていることが多い．

6. 気体および稀薄溶液中の双極性分子

分子がその最低エネルギー準位（基準状態）で電気双極子能率をもつか，もたないかによって，それは有極性分子と無極性分子の二種類に分類される．

6. 気体および稀薄溶液中の双極性分子

一つの分子がどちらの種類に属するかを見分けることは一般に容易である．何となれば無極性分子は対称の中心—それを通る任意の直線の上（もしくはその直線の近く）で電荷分布がそれに関して対称であるような点—を持たねばならないからである．二原子分子であれば，その二つの原子が等しければ無極性，等しくないならば有極性である（例えば，HCl や CO は有極性，H_2 や O_2 は無極性）．異種の原子 A と B から構成される AB_2 型の三原子分子では，原子核が直線上に並んでいて A が 二つの B 原子の真中にお
p. 27
かれているものでないかぎりは有極性である．例えば，H_2O は三角形で有極性分子であり，CO_2 は直線型で無極性分子である．C_6H_6 はもっと複雑な無極性分子で，平面正六角形を作り，その中心は対称の中心となっている．その一つの水素原子を他の種類の原子，例えば Cl で置き換えると，そうしてできた分子 C_6H_5Cl は有極性である．

分子双極子の大きさは普通，電子の電荷（$\sim 4.8 \times 10^{-10}$ e.s.u.）を $\frac{1}{4} \times 10^{-8}$ cm だけ変位させた程度の大きさ，すなわち，約 10^{-18} c.g.s. 単位程度である．双極子能率はよく**デバイ単位**を用いて表わされるが，1 デバイ単位は 10^{-18} c.g.s. である．Debye は分子構造の研究に双極子能率を調べることの重要性を認識した最初の人である（彼の本，文献 D2 参照）．しかし分子構造そのものをくわしく論じることは本書の目的ではない．この節の我々の目的は，永久双極子能率をもった分子からなる誘電体の性質を定めることであり，したがって，われわれはそのような分子（真空中にあって他の原因によって乱されることがないもの）を単に双極子能率 μ_v をもつだけのものという簡単な模型で代表させよう．

自由な分子は並進運動のほかに，振動と回転を行なっている．しかし特に断わらないかぎり，双極子能率の平均値は振動や回転によって変化しないものと仮定する．複雑な分子では，その内部で双極子能率をもった集団が回転運動を行なう結果として，分子全体としての双極子能率がかなり変化するような場合がある（Le Fèvre の書物：L2 参照）．いまはこのような分子を考えないことにする．

静電場 $\mathbf{f}$ によって分子は二種の影響をうける．第一には，双極子の自由な回転がさまたげられ，第二には，電場によって誘起された双極子 $\alpha\mathbf{f}$ が加わる．後者は各原子に属している電子がその原子の核に対して弾性的に変位することと，またそれよりも程度は少いが，核同士が相対的に弾性変位をすることによって生じるものである．つまり分子の全能率は次のようになる:

$$\mathbf{m} = \mu_v + \alpha\mathbf{f}. \tag{6.1}$$

p. 28
α は体積と同じ次元をもつ量で，分子の**分極率**とよばれる．異方性の分子（すなわち，異なる軸にそうて異なる分極率をもつ分子）では，誘起された能率の方向は必ずしも電場 $\mathbf{f}$ と同じ方向でない．この場合，分極率 α はスカラー量でなくテンソル量である．しかし，分子が電場に対してあらゆる可能な方向を向く場合の α の平均値 $\bar{\alpha}$ はスカラー量である．分子の分極率がすべて電子だけから生じると仮定すれば，α は光学的屈折率 n によってきまる．なぜならば，Maxwell の関係式によると，光学的振動数では，n^2 は誘電率に等しいからである．（光学的振動数では，双極子からの寄与が存在しない．そこでは双極子の向きが電場とつりあうまでに要する時間は電場の周期に較べてはるかに長いからである．）分子を等方的であるとすれば，以下で示すように，この場合には Clausius-Mossotti の公式が近似的に成立する．すなわち

$$\alpha = a^3 \frac{n^2-1}{n^2+2}. \tag{6.2}$$

ここに，a は平均として一箇の分子を含むような球の半径である．

 〈気　体〉

 さて双極性の分子からなる気体の誘電率 ε_s を求めてみよう．計算を簡単にするため，気体の密度は十分小さく，したがって，双極子間の相互作用のエネルギーは熱エネルギー（分子1つ当り$\approx kT$）にくらべて無視できると仮定する．

 5節によれば双極子間の相互作用のエネルギーは，N_0 を単位体積あたりの分子数とするとき，$\mu_v^2/l^3 \simeq \mu_v^2 N_0$ の程度である．それ故，次のように仮

6. 気体および稀薄溶液中の双極性分子

定することができる：

$$\mu_v^2 N_0 \ll kT. \tag{6.3}$$

このため，双極子に作用する局所場 f は全く外部の源によると考えることができ，$f = D = \epsilon_s E$（1節参照）となり，ϵ_s の計算はかなり簡単になる．また N_0 が小さければ $\epsilon_s - 1$ も小さく，従ってもう一つの仮定

$$\epsilon_s - 1 \ll 1 \tag{6.4}$$

をおくと，

$$f = E \tag{6.5}$$

となる．後に分るように (6.4) は (6.3) から導かれる結果となる．

気体の電気能率 M を求めるために，4節で述べたこと，すなわち M が N 個の分子についての能率 m のベクトル和に等しいことを利用する．他方，m の時間平均 $\bar{m}$ はすべての分子について等しいから，

$$M = N\bar{m}. \tag{6.6}$$

こうして，(1.9) から

$$\epsilon_s - 1 = 4\pi N_0 \bar{m}/E. \tag{6.7}$$

ここに (6.1) および (6.5) によって

$$\bar{m} = \bar{\mu}_v + \bar{a}E \tag{6.8}$$

である．この式で右辺の第一項は固有の能率の平均値を表わし，第二項は 1 個の分子あたりの平均誘起能率を表わす．$\bar{m}$ の計算は 4 節の (ii) の場合に行なったものと同様である．しかし今の場合は，4 節で述べたような，ただ二つしか可能な方向が存在しない場合とはちがって，双極子はあらゆる方向を連続的にとることができる．4 節と同様に，双極子のふるまいは統計力学的な基礎に立って考察することができ，電場 E の影響下でのその動的な性質にまで論及する必要はない．さて，$-E\mu_v \cos\theta$ は電場内での双極子のエネルギーであるから，E の方向から測って θ と $\theta + d\theta$ の間の角をもつ方向に μ_v を見出す確率は，統計力学によって，

$$e^{E\mu_v \cos\theta/kT} \sin\theta \, d\theta \Big/ \int_0^\pi e^{E\mu_v \cos\theta/kT} \sin\theta \, d\theta \tag{6.9}$$

で与えられる ($2\pi \sin\theta \, d\theta$ は θ と $\theta+d\theta$ の間の立体角素片). ここで系は熱平衡状態にあると仮定しているが, いまのような静電的な性質を考えている場合には, いつもそうであるとしてよい.

(6.9) を計算するのに当って, (4.18) の場合と同様, 電場は十分弱くて

$$\frac{\mu_v E}{kT} \ll 1 \tag{6.10}$$

が成り立つと仮定する. そうすると (6.9) を $\mu_v E/kT$ で展開して第一項だけをとると, $\cos\theta$ の平均値† として

$$\overline{\cos\theta} = \int_0^\pi \cos\theta \, e^{E\mu_v \cos\theta/kT} \sin\theta \, d\theta \Big/ \int_0^\pi e^{E\mu_v \cos\theta/kT} \sin\theta \, d\theta = \frac{\mu_v E}{3kT} \tag{6.11}$$

が得られる.

同様にして μ_v の $\mathbf{E}$ に垂直な成分は 0 になることが知れる. 故に, 分子の平均能率 $\bar{\mu}_v$ は $\mathbf{E}$ と同じ方向をもつベクトルで, $\bar{\mu}_v = \mu_v \overline{\cos\theta}$ となり,

$$\bar{\mu}_v = \frac{\mu_v^2}{3kT} \mathbf{E} \tag{6.12}$$

を得る.

故に, (6.7) および (6.8) を用いて

$$\epsilon_s - 1 \ll 1 \quad \text{ならば} \quad \epsilon_s - 1 = \frac{4\pi \mu_v^2 N_0}{3kT} + 4\pi \bar{\alpha} N_0 \tag{6.13}$$

となる. または

$$\epsilon_\infty = 1 + 4\pi \bar{\alpha} N_0 \tag{6.14}$$

を導入し, これは双極子が平衡状態に達しえないような高い周波数での誘電率と定義すると, 次の関係式を得る:

---

† $x = \cos\theta$, $\gamma = \mu_v E/kT \ll 1$ とすれば,

$$\overline{\cos\theta} = \int_{-1}^1 x e^{\gamma x} dx \Big/ \int_{-1}^1 e^{\gamma x} dx \simeq \int_{-1}^1 (x + \gamma x^2) dx \Big/ \int_{-1}^1 dx = \frac{0 + 2\gamma/3}{2} = \gamma/3.$$

6. 気体および稀薄溶液中の双極性分子

$$\epsilon_s - 1 \ll 1 \quad \text{ならば} \quad \epsilon_s - \epsilon_\infty = \frac{4\pi \mu_v{}^2 N_0}{3kT}. \tag{6.15}$$

4節で得た結果と同じく，双極子の ϵ_s に対する寄与は温度に依存する．この点は無極性部分からの寄与 ϵ_∞ と異なっている．従って ϵ_s の温度による変化を測定すれば，双極子からの寄与 $\epsilon_s - \epsilon_\infty$ を分離して求めることができ，これによって μ_v を定めることができる (16節に例を示す)．

<稀薄溶液>

上記の導出法から考えれば，温度に無関係な誘電率 ϵ_0 をもつ無極性の液体の中に双極性分子が溶けこんだ薄い溶液の場合にも，(6.15) と同様な式が成り立たねばならない．濃度が十分小であれば，双極子間の相互作用はこの場合にも無視することができ，また，(6.4) を

$$\epsilon_s - \epsilon_0 \ll 1 \tag{6.16}$$

で置き換えると，前と同様に (6.5) が成り立ち，そして電場がない場合に液体中で双極子はすべての方向を等しい確率で向くから，結局 (6.11) を得る．またここでも ϵ_s に対する無極性の寄与を ϵ_∞ とすれば，$(\epsilon_\infty - 1)E/4\pi$ は溶液の単位体積あたりの電気能率に対する非双極的な寄与を表わすことになる．全能率は $(\epsilon_s - 1)E/4\pi$ であるから，能率の加算性から考えると，$(\epsilon_s - \epsilon_\infty)E/4\pi$ は前と同様に双極性の寄与となる．双極子が剛体的，すなわち，$\alpha = 0$ であると仮定すれば，(6.15) で $\epsilon_\infty \simeq \epsilon_0$ としたものがえられる．実際は分子の双極子は剛体的でなく分極可能である．このことは，多くの人達が指摘しているように，溶液中に入ったために分子の有効双極子能率が変化したという形で現われる (Weigle, *W1*; Frank, *F1*; Higasi, *H2*; Frank and Sutton, *F4* 参照．これらの人々は，分子が球形でない場合，もしくは大きな四重極能率をもつ場合に，有効双極子能率を変化させるような他の効果をも考慮している)．双極子はそのまわりの媒質を分極させ，その分極は元の双極子のところに**反作用場**を作る．この反作用場は分子を分極させ，その双極子能率を変化させる．そこで分子が溶液中でもつ合成能率を**内部能率** (internal moment) と定義して，これを μ_i で表わす．反作用場は μ_i に比例するから，これを $g\mu_i$

で表わす．故に，外場の存在しない場合には，(6.1)から（$\mathbf{f}=g\mu_i$ および $\mathbf{m}=\mu_i$ を用いて）

$$\mu_i = \mu_v + \alpha g \mu_i, \qquad (6.17)$$

すなわち

$$\mu_i = \frac{\mu_v}{1-\alpha g}. \qquad (6.18)$$

球形の分子以外の場合には，反作用場，従って μ_i を定量的に計算することは大へん困難である．

上述のことから分ることは，外部にある源によって電場 $\mathbf{E}$ が溶液中に生じた場合に，1個の分子に働らく合成電場は $\mathbf{E}$ とは異なったものになるということである．また溶液中の分子の能率 μ_i はその分子が真空中でもつ能率（すなわち μ_v）と異なっている．溶液の誘電率を計算するに際してこれらの事実を考慮するために，双極子を次の二つの方法のいずれかによって扱かうことにする．第一の方法では，内部能率 μ_i に作用する電場を求める．もちろん，この電場は，分子を表わすために選んだモデルの形状に関係する．第二の方法では溶液中の双極性の分子がそのまわりにつくる電場と，外部からかけた電場 $\mathbf{E}$ との相互作用を求める．この双極子がそのまわりに作る電場と同じものが，真空中の能率の値が μ_e であるような剛体的な双極子によって作られたとしたとき，この μ_e を分子の**外部能率** (external moment) とよぶことにする．つまり，剛体双極子 μ_e の溶液は，いまわれわれが考えている溶液（剛体的でない双極子を含む溶液）と同じ誘電率をもつというわけである．

第一方法は後に Onsager の公式を導出するときに利用し，以下では第二の方法を用いることにする．その理由は，この方法によれば，溶液の誘電率 ϵ_s を決定する上に，前に気体に対して得た式を利用することができるからである．つまり (6.15) で μ_v を μ_e でおきかえればよい．それ故，(6.18) を用いて

$$\epsilon_s - \epsilon_\infty \ll 1 \quad \text{および} \quad \epsilon_\infty - \epsilon_0 \ll 1 \quad \text{であれば}$$

---

† 双極子能率の考察については附録 A 2. ii を参照せよ．

6. 気体および稀薄溶液中の双極性分子

$$\epsilon_s - \epsilon_\infty = \frac{4\pi \mu_e^2 N_0}{3kT} = \frac{4\pi \mu_v^2 N_0}{3kT} \left(\frac{\mu_e/\mu_i}{1-\alpha g}\right)^2. \quad (6.19)$$

ここに、外部能率と内部能率との比 μ_e/μ_i は分子の形状に関係する。球状の分子に対しては、内部能率 μ_i は、μ_e 及び μ_i の定義によって、誘電体中に考えた、中心に μ_e がある球の能率にひとしい。この場合はふつうの静電気学の計算によって（附録 A 2.31 参照）

$$\mu_e = \frac{3\epsilon_s}{2\epsilon_s + 1} \mu_i \quad (6.20)$$

となり、a を分子の半径とすれば（附録 A 2.19 参照）

$$g = \frac{2(\epsilon_s - 1)}{2\epsilon_s + 1} \frac{1}{a^3} \quad (6.21)$$

を得る。その上、もしも分極率が等方的で、主として電子の変位だけから生じる場合には、(6.2) が成り立つ。このとき n はその双極分子のみからなる純粋な液体の屈折率である。そこで (6.21) および (6.2) を用い、(6.18) によると、球形分子の内部能率は

$$\mu_i = \left(\frac{2\epsilon_s + 1}{2\epsilon_s + n^2} \frac{n^2 + 2}{3}\right) \mu_v \quad (6.22)$$

となる。また、外部能率は (6.20) により

$$\mu_e = \frac{\epsilon_s(n^2 + 2)}{2\epsilon_s + n^2} \mu_v \quad (6.23)$$

となる。この場合の誘電率は、(6.19) を参照して（ただし (6.16) によって右辺の ϵ_s を ϵ_0 におきかえて）、

$$\epsilon_s - \epsilon_\infty = \frac{4\pi \mu_v^2 N_0}{3kT} \left(\frac{\epsilon_0(n^2 + 2)}{2\epsilon_0 + n^2}\right)^2$$

$$= \frac{4\pi \mu_v^2 N_0}{3kT} \left(\frac{\epsilon_0 + 2}{3}\right)^2 \left\{1 - \frac{2(\epsilon_0 - 1)(\epsilon_0 - n^2)}{(2\epsilon_0 + n^2)(\epsilon_0 + 2)}\right\}^2 \quad (6.24)$$

となる。

球形分子の近似を使って、真空中での双極子能率と溶液中での双極子能率の比の、1 からのはずれの大きさを概略正しく説明することができると思わ

れる場合はあるが，しかしそのとき，あまり正確な結果を期待することは無理である．

<Onsager の公式>

Onsager [O 1] は，球形分子の場合には，誘電率の近似計算をさらに一歩進め得ることを示した．分子間の相互作用をもはや完全に無視することはせず，そのうちの一部分，すなわち，遠距離的な双極子相互作用を考えに入れる．そのために次のような仮定を設ける：

(a) 分子は半径 a の球形をしており，その分極率は等方的である．

(b) 近距離的な相互作用のエネルギーは無視できる（すなわち，分子一個につき，それは$\ll kT$）

仮定 (b) によって，一つの分子のまわりの媒質は誘電率 ϵ_s の連続体媒質であるとみなしてよい（遠距離力だけを考えているので）．このような方法がどういう範囲で成り立つかを見積ることは可能であるが（F 12 参照），しかし，そのことはもっと一般的な Kirkwood の公式を 8 節で導いてから論じることにしよう．

上に設けた仮定によって，1個の分子の誘電率 ϵ_s に対する寄与は，純粋の液体であろうと，混合物であろうと，同じように計算することができる．どちらの場合にも，分子に作用する局所電場 **f** は，誘電率 ϵ_s の連続体媒質中に考えた半径 a の球孔の中での電場であって，この電場は，(i) 外部にある源から生じた空孔電場 **G**，(ii) 分子自身がもつ能率 **m** による反作用電場 **R**，の二つを合成したものである．**G** も **R** もすでに 5 節で論じておいた．ただし，5 節では半径 a の空孔は非常に多数の分子を含んでいると仮定した．今の場合にもそれと同じ **G** と **R** の値を用いることができるが，それは上の仮定 (a) および (b) があるためである．結局，(5.10)，(5.11) および (5.12) により（5 節の M/a_m^3 はいまの場合 m/a^3 に当る），(6.21) を使って，局所場は

$$\mathbf{f}=\mathbf{G}+\mathbf{R}=\frac{3\epsilon_s}{2\epsilon_s+1}\mathbf{E}+g\mathbf{m} \qquad (6.25)$$

6. 気体および稀薄溶液中の双極性分子

となる.

この値を (6.1) にいれると能率 **m** は

$$m = \mu_v + \frac{3\epsilon_s}{2\epsilon_s+1}\alpha\mathbf{E} + \alpha g \mathbf{m}$$

となる. これを **m** について解けば

$$\mathbf{m} = \frac{\mu_v}{1-\alpha g} + \frac{3\epsilon_s}{2\epsilon_s+1}\frac{\alpha\mathbf{E}}{1-\alpha g} \qquad (6.26)$$

が得られ, この **m** の値を使って局所場 **f** (6.25) は

$$\mathbf{f} = \frac{3\epsilon_s}{2\epsilon_s+1}\frac{\mathbf{E}}{1-\alpha g} + \frac{g}{1-\alpha g}\mu_v \qquad (6.27)$$

となる. 平均の分極 $\overline{\mathbf{m}}$ を求めるには $\bar{\mu}_v$ が必要となる. ところで,

$$-\mu_v \mathbf{f} = -\frac{3\epsilon_s}{2\epsilon_s+1}\frac{E\mu_v\cos\theta}{1-\alpha g} - \frac{g}{1-\alpha g}\mu_v^2 \qquad (6.28)$$

という量は電場 **f** におかれた双極子 μ_v のエネルギーを表わしているから, 双極子が **E** と角 θ をなすような方向にある確率は

$$e^{\mu_v \mathbf{f}/kT}\sin\theta\,d\theta \Big/ \int_0^\pi e^{\mu_v \mathbf{f}/kT}\sin\theta\,d\theta. \qquad (6.29)$$

ここで $\mu_v \mathbf{f}$ としては (6.28) で与えられるものを用いる. (6.28) の右辺の
p. 35
第二項は θ に無関係であるから, 第一項だけが (6.29) で残る. (6.11) を導いたときと同様にして

$$\overline{\cos\theta} = \frac{3\epsilon_s}{2\epsilon_s+1}\frac{\mu_v E}{3kT(1-\alpha g)}$$

となり, したがって,

$$\bar{\mu}_v = \frac{3\epsilon_s}{2\epsilon_s+1}\frac{\mu_v^2}{3kT(1-\alpha g)}\mathbf{E}. \qquad (6.30)$$

そこで, (6.30) を用いると, (6.26) から分子の平均能率 $\overline{\mathbf{m}}$ は

$$\overline{\mathbf{m}} = \frac{3\epsilon_s}{2\epsilon_s+1}\left(\frac{\mu_v^2}{3kT(1-\alpha g)^2} + \frac{\alpha}{1-\alpha g}\right)\mathbf{E} \qquad (6.31)$$

となる（分極が等方的であるから $\bar{\alpha}=\alpha$ として）．まず，簡単な場合として，(6.31) を $\mu_v=0$ の非双極性分子からなる純粋な液体に適用してみよう．定義によって，1個の分子が占める平均の体積は

$$\frac{4\pi}{3}a^3 = \frac{1}{N_0} \tag{6.32}$$

であるから，(6.7) および (6.31) によって，

$$\epsilon_s - 1 = \frac{3\epsilon_s}{2\epsilon_s+1} \frac{\alpha}{1-\alpha g} \frac{3}{a^3}. \tag{6.33}$$

(6.21) の g を上式に入れて α について解けば，Clausius-Mossotti の式

$$\frac{\epsilon_s-1}{\epsilon_s+2} = \frac{\alpha}{a^3} \tag{6.34}$$

がえられる．これは (6.2) の証明であるとみなせる．この式の α と，(6.21) の g とを (6.31) に入れると，分子の平均の能率 $\overline{\mathbf{m}}$ は次のようになる：

$$\overline{\mathbf{m}} = \frac{3\epsilon_s \mathbf{E}}{2\epsilon_s+n^2}\left\{\frac{2\epsilon_s+1}{2\epsilon_s+n^2}\left(\frac{n^2+2}{3}\right)^2 \frac{\mu_v^2}{3kT} + \frac{n^2-1}{3}a^3\right\}. \tag{6.35}$$

純粋の双極性液体に対する Onsager の公式は，(6.35) を (6.7) にいれて (6.32) を用い，次のようになる：

$$\epsilon_s - n^2 = \frac{3\epsilon_s}{2\epsilon_s+n^2} \frac{4\pi\mu_v^2 N_0}{3kT}\left(\frac{n^2+2}{3}\right)^2. \tag{6.36}$$

密度が非常に小さいときには，当然期待されるように，この式は (6.15) と同じである（なぜならば，$\epsilon_s-1 \ll 1, n^2-1 \ll 1$ の場合には $(n^2+2)/3 \simeq 1$, $3\epsilon_s/(2\epsilon_s+1) \simeq 1$ であるから）．

次に z 個の異なった種類の化合物を混合した場合を考えよう．単位体積当りそれぞれ $N_1, N_2, \cdots, N_s, \cdots, N_z$ 個の分子が存在するとすれば，1 c.c. あたりの全能率は $\sum_{s=1}^{z} N_s \overline{\mathbf{m}}_s$ である．ここに $\overline{\mathbf{m}}_s$ は s 番目の種類の分子の平均の能率で，これは (6.35) で $\mu_v, n,$ および a をそれぞれ s 番目の種類の分子に関する量 $\mu_{vs}, n_s,$ および a_s でおきかえたものによって与えられる．この混合物に対する誘電率は (1.9) から次のようになる：

7. 一般定理

$$\epsilon_s - 1 = 4\pi \sum_{s=1}^{z} N_s \overline{m}_s / E. \qquad (6.37)$$

その特別な場合として，1 c.c. 当り N 個の有極分子 (μ_{v1}, n_1, a_1) および N^2 個の無極分子 ($\mu_{v2}=0$, n_2, a_2) を含む混合物を考えよう．(6.35) によって $\overline{m}_1$ および $\overline{m}_2$ を求め，これを (6.37) に代入すると，(6.37) は次のようになる．

$$\epsilon_s - 1 = \frac{3\epsilon_s}{2\epsilon_s+1}\Bigg\{\frac{4\pi\mu_{v1}^2 N_1}{3kT}\left(\frac{2\epsilon_s+1}{2\epsilon_s+n_1^2}\frac{n_1^2+2}{3}\right)^2$$
$$+\frac{2\epsilon_s+1}{2\epsilon_s+n_1^2}(n_1^2-1)\frac{4\pi}{3}a_1^3 N_1 + \frac{2\epsilon_s+1}{2\epsilon_s+n_2^2}(n_2^2-1)\frac{4\pi}{3}a_2^3 N_2\Bigg\}. \qquad (6.38)$$

有極分子の薄い溶液に対しては，$N_1 \ll N_2$ であるから，上の式で $n=n_1$，$n_2=\epsilon_0$，$N_1=N_0$ とおけば，その結果は (6.24) と同じにならなければならない．事実，$4\pi a_2^3 N_2/3$ は 1 c.c. 中で N_2 個の無極分子が占める体積を表わしているから，$N_1 \ll N_2$ の条件は $4\pi a_2^3 N_2/3 \simeq 1$ の意味により，これを (6.38) の括弧の中の第三項に対して使い，第二項は無視すれば，n_1, n_2, N_1 を上記のように書きかえて (6.38) は

$$\epsilon_s - 1 = \frac{3\epsilon_s}{2\epsilon_s+\epsilon_0}(\epsilon_0-1) + \frac{3\epsilon_s}{2\epsilon_s+1}\frac{4\pi\mu_{v1}^2 N_0}{3kT}\left(\frac{2\epsilon_s+1}{2\epsilon_s+n^2}\frac{n^2+2}{3}\right)^2$$

となる．$\epsilon_s \simeq \epsilon_0 \simeq \epsilon_\infty$ であるから，これを少し書きかえれば (6.24) と同じになる．

7. 一般定理 [F 10]

前節で導出した誘電率 ϵ_s の式は，ϵ_s を少数のパラメーターを使って簡単に表わしているという点で大きな利点をもっている．しかし，それはある条件のもとでだけ成立するものであり，しかもその条件は多くの実際上重要な場合には満足されないということを忘れてはならない．それ故，本節では，
p. 37
永久分極をもたない任意の誘電体についてごく一般的に成立するような静電的誘電率 ϵ_s を表わす式を導出してみよう．勿論このような式を導き出すに

際しては，数学的な抽象を避けることができない．しかし，それは重要な式であるので，くわしく説明しながら導出することにする．

　5節で述べたと同様に，無限にひろがった均一な試料から体積 V の巨視的な球形領域を選び出す．この体積 V は，巨視的な試料と同じ誘電的性質をやっと示すぐらいの大きさの領域（余り小さいと巨視的とみなせない）にくらべて大きいとする．球形領域の表面は幾何学的に正確な球の表面である必要はなく，分子の大きさ程度の凸凹が存在してもかまわない．そして正確な表面は分子がこの表面によって切られないようにえらぶことにする．このようにしても，原子的尺度の距離にくらべて遠い距離の電場には何らの影響もない．そこで球がもつ平均の電気能率の，巨視的な電場 $\mathbf{E}$ の方向の成分 M_E を計算しよう．このため，球内のすべての粒子を古典統計力学の法則によって取扱う．他方，球外の部分は巨視的な誘電率 ϵ_s によって記述される連続的な誘電体として取扱う．以下全部，巨視的な電場 $\mathbf{E}$ は飽和現象を起させないぐらいに十分弱く，従って ϵ_s は E に無関係であると仮定する．

　球形領域は素電荷 e_i の集まりから成っている．その各素電荷が，全系の最低エネルギー状態（基準状態）でそれが占めている位置から，どれだけ変位しているかということが，いま問題である．この変位はベクトル量で，それを $\mathbf{r}_i$ で表わす．すべての変位ベクトルの組を (4.4) によってまとめて X で表わす．絶対零度以外では，これらの粒子から成る系は，巨視的にはつりあいの状態にあっても，微視的には同一の配位をとりつづけているわけではない．熱的なゆらぎによって，この系の変位ベクトルの組は確率的分布をとり，この組が

$$X=(\mathbf{r}_1, \mathbf{r}_2, \cdots, \mathbf{r}_i, \cdots) \quad \text{と} \quad X+dX=(\mathbf{r}_1+d\mathbf{r}_1, \cdots, \mathbf{r}_i+d\mathbf{r}_i, \cdots)$$

の間の空間素片の間にある確率は

$$e^{-U(X,E)/kT}dX \Big/ \int e^{-U(X,E)/kT}dX \tag{7.1}$$

と表わされる．ここに $U(X, E)$ は電場 E が存在するときに，配位が X であるような系の位置エネルギーであり，

7. 一般定理

$$dX = d\mathbf{r}_1\, d\mathbf{r}_2 \cdots d\mathbf{r}_i \cdots \qquad (7.2)$$

は変位 $\mathbf{r}_i$ の微小変化 $d\mathbf{r}_i$ をすべての素電荷についてかけあわせた体積素片，$d\mathbf{r}_i$ はその三つの成分の積 $dr_x\, dr_y\, dr_z$ である．(7.1) の積分はすべての変化のあらゆる可能な値について行なわねばならない．

(4.3) に示したように，変位 X の各組に双極子能率 $\mathbf{M}(X)$ が伴なう．$\mathbf{M}(X)$ と $\mathbf{E}$ との間の角を θ とすれば，$M(X)\cos\theta$ は巨視的な電場 $\mathbf{E}$ の方向の $\mathbf{M}(X)$ の成分を表わし，M_E は $M(X)\cos\theta$ の平均値である．そこで (7.1) により M_E は次のように表わされる：

$$M_E = \int M(X)\cos\theta\, e^{-U(X,E)/kT}\, dX \Big/ \int e^{-U(X,E)/kT}\, dX. \qquad (7.3)$$

巨視的な電場が存在しない場合のエネルギー $U(X, 0)$ を $U(X)$ と表わし，また位置エネルギーの零点は，基準状態（すべての変位が 0 になる状態）で $U(X)$ が0となるようにえらぶこととする．このエネルギー $U(X)$ は二つの部分，すなわち，(i) 球領域内の粒子間の相互作用エネルギー $U_i(X)$，および (ii) それらと球の外部との相互作用エネルギー $U_e(X)$ から成り立っていると考えてよい．つまり

$$U(X) = U_i(X) + U_e(X). \qquad (7.4)$$

$U_e(X)$ は X だけでなく誘電率 ϵ_s にも関係する．これは球外の領域を巨視的に取扱うことにしているからである．

$U_e(X)$ が温度に関係するパラメーター ϵ_s を含むことについては，若干考慮を払う必要がある．今ここで取扱っている事柄は，もう少し広い意味で Gross および Halpern [G1] が研究した問題―温度に関係するパラメーターを含む系の統計力学―の特別な場合である．彼等が得た結論をここで取扱っている場合に当てはめてみると，温度について微分するときには，いつでも ϵ_s を一定のパラメーターとみなして取扱わねばならないことがわかる．すると $U_e(X)$ は，一定の温度のもとで球外の領域を平衡状態に対応する分極にまで到達させるのに必要なエネルギーとなる．つまり，すぐ後の例（(7.17)，(7.18) 参照）によっても示されるように，系全体（球領域と外部領域を加え

たもの）をながめれば，$U_e(X)$ は "球内の電荷と，それよって球外に誘起された分極との間の相互作用のエネルギー" と "球外の自由エネルギー"（球外の領域の自由エネルギーが X に依存するとき）との和に相当する自由エネルギーである．そのわけは，$U(X)$ は，温度が一定なとき，X という変位を起すのに必要なエネルギーであるからである．

さて，ある配位 X が与えられたときに巨視的電場 **E** を加えたとしよう（もちろん，加えた電場はこの配位の確率を変える）．すると，球の内部には (5.11) で示した均一な電場 **G**（空孔電場）が加わることになる．静電気学によれば **G** と球内の電荷の相互作用は

$$-\mathbf{M}(X)\mathbf{G} = -\frac{3\epsilon_s}{2\epsilon_s+1}M(X)E\cos\theta \tag{7.5}$$

で与えられる．それ故，電場 **E** が存在するときはエネルギーは

$$U(X,E) = U(X) - \frac{3\epsilon_s}{2\epsilon_s+1}M(X)E\cos\theta \tag{7.6}$$

となる．この $U(X,E)$ の式を (7.3) に入れるわけであるが，さきに仮定したように E は飽和現象を起さぬ程度に十分弱い電場であるから，(7.3) の右辺を E のべき級数に展開して第一項だけを考えれば充分である．つまり

$$e^{-U(X,E)/kT} = e^{-U(X)/kT}\left(1 + \frac{3\epsilon_s}{2\epsilon_s+1}\frac{M(X)E}{kT}\cos\theta + \cdots\right) \tag{7.7}$$

ところが，巨視的な電場が存在しない場合には平均の能率は 0 になるはずであるから，

$$\int M(X)\cos\theta \, e^{-U(X)/kT} dX = 0 \tag{7.8}$$

で，このため，(7.7) を (7.3) に入れて (7.8) を用いると，M_E は

$$M_E = \frac{3\epsilon_s}{2\epsilon_s+1}\frac{EJ}{kT}\int M^2(X)\cos^2\theta \, e^{-U(X)/kT} dX, \tag{7.9}$$

ただし

7. 一般定理

$$1/J = \int e^{-U(X)/kT} dX. \qquad (7.10)$$

ここで，電場 **E** は与えられた **M**(X) に対して任意の角をなすと仮定し，そのすべての方向についての平均をとると，$\cos^2\theta$ は $\frac{1}{3}$ で置きかえられる。この値を (7.9) に入れて (1.9) を用いると，

$$\epsilon_s - 1 = \frac{4\pi}{3V} \frac{3\epsilon_s}{2\epsilon_s + 1} \frac{\overline{M^2}}{kT} \qquad (7.11)$$

を得る。ここに，

$$\overline{M^2} = J \int M^2(X) e^{-U(X)/kT} dX \qquad (7.12)$$

は巨視的な電場が存在しないときの $M^2(X)$ の平均値である。(7.11) は本節で求めようとしている一般的な結果の一つであるが，この結果によれば，誘電率は $\overline{M^2}$ ― 大きな誘電体中に考えた球の自発的な分極の 二乗の平均値 ― を使って表わされるということになる。

これ以上もっと一般論を押しすすめる前に，(7.11) がつじつまのあった結果になっていることについて説明しよう。このことのいみは，球領域を巨視的な見方で取扱ったときに，(7.11) が恒等的になりたたねばならないということである。これを説明するために次の定理を用いる (T 1 参照)。系の自由エネルギー $F(\alpha_1, \alpha_2, \cdots)$ が数個のパラメーター $\alpha_1, \alpha_2, \cdots$ に関係するとすると，この系が $d\alpha_1 d\alpha_2 \cdots$ なる領域に存在する確率は

$$e^{-F(\alpha_1, \alpha_2, \cdots)/kT} d\alpha_1 d\alpha_2 \cdots \Big/ \int e^{-F(\alpha_1, \alpha_2, \cdots)/kT} d\alpha_1 d\alpha_2 \cdots$$

で与えられる。この中に表われる量 ($d\alpha_1 d\alpha_2 \cdots$) は α 空間の ($\alpha_1, \alpha_2, \cdots$) と ($\alpha_1 + d\alpha_1, \alpha_2 + d\alpha_2, \cdots$) の間にある体積素片である。いまの場合，自由エネルギーは M の大きさだけに関係しているから，この体積素片は M 空間において半径が M と $M+dM$ の球で区切られた球殻になるわけで，その体積は $4\pi M^2 dM$ である。理論的には M は 0 と無限大の間のすべての大きさをもつことができるから，球領域が M と $M+dM$ の間の能率をもつ確率は

$$e^{-F(M)/kT} M^2 dM \Big/ \int_0^\infty e^{-F(M)/kT} M^2 dM \qquad (7.13)$$

となる．このようにして

$$\overline{M^2} = \int_0^\infty M^2 e^{-F(M)/kT} M^2 dM \Big/ \int_0^\infty e^{-F(M)/kT} M^2 dM. \qquad (7.14)$$

これを (7.12) とくらべ，(3.3) によってエントロピーが $S=(U-F)/T$ で与えられることを注意すると，

$$dX \sim e^{S/k} M^2 dM \qquad (7.15)$$

という量は能率が M と $M+dM$ の範囲内に入るような球領域内の状態数を表わすことになる．この式を (7.12) を基にした巨視的な考察の出発点として最初から使ったとしてもよかったのである ((7.14) を得るために)．

エネルギー $U(X)$ を扱かったときに用いた手順にしたがって，自由エネルギー $F(M)$ はやはり内部的な自由エネルギー $F_i(M)$ と，まわりの媒質との相互作用による外部的な自由エネルギー $F_e(M)$ とに分けて考えることができる．$F_i(M)$ は附録 (A 2.37) でもとめた自己エネルギー

$$F_i(M) = \frac{2\pi M^2}{3V} \frac{\epsilon_s+2}{\epsilon_s-1} \qquad (7.16)$$

であり，また $F_e(M)$ は反作用場 **R** の助をかりて ((5.10) 参照) 求めることができる．$F_e(M)$ は，電場 **R** の中におかれた双極子 **M** のエネルギー $-\mathbf{MR}$ と，まわりの媒質を分極させるのに必要な自由エネルギーとから成っている．まわりの媒質を分極するに要する自由エネルギーは R^2 に比例するはずであるから，これを βR^2 と書けば，$F_e(M)$ は次のように書ける：

$$F_e(M) = -\mathbf{MR} + \beta R^2. \qquad (7.17)$$

β は次のようにして定めることができる．F_e は M を一定に保った場合に R_x, R_y, R_z なるパラメーターに関係すると考えられるから，つりあいの状態にある系に対しては，自由エネルギーはそれらの量に関して極小になっているはずで，

7. 一般定理

$$\frac{\partial F_e}{\partial R_x}=0, \quad \frac{\partial F_e}{\partial R_y}=0, \quad \frac{\partial F_e}{\partial R_z}=0$$

となり,これから

$$2\beta\mathbf{R}=\mathbf{M}.$$

この β を (7.17) に入れ,さらに (5.10) を用いると次のようになる:

$$F_e(M)=-\mathbf{MR}+\frac{1}{2}\mathbf{MR}=-\frac{1}{2}\mathbf{MR}=-\frac{4\pi M^2}{3V}\frac{\epsilon_s-1}{2\epsilon_s+1}. \quad (7.18)$$

従って (7.16) および (7.18) から,

$$F=F_i(M)+F_e(M)=\frac{2\pi M^2}{V}\frac{3\epsilon_s}{(2\epsilon_s+1)(\epsilon_s-1)} \quad (7.19)$$

p. 42 がえられ,結局,(7.14) によって $\overline{M^2}$ は次のようになる:†

$$\overline{M^2}=\frac{3}{2}kT\frac{V}{2\pi}\frac{(2\epsilon_s+1)(\epsilon_s-1)}{3\epsilon_s}. \quad (7.20)$$

これは,実際 (7.11) が恒等的に満足されていることを示している.この結果からわかるように,$F_e(M)$ の中に含まれている (7.11) 中の遠距離相互作用の項は重要な意味をもっている.つまり,このような相互作用のために,媒質の中に考えた球におけるゆらぎ $\overline{M^2}$ は真空中におかれた球に対するゆらぎとは異なったものになっているからである.真空中の場合には $F=F_i$ であり,(7.14) は次のようになる:

$$\overline{M_{\text{vac}}^2}=\frac{3}{2}kT\frac{3V}{2\pi}\frac{\epsilon_s-1}{\epsilon_s+2}. \quad (7.21)$$

(7.20) と (7.21) とをくらべると,$\overline{M_{\text{vac}}^2}$ は $\epsilon_s \gg 1$ ならば ϵ_s にあまり関係しないが,$\overline{M^2}$ は ϵ_s の大きな物質では比較的大きな値をとることがわかる.

さていよいよ (7.11) をさらに発展させるわけであるが,ここでは剛体双極子からなりたつ液体に対して Kirkwood (K4) が用いた方法をなお一般化

---

† $\int_0^\infty x^2 e^{-x^2}dx=\frac{3}{2}\int_0^\infty e^{-x^2}dx$ という関係を用いた.

した方法を使おう．球領域は N 個の分子またはある原子集団からできているとし，そのおのおのは外電場のもとで等しい平均分極をもつとする．各集団は，例えば純粋の液体では1個の分子とし，結晶ではその単位胞中のすべての粒子を含む．そうすると，球形領域は，おのおのが M_E に対して等しい寄与をするような N 個の単位に分けることができる．(7.9)—(7.12)から判断すれば，$\overline{M^2}$ もまた N 個の等しい項から成っていることになる．*　下の(7.31) および (7.32) はこのことを数学的に表現した式である．(7.30) のあとで，これらの項がすべて等しいということを，もっと直接に証明しよう．このような単位の各々は同一数—k 個とする—の素電荷をもち，それらの番号づけについては，それらの電荷相互の配列関係，およびそれらのうちの各電荷とそれの周囲との間の配列関係が，どの単位についても同じになるようにとる．いま j 番目の単位の中にある k 個の素電荷の変位を $\mathbf{r}_{j1}, \mathbf{r}_{j2}, \cdots, \mathbf{r}_{jk}$ で表わし，また j 番目の単位の変位の組全体を

$$x_j = (\mathbf{r}_{j1}, \mathbf{r}_{j2}, \cdots, \mathbf{r}_{jk})$$

で表わすことにすれば，球形領域全部のすべての電荷の変位の組 X は，全部で N 個の単位がもつ変位の組 $x_1, x_2, \cdots x_j, \cdots x_N$ で形成されることになる．これに対応して体積素片 dX は

$$dx_j = d\mathbf{r}_{j1} d\mathbf{r}_{j2} \cdots d\mathbf{r}_{jk}$$

であるような体積素片をすべての j について掛け合わせたものとなり，次のように表わされる ((7.21) 照参)：

$$dX = dx_1 dx_2 \cdots dx_j \cdots dx_N.$$

つまり球領域中のすべての素電荷の変位についての積分をするときには，1番目の集団についての dx_1 の積分をまず行ない，つぎに2番目，3番目と順次に積分を実施してゆけばよい．これとは別に体積素片 dX は

$$dX = dX_j dx_j \qquad (7.22)$$

と書くこともできる．ここに dX_j は

＊　(7.9) を (7.12) にくらべれば積分の中に $\cos^2\theta$ が入っているかいないかの違いであるから，という理由である．

7. 一般定理

$$dX_j = dx_1 dx_2 \cdots dx_{j-1} dx_{j+1} \cdots dx_N \qquad (7.23)$$

を意味し，j 番目の集団を除いたすべての領域についての積分を行なうときの体積素片を表わす．

ここで，j 番目の集団の電気双極子能率を $\mathbf{m}(x_j)$ と書くことにすれば，(4.7) を参照すると，全領域の能率 $\mathbf{M}(X)$ はすべての $\mathbf{m}(x_j)$ のベクトル和となり，

$$\mathbf{M}(X) = \sum_{j=1}^{N} \mathbf{m}(x_j) \qquad (7.24)$$

で表わされる．それ故，

$$M^2(X) = \mathbf{M}(X)\mathbf{M}(X) = \sum_{j=1}^{N} \mathbf{m}(x_j)\mathbf{M}(X) \qquad (7.25)$$

となり，これを (7.12) に入れると次の結果を得る：

$$\overline{M^2} = \sum_{j=1}^{N} J \int \mathbf{m}(x_j) \mathbf{M}(X) e^{-U(X)/kT} dX. \qquad (7.26)$$

(7.26) に表われた和の中の各項の積分は，(7.22) に示したように，二つの段階に分けて行なうことができる．j 番目の項の積分は，まず j 番目の集団を除いた全領域にわたって行ない，つぎにその j 番目の集団について積分する．はじめの積分（体積素片は dX_j）の段階では，$\mathbf{m}(x_j)$ が j 番目の集団の変化 x_j だけに関係するから $\mathbf{m}(x_j)$ を定数として積分しなければならない．それで (7.26) の j 番目の項は次のように書くことができる：

$$J \int \mathbf{m}(x_j) \mathbf{M}(X) e^{-U(X)/kT} dX$$
$$= J \int \mathbf{m}(x_j) \left(\int \mathbf{M}(X) e^{-U(X)/kT} dX_j \right) dx_j$$
$$= \int \mathbf{m}(x_j) \mathbf{m}^*(x_j) p(x_j) dx_j, \qquad (7.27)$$

ただし ((7.10) 参照)

$$\mathbf{m}^*(x_j) = \int \mathbf{M}(X) e^{-U(X)/kT} dX_j \bigg/ \int e^{-U(X)/kT} dX_j, \qquad (7.28)$$

$$p(x_j) = \int e^{-U(X)/kT} dX_j \bigg/ \int e^{-U(X)/kT} dX. \qquad (7.29)$$

$\mathbf{m}^*(x_j)$ は，j 番目の集団が x_j だけ変位して能率 $\mathbf{m}(x_j)$ をもつようになった場合に，球全体が示す平均の能率を表わす．また $p(x_j)$ は j 番目の集団の変位の組が x_j という値をもつ確率である．(7.27) を (7.26) に入れると

$$\overline{M^2} = \sum_{j=1}^{N} \int \mathbf{m}(x_j) \mathbf{m}^*(x_j) p(x_j) dx_j \qquad (7.30)$$

を得る．実際は，この式にあらわれる和の各項はすべて等しい．何故なら，$\mathbf{m}^*$ は大きな球の中にある特定の——例えば j 番目の——集団の能率を $\mathbf{m}$ に保った場合に，それによって球全体に分極されたときの球の電気能率を表わす．ところが，静電気論によれば（附録 A 2. ii 参照），このとき j 番目の集団をとりまく球がどのようなものであっても，球自身が巨視的に扱える程度の大きさであるかぎり，その球の能率は $\mathbf{m}^*$ になる．j 番目の集団が球の中心になくてもよいし，半径も任意でよい．ゆえに $\mathbf{m}^*$ の実際の値は近距離的な相互作用だけできまり，j 番目の集団が（それと球の外部との相互作用を巨視的な立場で取扱える程度に）球の表面から十分離れているかぎり，その位置には無関係である．球の大きさを十分大きくすると，この条件がみたされないような集団の数は球内の集団全体の数 N に比べていくらでも小さくすることができる．

(7.30) の和の中の N 個の項がすべて等しいということは，いうまでもなく，すべての集団が同じ平均の分極をもつことを意味している．逆に後者の事実を使って (7.30) のすべての項が等しいことを証明した方がもっと簡単であったかも知れないが，しかし上に述べたような考え方の方が，$\mathbf{m}^*$ を定める力について若干の洞察を与えるという点でよい．つまり，この考察からわかるように，j 番目の集団を除いた球領域の部分が $\mathbf{m}^*$ に寄与するのはどんな場合かといえば，この j 番目の集団を能率 $\mathbf{m}$ をもつ点双極子または分極した球としたのでは，この集団が球領域に誘起する平均の能率を求めるこ

7. 一般定理

とができないような場合だけである．すなわち，$\mathbf{m}^*$ と $\mathbf{m}$ の相違をおこす原因となるものは，近距離力および分子の形の完全な球からの外れである．

そこで

$$\overline{\mathbf{mm}^*} = \int \mathbf{m}(x_1)\mathbf{m}^*(x_1)p(x_1)dx_1$$

$$= \cdots = \int \mathbf{m}(x_j)\mathbf{m}^*(x_j)p(x_j)dx_j = \cdots \quad (7.31)$$

となり，したがって (7.30) によって次の関係が得られる：

$$\overline{M^2} = N\overline{\mathbf{mm}^*}. \quad (7.32)$$

これを (7.11) に入れると，最後に，静電的誘電率として次の式を得る：

$$\epsilon_s - 1 = \frac{3\epsilon_s}{2\epsilon_s + 1} \frac{4\pi N_0}{3} \frac{\overline{\mathbf{mm}^*}}{kT}. \quad (7.33)$$

ここに，

$$N_0 = N/V \quad (7.34)$$

は単位体積当りに含まれる集団の数である．(7.28) で定義したように，$\mathbf{m}^*$ は誘電体中に考えた球形の領域中に存在する多数の集団のうちの一つが，双極子能率 $\mathbf{m}$ をもつような配位に保たれたときに，その球形の領域がもつ平均の双極子能率である．すべての可能な配位を考慮し，且つ，各々の状態が出現する確率に相当する重みをつけて $\mathbf{mm}^*$ を平均したものが $\overline{\mathbf{mm}^*}$ である．$\mathbf{m}^*$ は近距離力が存在するため，もしくは分子の形が完全な球形でないために，$\mathbf{m}$ と異なった値をとる．

(7.33) は完全に一般的な式である．しかし，ϵ_s のうち電子の弾性的変化から生じる部分を巨視的な取扱いによって，(7.33) から分離してしまえば，特別な式を得る．電子の弾性的な変位から生じる部分は光学的屈折率 n を用いて見積ることができる．何となれば，光学的振動数のあたりでは，重い粒子は慣性が大きいために動かず，電子の変位以外はなくなるからである．そ

れで，原子核は変位しないと仮定して，電場 **E** のために電子が変位して生じた電気能率を M_{el} とすれば，

$$n^2-1=4\pi M_{el}/VE. \qquad (7.35)$$

Maxwell の法則によって，周波数の高い場合には誘電率は屈折率の二乗に等しいから，(7.35) の関係は (1.9) から直ちに出てくるものである．

さて，球形の領域を電荷 e_i の集まりと考え，各電荷は統計力学の法則にしたがい，またそれが n^2 の誘電率をもった連続媒質中に埋まっていると考える．そこで，電子の変位以外のすべての変位による能率を M_E とすれば，物質の全能率は M_E+M_{el} となり，(1.9) は

$$\epsilon_s-1=4\pi(M_E+M_{el})/VE$$

となる．これに (7.35) を用いると

$$\epsilon_s-n^2=4\pi M_E/VE. \qquad (7.36)$$

電子分極の部分を計算で求めるかわりに，n を光学的屈折率であると諒解して，その部分を実験的な量として (7.36) によって導入してもよい．そうすると，上の議論の中で $\mathbf{M}(X)$, $\mathbf{m}$, および $\mathbf{m}^*$ を電子によらない変位に関した量とすれば，上の諸式は殆んど変える必要がない．ただ次にのべる二つの点に関して変更する必要がある：

（i）(7.5) の空孔電場 **G** は誘電率 ϵ_s の媒質中に考えた真空の孔に対するものであったが，これを誘電率 n^2 をもった孔に対する $\mathbf{G}'$ におき代えねばならない．この $\mathbf{G}'$ は附録 (A 2.14) によって

$$\mathbf{G}'=\frac{3\epsilon_s}{2\epsilon_s+n^2}E \qquad (7.37)$$

となる．すなわち，(7.5) 以下の式の分母の $(2\epsilon_s+1)$ は $(2\epsilon_s+n^2)$ でおきかえねばならない．

（ii）(7.9) から (7.11) を出すときに，(1.9) でなく (7.36) を用いなければならない．従って (7.11) は次のものにおき代えられる：

$$\epsilon_s-n^2=\frac{4\pi}{3V}\cdot\frac{3\epsilon_s}{2\epsilon_s+n^2}\cdot\frac{\overline{M^2}}{kT}. \qquad (7.38)$$

7. 一般定理

それから後の取扱いは変える必要がなく，最後に (7.33) の代りに，

$$\epsilon_s - n^2 = \frac{3\epsilon_s}{2\epsilon_s+n^2} \frac{4\pi N_0}{3} \overline{\frac{\mathbf{mm}^*}{kT}} \qquad (7.39)$$

を得る．また $\mathbf{m}$ と $\mathbf{m}^*$ の計算に必要な相互作用のエネルギー $U(X)$ を考えるときには ((7.27)—(7.31) を参照せよ)， 電子的な分極を巨視的な立場で取り入れねばならないことを注意しよう．

最後に，$\epsilon_s \gg n^2$ である限り，つまり電子分極の寄与が小さい限り，(7.39) と (7.33) のちがいは殆んど問題にならないということを注意しよう．この場合には，

$$\frac{3\epsilon_s}{2\epsilon_s+n^2} \simeq \frac{3\epsilon_s}{2\epsilon_s+1} \simeq \frac{3}{2}, \quad \epsilon_s \gg n^2 \qquad (7.40)$$

そして (7.39) は

$$\epsilon_s - n^2 = 2\pi N_0 \overline{\frac{\mathbf{mm}^*}{kT}}, \quad \epsilon_s \gg n^2 \qquad (7.41)$$

となるが，一方 (7.33) の左辺は $\epsilon_s - 1$ であり，これと (7.41) の左辺とのちがいは光学的な寄与の $n^2 - 1$ だけとなる．

＜混合物＞

幾種類かのはっきりと異なった電荷の集団，例えば混合物中の異なった分子とか，イオン結晶中の正負のイオンなどのようなものを含む物質の場合には，単位胞が大きすぎたり，その形が好ましくなかったりして，それを一単位として扱うには不便であることが多い．しかし，単位胞に含まれる集団が互いによく分離されていれば，それらの寄与が分離されて現われるような ϵ_s の表式を導き出すことができる．いま z 個の異なった型の集団があるとすれば，各集団電荷の型を代表する z 個の単位があるわけである．物質の 1 c.c. 当りに，1番目，2番目，…, z 番目の種類の単位がそれぞれ $N_1, N_2, \cdots N_s, \cdots, N_z$ 含まれているとすれば，(7.24) は次のように書くことができる：

$$\frac{\mathbf{M}(X)}{V} = \sum_{j=1}^{N_1} \mathbf{m}(x_j) + \sum_{j=N_1+1}^{N_1+N_2} \mathbf{m}(x_j) + \cdots \qquad (7.42)$$

以後の議論は各集団を別々に取扱って, 前とそっくりそのままになるから, (7.33) の代りの最後の結果が次のようになる:

$$\epsilon_s - 1 = \frac{3\epsilon_s}{2\epsilon_s+1} \frac{4\pi}{3kT} \sum_{s=1}^{z} \overline{\mathbf{m}_s \mathbf{m}_s{}^*} N_s, \qquad (7.43)$$

ここに $\mathbf{m}_s{}^*$ は, s 番目の種類の1個の単位が能率 $\mathbf{m}_s$ をもつような配位に
p. 48
保たれた場合に, この物質内に考えた球形の領域がもつ平均の双極能率である. $\overline{\mathbf{m}_s \mathbf{m}_s{}^*}$ は $\mathbf{m}_s \mathbf{m}_s{}^*$ の平均値である. 前とおなじく, 球形領域の大きさは, 巨視的な試料と同じ誘電性をもち得るような限界の大きさにくらべて, 大きくなければならない.

<要　約>

ここで, 今まであまり念を入れないで読んで来られた読者の便宜をはかって, 7節の結果を簡単にまとめてみる.

（i）静電的誘電率 ϵ_s は (7.11) および (7.21) によって次の関係を正確に満足する:

$$\epsilon_s - 1 = \frac{4\pi}{3V} \frac{3\epsilon_s}{2\epsilon_s+1} \frac{\overline{M^2}}{kT} = \frac{4\pi}{3V} \frac{\epsilon_s+2}{3} \frac{\overline{M_{\text{vac}}^2}}{kT} \qquad (7.44)$$

ここに, $\overline{M^2}$ は誘電体自身の内部に考えた十分大きな球形の領域（体積 V）がもつ自発的な双極子能率の二乗の平均であり, $\overline{M_{\text{vac}}^2}$ は同じ誘電体の球が真空中に存在する場合の同様な量である.

（ii）球を構成する成分の一つ一つがすべて平均において同じ寄与を分極に対してもつ場合には, (7.44) はさらに (7.33) のように書くことができる. (7.33) もまたごく一般的な性質の式である.

電子変位による寄与を巨視的な立場で取扱うと, そのときは一般性の減少した式 (7.39) が得られる.

8. 特別な場合

前節の結果は, 誘電率 ϵ_s に関するごく一般的になり立つ表式 (7.33)〔(7.11) も同様〕と, もう少し特別化された式 (7.39) および (7.43) に含まれ

8. 特別な場合

ている．これらの式はすべて電場が存在しないときの物質の性質に関した量 $\overline{\mathbf{mm}^*}$ または $\overline{M^2}$ で ϵ_s を表わしたものである．これらの量を計算するためには，問題にしている物質の構造と，物質を構成している粒子相互間の相互作用に関するくわしい知識が必要となる．一般にこのような計算は近似法を用いなければ行なうことができない．一般公式の重要性は，それからそれぞれ適用範囲がはっきりときまっているいろいろな型の近似式を導きだすことができるということにある．また一般公式からみれば，双極性液体のような狭い範囲の物質にたいしても，ϵ_s を二，三のパラメーターで簡単に表わし（例えば Onsager の公式のように），しかも物質の安定領域全体にわたって成り立つような公式を見出すことは望むことができない．たとえば，Onsagerの式にしても，双極性液体に対して高温度で漸近的にだけ成り立つはずのもので，低温度ではそれからのずれはいろいろな物質に対してさまざまに違っているのである．

上記の公式のとり扱いになれるための第一歩として，すべての近距離力が無視できる場合を考えよう．球形の分子については，このような仮定をすれば，6節によると，Clausius-Mossotti の公式あるいは Onsager の公式が得られる．前者は無極性分子に対して，後者は有極性分子に対して成立つ．このことを証明するための計算は附録(A 3)に示しておいた．その計算によると，これらの二つの場合の主な違いは，次のようなものであることが示される．無極性分子の場合の弾性変位に対しては，電荷集団の単位のエネルギーはその双極能率 m によってきまり，従って $\overline{m^2}$ (これは近距離相互作用が無視できる場合には $\overline{\mathbf{mm}^*}$ に等しい) は絶対温度 T に比例して増加し，そのため誘電率は温度に無関係となる．もう一つの極端な場合として剛体双極子を取り上げれば，その場合の集団単位の能率は双極子能率 μ に等しいから，$\overline{m^2} = \mu^2$ が温度に無関係に成立つ．もちろん，実際の双極分子は常に ϵ_s に対して双極子的と弾性的の両方の寄与をする．

---

* (7.33), (7.39), (7.43) を参照せよ．

〈有極性の液体; Kirkwood の公式〉

さてこれから，固有の双極子能率と分極率 α をもった分子から成立つ有極性の液性の一般的な場合に議論を進めることにしよう．この型の液体はすでに 6 節で，近距離相互作用が無視できるという仮定のもとに論じた．その結果は Onsager の公式 (6.36) になった．しかしこれからの計算にはこのような仮定をもはや行なわない．

6 節で知ったように，液体中の分子は気体中の分子とは違った双極子能率をもっている（気体中の双極子能率は μ_v）．球形の分子の場合にはこの違いは，分子の周囲の反作用場によって分子が分極するために生じる．球形分子以外の場合には，二つの能率の比を簡単で正確な方法によって計算することが不可能である．この困難のため，分子の分極効果を巨視的な方法で取扱うことの方が合理的であるように考えられる．ただしそのとき，6 節のように，分極への主な寄与は電子変位によると仮定する．つまり液体は，誘電率 n^2 (n は光学的屈折率) をもつ連続的な媒質の中に，電気能率 μ をもつ双極子が含まれているようなものであるとみなす．このようなモデルでは真空中の球形分子は，球形の連続媒質の中心に双極子 μ をおいたものであるとみなすことができる．附録 (A 2.32) によると，このような分子の能率は

$$\mu_v = \frac{3}{n^2+2}\mu \quad \text{(球形分子)} \tag{8.1}$$

で与えられる．

それ故，このモデルによれば，球形分子の場合には，このように双極子能率 μ を自由分子の能率 μ_v で表わすことができる．

このモデルに基づくと，誘電率の一般式は (7.39) で与えられる．集団単位はただ一つの双極子能率 μ を含むから，その能率は

$$\mathbf{m} = \mu \tag{8.2}$$

である．ところで，前節の $\mathbf{m}^*$ はいまの場合は双極子の向きだけによってきまるのであるから，

$$\mathbf{m}^* = \mu^* \tag{8.3}$$

8. 特別な場合

とおいて μ^* を導入し, これは球形の領域内に含まれる双極子のうちの一つ[*]を定まった方向にむけておいたとき, その球がもつ平均(熱平均)の能率であるとする. (7.39)の式は $\overline{\mathbf{mm}^*}$ という量を含んでいるが, その横棒はいまは $\mathbf{m}$ のあらゆる可能な値について平均することを意味している. 今のモデルでは変りうるものは双極子 μ の方向だけである. ところで, 液体では双極子のすべての向きが等価であるから $\mu\mu^*$ は向きによらず

$$\overline{\mathbf{mm}^*} = \overline{\mu\mu^*} = \mu\mu^* \tag{8.4}$$

となる. (8.4)を(7.39)に代入すると Kirkwood の公式 [K 4] が得られる:

$$\epsilon_s - n^2 = \frac{3\epsilon_s}{2\epsilon_s + n^2} \frac{4\pi N_0 \mu\mu^*}{3kT}. \tag{8.5}$$

この式を役に立つものにするためには μ^* を計算しなければならない. 計算を簡単にするために, いまの場合, 最近隣の分子の間にだけ近距離相互作用が働き, それ以外の相互作用はないと仮定してよさそうである. この場合, μ^* は, 中心にあって一定の方向に保たれている双極子の能率 μ にその最近隣分子の能率の和の平均値をベクトル的に加えたものである. 従って, z を最近隣分子の平均数とすると,

$$\mu\mu^* = \mu^2(1 + z\overline{\cos\gamma}). \tag{8.6}$$

ただしここで $\overline{\cos\gamma}$ は隣りあう双極子が互になす角の cos の平均値である. この平均値は $\mathbf{m}^*$ に対する式 (7.28) を今の場合に適用して求めなければならない. 双極子の向きだけが変数であるから, この式は次のように簡単になる:

$$\overline{\cos\gamma} = \int \cos\gamma\, e^{-U/kT} d\omega_1 d\omega_2 \bigg/ \int e^{-U/kT} d\omega_1 d\omega_2. \tag{8.7}$$

ここで U は液体中で隣り合う分子の間の相互作用のエネルギーのうちで, それらの双極子の間の角に関係した部分である. このエネルギーは液体中のいま考えている分子以外の分子の状態にもよるであろう. それ故, U は他の

---

[*] 球の中心または中心附近にあるもの.

分子のすべての状態について（各々の状態の出現する確率を考えながら）平均したエネルギーとなっていると考える．$d\omega_1$ と $d\omega_2$ は二つの双極子の方向の立体角素片である．

$\overline{\cos\gamma}$ の実際の値は，二つの分子の間の相互作用の形に関係する．この相互作用は，5節に指摘したように，点双極子間の静電的な相互作用とはおそらく大へんに違ったものであって，それには反撥力，化学結合力，その他の色々な型の相互作用をも考えなければならない．しかしここで注意しなければならないことは，U の大きい値が必ずしも $\overline{\cos\gamma}$ の大きい値を与えるとは限らないということである．$\overline{\cos\gamma}$ の大きい値を与えるためには，U は大きいだけでなく，都合のよい対称性をもっていなければならない．例えば，U が $\cos\gamma$ の偶数べきに比例するならば，$e^{-U/kT}$ も $\cos\gamma$ の偶関数となるから，$\overline{\cos\gamma}$ は 0 になる．U が $\cos\gamma$ の奇関数であれば，そうとはならない．いいかえれば，双極子を平行にも反平行にも同じ確率で向けるような相互作用であるならば，そのような相互作用は $\mu\mu^*$ をきめる上には関係しない．しかし偶関数でも，奇関数でも，その相互作用はどちらも分子の自由回転を妨げる効果をもっている．このことは Debye が束縛回転 (hindered rotation) と名づけたものである [D3]．このようなわけで，束縛回転は必ずしも誘電率に影響を及ぼさない．

エネルギー U は双極子間の角に関係するばかりとは限らず，双極子間を結ぶベクトルの方向の関数でもあろう．しかしそうであっても，いつも

$$U = U_{\text{even}} + U_{\text{odd}} \tag{8.8}$$

のように書ける．U_{even} は双極子の一つの向きを反転したときに変化せず，U_{odd} はそのとき符号を変える．

さて，温度が十分高くて

$$kT \gg |U_{\text{odd}}| \tag{8.9}$$

がすべての U_{odd} の値に対して成り立つと仮定しよう．そうすると

$$e^{-U/kT} \simeq e^{-U_{\text{even}}/kT}\left(1 - \frac{U_{\text{odd}}}{kT}\right) \tag{8.10}$$

8. 特別な場合

であり，従ってこれに

$$\int \cos\gamma\, e^{-U_{\text{even}}/kT} d\,v_1 d\omega_2 = 0$$

を使うと

$$\overline{\cos\gamma} \simeq -\frac{U_0}{kT} \tag{8.11}$$

がえられる．ここに

$$U_0 = \int e^{-U_{\text{even}}/kT} U_{\text{odd}} \cos\gamma\, d\omega_1 d\omega_2 \Big/ \int e^{-U_{\text{even}}/kT} d\omega_1 d\omega_2 \tag{8.12}$$

ただし，ここで

$$\int e^{-U_{\text{even}}/kT} U_{\text{odd}}\, d\omega_1 d\omega_2 = 0$$

という関係を用いた．

エネルギー U_0 は，それが隣り合う双極子を反平行に向けようとする相互作用であれば正，平行に向けようとする相互作用であれば負である．

(8.6) を (8.5) の中に入れると，次のような Kirkwood 公式の特別な形が得られる：

$$\epsilon_s - n^2 = \frac{3\epsilon_s}{2\epsilon_s + n^2} \frac{4\pi N_0 \mu^2}{3kT}(1 + z\overline{\cos\gamma}). \tag{8.13}$$

特に球形分子の場合には，μ は (8.1) をつかって真空における能率 μ_v で表わすことができ，従って

$$\epsilon_s - n^2 = \frac{3\epsilon_s}{2\epsilon_s + n^2}\left(\frac{n^2+2}{3}\right)^2 \frac{4\pi N_0 \mu_v^2}{3kT}(1 + z\overline{\cos\gamma}) \quad \text{(球形分子の場合)} \tag{8.14}$$

の式が得られる．

p. 53
この式は Onsager の公式 (6.36) と $z\overline{\cos\gamma}$ の項だけ違っている．(8.11) によると，この項は $kT \gg |U_0|$ であるような温度に対して0に近づく．従って Onsager の公式は，液体では，相互作用のエネルギーのうちの双極

子を平行に向ける部分 U_{odd} に比べて kT が大きいような温度に対して成り立つべきものである．このエネルギーは異なる液体に対して大きさの程度がさまざまであるので，Onsager の公式が成り立つ範囲も非常に違ったものになる．或種の液体では，常圧のもとでこの成立範囲が液体の全領域にわたり，これに反して他の液体では，$\overline{z\cos\gamma}$ が液体の正常な範囲ですでに大きい値をとり，また正にも負にもなるため (図 5 参照)，Onsager の公式が応用できなくなっている．気体では，分子間の距離が大きいため，双極子力だけ

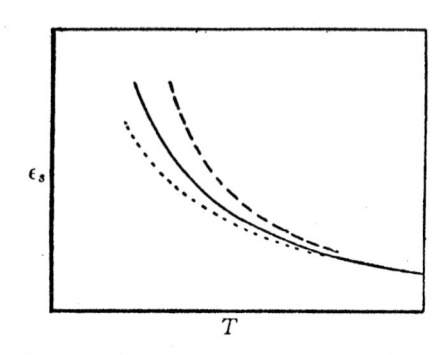

図 5. 誘電率 ϵ_s の高温領域における温度変化．実線は Onsager の公式を表わす．双極子を平行に向けるような近距離相互作用の場合 $(\overline{\cos\gamma}>0)$ は ϵ_s の大きい値がえられ $(---)$，反対の場合 $(\overline{\cos\gamma}<0)$ は小さい値がえられる $(\cdots\cdots)$．

を考えればよい．特に密度が非常に小さい場合には相互作用は完全に無視してよいから，ϵ_s に対して，(6.15) 式が得られる．それよりも高い密度に対しては Onsager の公式が成り立つはずである．このことは Van Vleck [V2] によってもっと直接的に証明されている．

＜双極性の固体＞

結晶を作る固体の中の有極分子の平均の位置エネルギーは，一般にそれの双極子が結晶軸に対して傾く方向に関係する．液体では，これと違って，隣り合う分子の双極子が相対的に定った方向を向こうとする傾向はもつが，個々の双極子の平均エネルギーは，液体が特別な方向というものをもたないため，すべての方向に対して同一である．固体では，その中の分子の平均の位

8. 特別な場合

置エネルギーは，双極子に働く結晶場[†]によって生じると考えられることが多い．結晶場は分子間の相互作用によって生じるものであるが，これはふつう温度に関係する．通常，分子の平均エネルギーが極小値をとるような双極子の方向がいくつかある．このような方向をつりあい方向とよぶことにする．これらのつりあい方向の間にあるポテンシャル障壁は一般に非常に高く，そのために融点附近の温度でさえも分子の自由回転は妨げられるのがふつうである．Pauling [P 1] は，多くの固体の誘電的性質がある臨界温度で急激に変化することを説明するために，臨界温度以上では分子は自由に回転できるという仮説を導入したが，この考えは作用仮説としては有用なものであったとしても，現在得られている色々な証拠からすれば，大抵の固体では回転は起っていないと思われる（例えば [L 1] を見よ）．むしろ，この急激な変化は双極子の秩序的な配列から無秩序への変化と考えねばならない．

以下では有極性の固体の誘電率 ϵ_0 の一般的な振舞いを議論するにあたって，このような秩序から無秩序への移りかわりを指導原理として用いることにしよう．もちろん，その詳しい性質は結晶場の詳細に依存する．しかし，その主な様子は詳しい知識なしにも議論できる．[‡] 秩序-無秩序転移の主な様子を説明するために，面心平面格子に並んだ双極子の簡単な二次元模型を考察しよう．結晶場は各分子の双極子に対してある向きとその反対の向きに釣合い方向を与えるようなものであると仮定する．絶対零度では固体は最低エネルギーの状態にあると考えられる．この状態では，双極子は秩序正しく並んでいる．しかし，秩序的な並び方には，いく通りかの可能性がある．それらの秩序状態のエネルギーは分子間の相互作用の形に依存するが，その相互作用は，まえに指摘したように，色々な型の相互作用（例えば双極子的，反撥的など）を含んでいる．これらの秩序配列は，結晶の残留双極能率を伴うか伴なわないかによって二通りに分類される．すなわち，もしもすべての

p. 55

[†] 色々な型の結晶場が双極子の平均の向きに及ぼす影響については，Bauer [B 1]，Frank [F 3]，その他の人の考察がある．
[‡] 秩序-無秩序転移における誘電率の振舞の色々な計算が特別な模型に対して行なわれている [K 5], [F 8]．

双極子が平行であれば（図 6 a），その固体は永久双極能率をもち，またもし，例えばかどにある双極子が面心の双極子と反対に向いていれば（図 6 b），結晶の双極能率は消失する．前者の場合には，一つの双極子をとりあげたとき，その双極子が正しい方向をむいていれば，そのエネルギーは低く，その反対の方向をむいていれば高い（図 7 β をみよ）．後者の場合には，かどの双極子のエネルギーはこれと同様な事情にあるが，中心の双極子に対してはそ

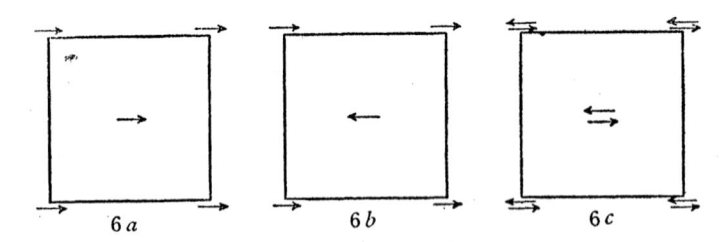

図 6. 結晶場の簡単な模型に対する双極子の釣合い位置．秩序状態：(a) 永久分極の場合；(b) 分極が消える場合（単位胞あたり二つの双極子）；(c) 無秩序状態，両方向は等しい確率をもつ．

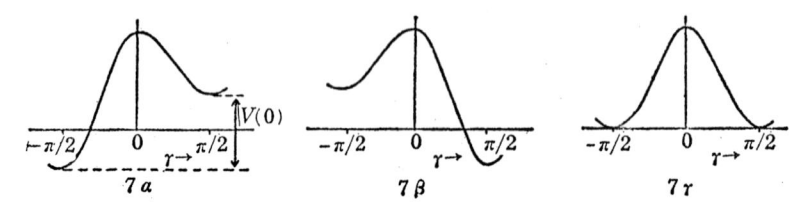

図 7. 一つの双極子の平均位置エネルギー（近距離相互作用によるもの）を図 6 のモデルに対してその方向の関数として表わしたもの．ただし，他の双極子はすべて図 6 に示された方向に固定されているとする．(α) 図 6 b の中心の双極子に対するもの；(β) 図 6 b のかどの双極子，あるいは 図 6 a のどれかの双極子に対するもの；(γ) 図 6 c の無秩序の場合．

の二つの方向が入れかわっている（図 7 α）．それ故，これら二種類の双極子に対する内部電場は異なっており，それらは双極子の方向に垂直平面による鏡映によって互にうつり代るものである．はじめの場合 (a) では，すべての格子点は等価であって，単位胞はただ 1 個の双極子を含み，[*] 後の場合 (b)

---

[*] 図 6 a であると，かどの 2 点と中心を結んでできる三角形の 2 倍のもの，すなわちその三角形をかどの 2 点を結ぶ線で折りかえして加えたものを単位胞にとる．

8. 特別な場合

では，二種類の席，すなわち，かどと中央を区別しなければならないから，単位格子内には2個の双極子が含まれる．別の考え方として，(b) の場合，結晶は (a) タイプの格子が二つ集まったもので，それらは反対向の双極子からできていると考えてもよい．

秩序状態を残留能率がある場合とない場合に分けることは，ごく一般的にいえることで（すなわち，三次元格子の場合でもいえることで），このことは各々の双極子に対して2つより多くのつりあい方向が存在するような構造が実際に存在することを考えに入れてもなお明らかなことである．以下では2つのつりあい方向がある場合だけを考察の対象にしよう．しかしその大ていの結果は，より複雑な構造に対しても定性的に成り立つ．

さて絶対零度における秩序状態から出発して，徐々に温度を上げたと想像してみよう．そうすると，双極子のいくつかは，第二のよりエネルギーの高い平衡位置へ向きを変えるだろう．そうすると，ある程度の無秩序ができることになる．その結果として，2つの方向の間の平均のエネルギー差は減少することになるであろう．なんとなれば，相互作用のエネルギーは，完全に秩序のある状態で最低値をとるからである．各分子の2つのつりあい方向での平均エネルギー差は，このようなわけで温度の関数となり，それを

$$V(T) \geqq 0$$

とすれば，$V(T)$ は温度 T がますと共に減少する関数である．そして，ある臨界温度 T_0 というものが存在して，そこでは $V(T)$ が0になることが知られている（図7γ）．

いま，完全に秩序正しい状態（$T=0$）で，与えられた格子点にある双極子がもつ向きを"正しい"方向とよび，それと逆の方向を"間違った"方向とよぶことにする．つまり，図6(a)では→が正しい方向であり，図6(b)では→がかどの双極子に対して正しい方向，←が中心の双極子に対して正しい方向である．w を双極子が間違った方向にある確率とし，従って $(1-w)$ を正しい方向にある確率とする．そうすれば，$V(T)$ は2つの位置の間のエネルギー差であるから，統計力学によって次の式が成り立つ：

$$\frac{w}{1-w} = e^{-V(T)/kT}, \qquad (8.15)$$

$$w = \frac{e^{-V(T)/kT}}{1+e^{-V(T)/kT}}, \quad 1-w = \frac{1}{1+e^{-V(T)/kT}}. \qquad (8.16)$$

$V(T)$ の温度依存性，従って w の温度変化を計算することは非常にむづかしいが．それを簡単化するための色々な近似法が工夫されている．これらの近似法の要約は文献 [N1] で見て頂くこととし，ここではこのような計算の詳細には立ち入らないことにする．ここでは，$V(T)$ が $T=0$ の附近ではほぼ一定であり（図8参照），T が T_0 に近づくにつれて急速に減少し，$T=T_0$ で0になるということを注意するだけにとどめておこう．そして

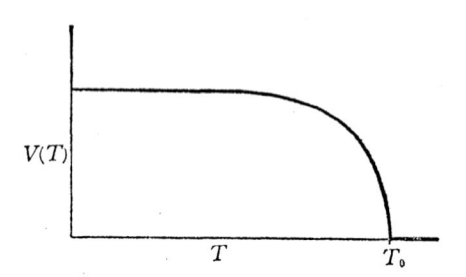

図 8. 逆向きの双極子の間の平均のエネルギー差 $V(T)$ の温度変化を示す略図．

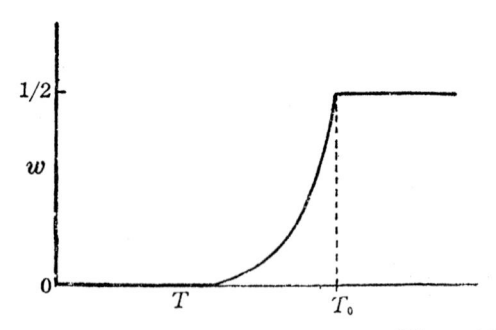

図 9. 双極子が "間違つた" 方向にある確率 $w(T)$ の温度変化を示す略図．

8. 特別な場合

$T \geqslant T_0$ であれば $V(T)=0$.

従って (8.16) によって低温度では (図9参照)

$$kT \ll V(0) \quad \text{ならば} \quad w \simeq e^{-V(0)/kT} \ll 1 \qquad (8.17)$$

となり，また

$$T \geqslant T_0 \quad \text{であれば} \quad w = \frac{1}{2} \qquad (8.18)$$

となる．従って T_0 以上では双極子の両方の向きは等しい確率をもち，格子は無秩序となる（図 6 (c) 参照）．また，計算の示すところによれば T_0 は $V(0)/k$ の程度となるが，その正確な値は結晶構造に関係したものになっている．

$(1-2w)$ は格子の秩序度の尺度である．このことは $T=0$ では $1-2w=1$ となり，$T \geqslant T_0$ では $1-2w=0$ となることからも分る．この種の秩序を**長距離秩序**とよぶことがあるが，そうよばれるわけは，どの格子点をとっても，これによって正しい方向と間違った方向がきめられるからである．＊ これに対して**短距離秩序**とよばれるものがあるが，これは隣り合った分子の相互間の秩序である．その意味は相互作用のために，各双極子の方向がその隣接双極子の方向によって影響をうけ，そのために各双極子は，その隣接双極子に相対的に，ある方向をとる傾向が存在しているということである．長距離秩序は無秩序状態あるいは液体では消失するけれども，しかし短距離秩序はそのような場合にも存在する．ただしそれは温度がますにつれて減少する．前に液体に対して導入した $\overline{\cos \gamma}$ の値は，実はこの短距離秩序の尺度である．

次に $T=0$ の附近にあって秩序配列をもった固体の誘電的性質を議論しよう．もしも秩序配列が図 $6a$ の型であれば，その固体は永久分極をもっている．しかし，ここではこの場合は考察しない．他の型の秩序配列（図 $6b$）の場合には，外部電場のため双極子の向きが弾性的に変化することによってだ

＊ つまり各格子点で，そこの双極子が $1-2w$ を減少さす方向を向けば，その方向はまちがった方向，その反対の方向は正しい方向ときまるからである．

け，双極子は誘電率に寄与する．従って $T=0$ の附近では誘電率は n^2 よりも大きく，そして $\epsilon_s = \epsilon_\infty$ となる．ここで n は電子の弾性変位に起因する光学屈折率である（6節と7節をみよ）．$\epsilon_\infty - n^2$ は通常小さい量である．

さらに高い温度では，双極子が向きをかえることができるから，ϵ_s は温度とともに増加する．このことはすぐあとで説明しよう．液体の場合と同様に，弾性変位からの部分は巨視的な方法で取扱うことにし，従って以下の考察は (7.39) 式を基礎にして進めることにする．いま考えている型の秩序では，単位胞は前述のように2つの双極子を含み，$T=0$ ではこれらの双極子は反対の向きをとっているとする．上に議論した二次元の場合であれば，図 6b のように，単位胞はかどの双極子と中心の双極子を含んでいる．単位胞の能率 **m** はこれらの双極子がどう向いているかによって変わる．2つのつりあい方向の間のポテンシャル障壁は非常に高いとしているから，双極子の方向としてはつりあい方向だけを取上げれば十分であろう．それ故，能率 **m** はとびとびの値 $\mathbf{m}_1, \mathbf{m}_3, \cdots\cdots$ をとると考える．p_i を単位胞が能率 $\mathbf{m}_i$ をもつ確率とすれば，(7.31) 式を今の場合に適用して，

$$\overline{\mathbf{m}\mathbf{m}^*} = \sum \mathbf{m}_i \mathbf{m}_i^* p_i \qquad (8.19)$$

となる．ここに，和は $\mathbf{m}_i$ のすべての値についてとるものとする．$\mathbf{m}_i^*$ はその単位胞を中心として十分に大きく画いた球領域が，その単位胞の能率を $\mathbf{m}_i$ に保ったときに現わす平均の能率である．

我々が取扱っている場合，つまり双極子の方向として，互に反対向きであるような2つのつりあいの位置しかない場合には，次の4つの状態が存在するはずである：

i	配　列	m_i	p_i	エネルギー
1	← →	$m_1 = 0$	$p_1 = (1-w)^2$	0
2	← ←	$m_2 = -2\mu$	$p_2 = w(1-w)$	$V(T)$
3	→ →	$m_3 = 2\mu$	$p_3 = w(1-w)$	$V(T)$
4	→ ←	$m_4 = 0$	$p_4 = w^2$	$2V(T)$

ここで確率 p_i は，2つの双極子がそれぞれ指定された方向をもつ確率の積

8. 特別な場合

であると仮定した．すなわち $i=1$ に対しては両方の双極子が"正しい"位置にあって，それぞれが確率 $(1-w)$ をもっている場合である．このように p_i を積であるとすることは，短距離秩序を与える隣接双極子間の相関を考慮していないという点からみて，難点がないとはいえないが，しかし，ここでの定性的な取扱いに対しては結構よい近似である．

上記の4つの状態に対して (8.19) 式は次のようになる：

$$\overline{mm^*} = 8w(1-w)\mu\mu^*. \tag{8.20}$$

ただし $\pm 2\mu^*$ は，単位胞の能率を $\pm 2\mu$ に固定しておいたとき，その周りの球領域がもつ能率である．

(8.20) を (7.39) に代入し（そのとき (7.39) 式は多結晶物質に対して成り立つことを考慮して），それに弾性的な双極子変位による部分 $\epsilon_\infty - n^2$ (前記をみよ) を加えると，次の式がでる：

$$\epsilon_s - \epsilon_\infty = \frac{3\epsilon_s}{2\epsilon_s + n^2} \frac{4\pi N_0 \mu \mu^*}{3kT} 4w(1-w). \tag{8.21}$$

ここで N_0 は単位体積当りの双極子の数である（(7.39) では単位胞の数としたが，今度は双極子数）．

p. 60
転移点の下の温度では，$w(1-w)$ は ϵ_s が温度によって増加することを決める主な因子となると考えられる．転移点の上では $w=1/2$，すなわち，$4w(1-w)=1$ であるから，(8.21) 式はほぼ液体に対する Kirkwood の式 (8.5) と同一のものになる．しかしそれと異なる点として，(i) (8.21) では n^2 の代りに ϵ_∞ を左辺に含むこと，(ii) μ^* の定義がちがっていること，の二点があげられる．†

しかし，T_0 よりも高い温度では単位胞が一個の双極子を含むだけであるから，もっと正確な計算を行うことができる．この計算は前に液体に対して行った計算と同様にでき，その結果はやはり Kirkwood 公式 (8.5) になる．

---

† Kirkwood の式では，μ^* は球形領域の中の一つの双極子が，きまった方向 μ/μ にとめられているときに，その球がもつ能率である．(8.21) では，$2\mu^*$ は単位胞中の2つの双極子が平行に保たれていてその全能率が 2μ であるときの，同様な能率である．

従って，それと (8.21) との違いは，(8.21) を導いたときに用いた近似のせいである．

このようにして，永久分極をもたない固体の誘電率は（図10をみよ），$T=0$ で n^2 よりも少し大きい ϵ_∞ の値から出発し，はじめゆっくりと上昇し，T

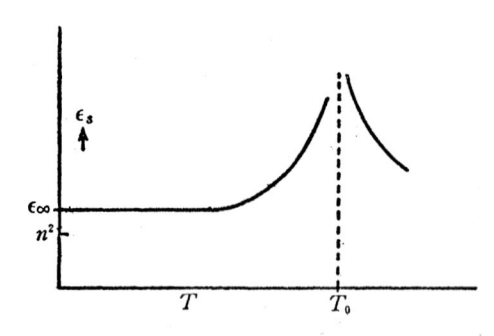

図10．双極性固体の誘電率の温度変化．秩序―無秩序転移を示す略図．

が T_0 に近づくにつれて急速に増加するものであることが分る．ただし T_0 は融点よりも低いとする．T_0 の上では ϵ_s は T が増すにつれて減少するが，融点では大きな変化を示さないはずである．それに反して，融点以下に T_0 が現われない場合には，ϵ_s は融点までの間増加し，それから減少することになる．

無秩序の固体と液体の誘電的振舞いが類似しているということは，さして驚くにあたらない．実際，前にみたように（4節と6節），エネルギーの等しい二つのつりあい位置をもつ双極子は，連続的に分布しているつりあい位置をもつ双極子と同様にふるまうからである．

最後に，液体に対しては，$|\mu^*-\mu|/\mu$ は短距離秩序を表わす尺度であることを注意しておこう．転移温度 T_0 より上ではこの量は，もしも ϵ_s が十分に広い温度範囲で知られていれば，実験から求めることができる．T_0 の附近ではこの量は構造に敏感に依存することが期待される．

<分子内回転>

分子内回転が大事であるような分子から成り立つ液体の場合を簡単に考察

8. 特別な場合

しよう.この場合も,単位胞はただ一つの分子を含むが,その双極子能率 $\mu(x)$ は,分子内回転を表わす座標の組 x に依存するであろう.そこで,$\mathbf{m}(x)=\mu(x)$ とおき,それに相当して,球領域の能率 $\mathbf{m}^*(x)=\mu^*(x)$ を導入しよう. Kirkwood 公式 (8.5) では,このとき $\mu\mu^*$ の項は平均値の $\overline{\mu(x)\mu^*(x)}$ でおきかえなければならない.特に,分子の状態として能率 μ_0 をもつ基準状態と,能率 $\mu_1, \mu_2, \cdots$ をもつ半安定状態がある場合には, (8.19) と同様に

$$\overline{\mu(x)\mu(x)^*} = \sum_{i \geq 0} \mu_i \mu_i^* p_i \qquad (8.22)$$

となる.ここで p_i は分子が状態 i にある確率を表わしている.

第III章 動的な性質

9. つりあいの達成

この章は誘電体の動的な性質の研究にあてることにしよう．これは静的な性質の理論の展開に比べてはるかにむずかしい仕事である．そして実際いままでのところでは，双極性分子の稀薄溶液に対してだけその定量的な計算が可能であった．静的な場合には分子の運動学的性質をしらべる必要がなかったということを思い起してみれば，動的な性質を扱うことがより大きな困難を伴う理由が明らかであろう．この節ではこの動的な性質に含まれる諸問題の定性的な議論をしよう．

交流電場の中では電気変位は電場に対して位相のずれを示すということを2節でみたが，いまこのことを思い出しておきたい．このため，二つの誘電率 ϵ_1 と ϵ_2 が導入された．これは両方とも周波数 $\omega/2\pi$ に関係し，(2.8)によれば，複素誘電率 $\epsilon(\omega)$ の実成分と虚成分である．この二つの量 ϵ_1 と ϵ_2 は互に独立でなく，両者は (2.14) と (2.15) の式を使って時間の関数 $\alpha(T)$ から導くことができる．(2.8) を使って，これらの式は単一の複素方程式

$$\epsilon(\omega) = \epsilon_\infty + \int_0^\infty \alpha(x) e^{i\omega x} dx \tag{9.1}$$

で書き表わすことができる．ただし x は積分変数である．

関数 $\alpha(T)$ は2節によれば，外部電場が急に取り去られたときに誘電体の分極が時間とともに減衰する様子を表わす関数である．あるいは，別の言い方をすると，誘電体を一定の電場に入れたとき，分極が時とともにつりあいの値にまで徐々に増加していく様子が，減衰関数 $\alpha(T)$ を使って表わされるともいえる．従って，一定電場の中に入れられた誘電体においてつりあいが達成される様子と，複素誘電率（従って誘電損失，(3.15) 参照）の周波数依存性とは，巨視的な式 (9.1) によって一義的に結びつけられているということが分る．以下では，定性的な考察の対象として，電場内でのつりあ

9. つり合いの達成

いの達成を取り上げることにしよう．この方が，問題に含まれている困難を簡単に示す目的には適しているからである．

4節のように，電荷の変位の特徴的な二つの型を考えよう．すなわち，(i) 弾性的変位，(ii) 別なつりあい位置への変位，を考える．そして粒子間の相互作用の力はすべて無視できると仮定すると，4節から，電場がある場合とない場合の電荷の平均位置の差（むしろ電場による平均変位といった方がよいが）を知ることができる．以下，の我々の課題として，このような相互作用のない電荷の集団であるような誘電体—電場がないときにはそれらの電荷が熱平衡にあるもの—を仮定し，それに対する電場の影響を詳しく調べよう．

<場合 (i)．弾性的変位>

質量 m，電荷 e をもつ各粒子が，そのつりあい位置に弾性的に束縛されていて，その附近に振動数 ω_0 で調和振動を行っているとする．そうすると $\mathbf{r}$ を変位とすれば，電場がない場合は
この方程式が成り立ち，

$$\frac{d^2\mathbf{r}}{dt^2} = -\omega_0^2 \mathbf{r} \qquad (9.2)$$

従って

$$\mathbf{r} = \mathbf{C}_0 \cos(\omega_0 t + \delta_0) \qquad (9.3)$$

となる．ここで最大振巾 $\mathbf{C}_0$ と位相 δ_0 は時間に無関係で，エネルギーは $\frac{1}{2} m \omega_0^2 C_0^2$ で与えられる．もしも運動が撹乱をうけなければ，この振動子はいつまでも同じエネルギーを保つであろう．しかしそうであれば，それは統計力学の仮設と矛盾することになる．その仮設によれば，十分に長い時間たてば，振動子は Boltzmann の定理に従って，色々なエネルギー状態に分布し，温度 T におけるその平均エネルギーは kT に等しくなければならないからである．このことが起るためには，各粒子と他の粒子との間の相互作用，あるいは周囲の媒質との間の相互作用のある種のもの—エネルギーの交換を許すもの—を仮定しなければならない．このような相互作用としては，

極めて短かい時間内に起る衝突を仮定する場合が多い．短かいという意味は，運動方程式 (9.2) が，衝突の間を除いては成り立つということである．従って (9.3) の解は二つの衝突の間で成り立つ．しかし衝突の際には，ふつう振巾 C_0 も位相 δ_0 も値を変える．極めて短かい継続時間の衝突という仮定は，各振動子がすべての相互作用の項を無視して得られる運動方程式を実際には満たすが，しかし衝突の結果として振動子は異なるエネルギー（と位相）の状態へ移るということを意味する．このことから，統計力学が示すように，二つの衝突間の時間に比べて長い時間について平均をとれば，正しい平均エネルギーが得られることになる．つりあいの状態ではこの平均値が衝突の性質によらないということは，非常に大切なことである．それ故，つりあい状態での諸性質は衝突を考慮せずに導き出せる．しかし，これから調べようとするつりあいへの到達の問題は，これと大変違っている．注意しておきたいが，衝突は振動子の間だけで起ると限る必要はない．振動子の集りの気体ではそういう衝突が期待されるかもしれないが，振動子が熱平衡にある他の媒質（液体または固体）にとけている場合には，衝突は振動子と媒質の粒子との間で起ると考えてよい．

さて，一定電場 $\mathbf{f}$ が時刻 $t=0$ にかけられたとしよう．すると変位は (9.2) ではなく，新しい運動方程式 (4.8) をみたす．このとき粒子は以前のつりあい位置からベクトル $\bar{\mathbf{r}}$ だけずれた新しいつりあい位置の周りで振動する．しかし運動はなお調和的である（(4.9) と (4.10) 参照）．しかし，最大振巾 C と位相 δ は，一般に両方とも $t=0$ において変化する．ただし，図 11 に示すように，$\mathbf{r}$ は連続的に変化する．もちろん，この図に表わされているような時間の間には，$t=0$ を除いては衝突は起らないと仮定している．

多数の振動子から成り立つ誘電物質の分極 P を計算するには，(4.6) 式のようにすべての変位 $\mathbf{r}$ のベクトル和を作らなければならない．電場が働らいていない $t<0$ の任意の瞬間には，位相角 δ_0 は 0 と 2π の間のすべての値を等しい確率でとっていると仮定することができる．従ってこのとき，すべての変位のベクトル和は 0，従って誘電体の全電気能率も 0 である．ま

9. つり合いの達成

ず，$t=0$ で電場がかけられてから以後，衝突は起らないと仮定しよう．すると，個々の変位はすべて連続的に変化するから，分極 P もそうでなければならない．他方，任意の一つの振動子の変位の時間平均は $\bar{\mathbf{r}}$ に等しいから，平均分極も0と異なる．従って P は振動数 $\omega_0/2\pi$ でその平均値の周

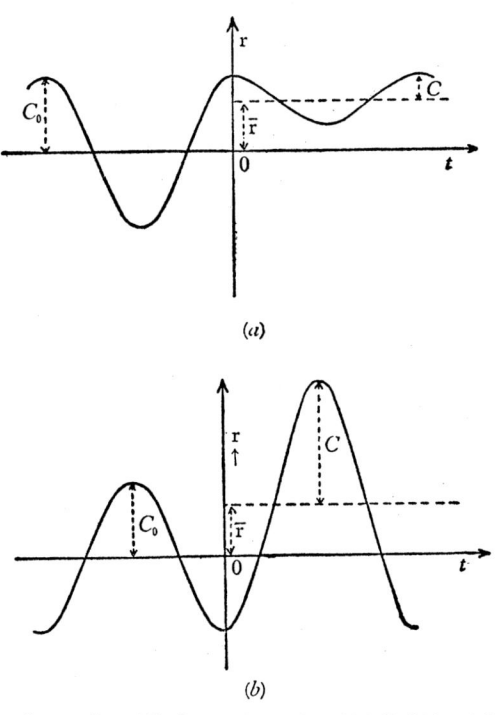

図11. $t=0$ で一定の電場 $\mathbf{f}$ をかけたときの調和振動子の変位 $\mathbf{r}$ の時間的変化．変位とその時間微分は $t=0$ で連続であるが，平均変位は変る．二つの特徴的な場合を示す：(a) 電場をかける前と後の位相が共に0である場合；$t>0$ に対する最大振巾 C は $t<0$ に対するそれよりも小さい；(b) 両位相は $-\pi$ に等しく，$t>0$ に対する最大振巾は $t<0$ に対するそれよりも大きい．

りに振動する．このことは，電場をかけたあと，振動子はもはや位相 δ のすべての値にわたって一様に分布していないことを意味する．これは直接計算によっても示される．

p. 66
衝突は，上に指摘したように，位相をかえる．そしてそれは分極のつりあい値の周りの振動を抑制するように働く．それ故，電場をかけた後のつりあい分極への到達は，もしも二つの衝突の間の平均時間が振動子の周期よりも短い場合には，一方向きにゆっくりとおきることが期待される．さもなければ，分極の過渡的振動が励起され，それは二つの衝突の間の時間の程度つづくであろう（図12 $(a), (b), (c)$ 参照）．

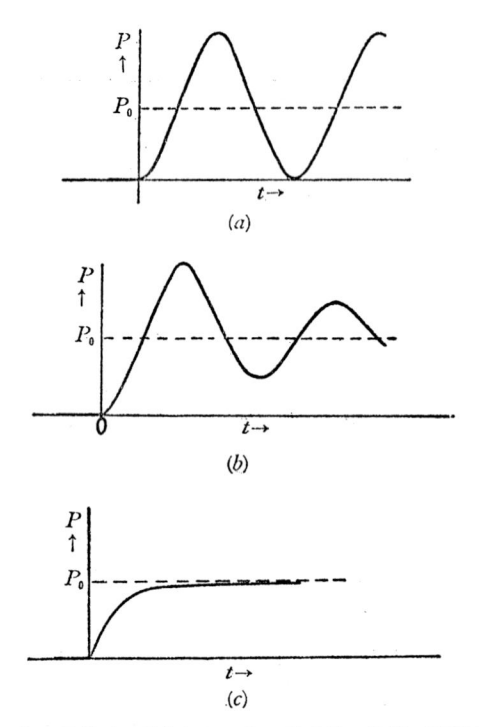

図12. $t=0$ で電場がかけられたときの誘電体の分極の時間変化. (a) と (b) は双極性振動子からできている物質の場合で，(a) は衝突がないとき，(b) は衝突があるとき，分極がその平均値の周りに振動する様子を示す．(c) は数個のつりあい位置をもつ剛体双極子からできている物質の場合．

〈場合 (ii). 他のつりあい位置への変位〉

4 節のように（図4参照），帯電粒子が二つのつりあい位置 A と B をもつ

9. つり合いの達成

と仮定し,それらは互に距離 d だけ離れていて,ポテンシャル障壁によってへだてられているとする.外電場がない場合,粒子の位置エネルギーはAとBにおいて同一である.電場 **f** があると,(4.12) によって A と B とで位置エネルギーは相異して来る.この種の粒子の多数の集りでは,電場がないときは,同数の粒子が二つのつりあい位置の各々の周りで平均エネルギー kT で振動しているであろう.ただし系は熱的つりあいにあるとし,またポテンシャル障壁は十分高く,その頂上での粒子の位置エネルギー H は kT に比べて大きいとする:

$$H \gg kT. \tag{9.4}$$

これは,ポテンシャル障壁の頂上をこえて行けるような十分のエネルギーをもった粒子の数の割合が極めて小さいということを意味する.その割合の大きさの程度は次の Boltzmann 因子で与えられる:

$$\exp(-H/kT)$$

そこでまた $t=0$ の時に電場 **f** がかけられたとしよう.すると,衝突がない場合には,それぞれ A の周りと B の周りで振動している粒子の数は変らない.何となれば,電場の唯一の作用は,釣合い位置を僅かにかえることだからである.このことは上に (i) の場合として述べた.電場が粒子をもちあげてポテンシャル障壁をこさすということはない (4節参照).しかし他方,4節で示したように,つりあいの状態では A 附近の粒子数は ebf/kT の程度の分数だけ B 附近の粒子数よりも多い.従って衝突がない場合には,つりあいは達成されないということになる.このことは場合 (i) にも見たことであるが,今の場合には,つりあいが成り立たないということはもっと重大な結果をもたらす.つまり,すべての変位を加えて分極を計算するとき,衝突がないことは,(i) の場合には分極がそのつりあい値の周りに振動していることを意味しただけであるのに対して,今の場合には衝突なしには必要な分極はおこり得ない,つまり必要な型の分極は全然存在しないということになるからである.

衝突はつりあいを達成させるように働く.この過程に要せられる時間は模

型の詳細に依存するものである．よくなされる仮定は，ポテンシャルの山の両側では衝突が極めてひんぱんに起り，その結果，おのおのの側で粒子間にはいつもつりあいの状態が保たれているという仮定である．このことは，ポテンシャル障壁をとびこすに十分なエネルギーをもつ粒子は，とびこした後に多数の衝突をうける結果として，最初に出発した側に逆戻りすることは到底ありえないということを意味する．なんとなれば，多数の衝突に関して平均をとれば，その粒子のエネルギーは kT となり，これは H よりも遙かに小さいからである（つまり山を逆に越すに十分なエネルギーを持つことは殆んどない）．

さて電場がない時のつりあいから出発すると，$A \to B$ 方向に電場をかけたときにすぐにあらわれる効果は，A 附近のポテンシャルが $e\mathbf{fb}$ だけ高まることである．その結果，ポテンシャル障壁をこえて動けるような十分なエネルギーをもった粒子数の割合は，$A \to B$ 方向と $B \to A$ 方向に対してそれぞれ近似的に

$$e^{-(H-e\mathbf{fb})/kT} \quad と \quad e^{-H/kT}$$

で与えられることになる．これは A から測ったポテンシャルの山の高さが今度は $H-e\mathbf{fb}$ となったからである．そこで $\omega_0/2\pi$ を粒子の振動数とすれば，B から A へ一つの粒子が1秒間に移る確率は

$$w_{21} = \frac{\omega_0}{2\pi} e^{-H/kT} \tag{9.5}$$

で与えられ，逆の $A \to B$ の確率は，(4.18)を考慮して次のようになる：

---

† 外電場のポテンシャルの原点をかえれば，この二つの指数関数の肩はそれぞれ $H-\frac{1}{2}e(\mathbf{fb})$ と $H+\frac{1}{2}e(\mathbf{fb})$ のように対称的に書くことができる．しかし結果は変らない．

* 山の高さは A から計って $H-\frac{1}{2}e\mathbf{fb}$ とするのが正しい．従って (9.6) の $e\mathbf{fb}$ の項にはすべて $\frac{1}{2}$ をつけるべきである．しかし，B から計った山の高さは $H+\frac{1}{2}e\mathbf{fb}$ であるので，(9.5) の e の肩は H の代りに $H+\frac{1}{2}e\mathbf{fb}$ とおいたものとなり，一番大事な $w_{12}-w_{21}$ を作れば，結果は本文と同じになる．

9. つり合いの達成

$$w_{12} = \frac{\omega_0}{2\pi} e^{-(H-e\mathbf{fb})/kT} \simeq \frac{\omega_0}{2\pi} e^{-H/kT}\left(1 + \frac{e\mathbf{fb}}{kT}\right) = w_{21}\left(1 + \frac{e\mathbf{fb}}{kT}\right).$$
(9.6)

従って任意の瞬間に A に粒子数 $N_1(t)$ があり,B に粒子数 $N_2(t)$ があれば,$N_1 w_{12}$ だけの数が1秒間に A から B へ流れ,$N_2 w_{21}$ だけの数が B から A へ流れることになる.それ故,N_1 と N_2 の変化はそれぞれ次の式で与えられる:

$$\frac{dN_1}{dt} = -N_1 w_{12} + N_2 w_{21},$$
(9.7)

$$\frac{dN_2}{dt} = -N_2 w_{21} + N_1 w_{12} = -\frac{dN_1}{dt}.$$
(9.8)

p. 69
この式から全粒子数 N,すなわち

$$N = N_1 + N_2$$
(9.9)

は,当然要求されることではあるが,時間に無関係になる.なぜならば,(9.7) と (9.8) から

$$\frac{dN_1}{dt} + \frac{dN_2}{dt} = \frac{dN}{dt} = 0.$$
(9.10)

また (9.7) を (9.8) から差し引いて (9.9) を使えば次の式が出る:

$$\frac{d}{dt}(N_2 - N_1) = -(w_{12} + w_{21})(N_2 - N_1) + (w_{12} - w_{21})N.$$
(9.11)

さて (9.6) と (4.18) によれば,

$$w_{12} + w_{21} = 2w_{21}\left(1 + \frac{1}{2}\frac{e\mathbf{fb}}{kT}\right) \cong 2w_{21},$$
(9.12)

$$w_{12} - w_{21} = \frac{e\mathbf{fb}}{kT}w_{21}$$
(9.13)

である.この二つの方程式を使うと,(9.11) は次式になる:

$$\frac{1}{2w_{21}}\frac{d}{dt}(N_2 - N_1) = -(N_2 - N_1) + \frac{1}{2}\frac{e\mathbf{fb}}{kT}N.$$
(9.14)

もしも $t=0$ で

$$N_1(0)=N_2(0)=\frac{1}{2}N$$

であると仮定すれば，(9.14) を解いて

$$N_2-N_1=\frac{N}{2}\frac{e\mathbf{fb}}{kT}(1-e^{-2w_{21}t}) \tag{9.15}$$

となる．誘起された分極は N_2-N_1 に比例するから，図 12 c に示されたように，それは指数関数的につりあい値に近づくことがこれから分る．

(i) の場合とは違って，今の場合には，つりあいは電場の影響によって A から B と B から A へ粒子が移る確率が変ることによっておこる．これは (9.5) と (9.6)，あるいは (9.12) と (9.13) によって示される通りである．ところでこのモデルは次のように一般化することができる．すなわち w_{12} と w_{21} を (9.5) と (9.6) 式のような特別な形に与えないで，それらを単に A から B へと B から A への 1 秒間に遷移する確率として導入する．そうしても (9.11) はやはり成り立つ．また，w_{12} と w_{21} をモデルから計算し，その後に (9.12) と (9.13) を導くということをしないでも，(9.12) と (9.13) は次のようにして (9.11) から導き出せる．4節では遷移確率の知識なしにつりあいの場合の解を求めたが，つりあいの状態では $d(N_1-N_2)/dt=0$ であるから，電場がないときは $N_1=N_2$ となり，従って (9.11) から $w_{12}=w_{21}$ となる（電場が小さいときは，このことから $w_{12}\cong w_{21}$ となり (9.12) が得られる）．電場がある場合には，(4.13)，(4.12) および (4.18) を使って

$$N_2-N_1=N(p_B-p_A)=\frac{N}{2}\frac{e\mathbf{fb}}{kT}. \tag{9.16}$$

この N_2-N_1 は，これが時間に無関係であるという条件のもとでは (9.11) の解でなければならない．そういうわけでこの式は (9.13) にほかならない．[*]

---

[*] (9.13) を (9.11) の右辺の第二項に代入し，第一項で $w_{12}+w_{21}\cong 2w_{21}$ とおき，左辺を0とおけば (9.16) が得られる．従って (9.16) と (9.13) とは同じものである．

10. Debye の式

上に議論した模型を，数個のつりあい位置をもっていてその間に或る遷移確率が存在するような双極子の集りの場合に拡張することもできる．そのような場合には，電場がないときのつりあいの状態では，与えられた位置から他のいくつかの位置への遷移の数は，その位置への他の位置からの遷移の数と丁度釣合っている．電場は遷移確率を変化させ，従ってつりあいの状態における色々な位置への双極子の分布を変化させる．つりあいの到達に要する時間は遷移確率に依存する．[*]

以上の考察によって示されたことは，弾性的束縛の場合には電場が電荷を変位させ，それらの電荷は新しいつりあいの位置の附近で振動するということ，また荷電粒子あるいは双極子が数個のつりあい位置をもっている場合には，電場の効果は，電荷に作用して直ちにそれらを新しい位置へ移すということではなく，電場はつりあい位置相互間の遷移確率を変え，その結果としてつりあいが達成されるということである．

10. Debye の式

本節では，液体または固体に双極子が薄くとけた場合，および他の二，三の場合にあてはまるような複素誘電率 $\epsilon(\omega)$ の周波数依存性の式を導く．それらの表式は最初 Debye [D 2] によって与えられ，その後，それは多数の物質に対してあてはめられたが，しかし残念なことに，それが成り立つと考えられている範囲について必要な注意を払った上で適用がなされたとは限らない．この節の考察の基礎には，一定の外電場の中でつりあいは時間と共に指数関数的に達せられるという仮定をとることにする．これは 9 節の (ii) の場合に相当する．つまり減衰関数 $\alpha(t)$ は

$$\alpha(t) \propto e^{-t/\tau} \tag{10.1}$$

であるとし，ここで τ は時間に無関係であるが温度には依存してもよいとする．この仮定を使うと電場 $E(t)$ と電気変位 $D(t)$ （両方とも時間の関数）

---

[*] (9.7), (9.8) に相当して二つより多くの連立微分方程式がえられ，それを解くと，結果は二つのつりあい位置がある場合に比して一般に複雑になる．

の間の関係 (2.12) から，我々が求めたい誘電的性質が出てくることが，容易に示される．

(2.12) では D と E は共に時間 $t<0$ に対して消えると仮定した．もしもそうでなければ，(2.12) は次の式でおきかえなければならない：

$$D(t) = \epsilon_\infty E(t) + \int_{-\infty}^{t} E(u)\alpha(t-u)du. \tag{10.2}$$

この積分方程式は容易に微分方程式に変形することができる．すなわち (10.2) を時間で微分し，(10.1) から出る式

$$\frac{d\alpha(t)}{dt} = -\frac{1}{\tau}\alpha(t) \tag{10.3}$$

を使えば，両辺に τ をかけておいて，次の式が得られる：

$$\tau\frac{dD(t)}{dt} = \epsilon_\infty \tau \frac{dE(t)}{dt} + \tau\alpha(0)E(t) - \int_{-\infty}^{t} E(u)\alpha(t-u)du. \tag{10.4}$$

(10.2) と (10.4) を加えると：

$$\tau\frac{d}{dt}(D-\epsilon_\infty E) + (D-\epsilon_\infty E) = \tau\alpha(0)E. \tag{10.5}$$

定数 $\alpha(0)$ をきめるために，特別な場合として，一定電場におけるつりあいの場合を考えよう．この場合は

$$\frac{d}{dt}(D-\epsilon_\infty E) = 0, \quad D = \epsilon_s E$$

であるから，(10.5) から

$$\tau\alpha(0) = \epsilon_s - \epsilon_\infty. \tag{10.6}$$

それ故，(10.6) を (10.5) に代入して

$$\tau\frac{d}{dt}(D-\epsilon_\infty E) + (D-\epsilon_\infty E) = (\epsilon_s-\epsilon_\infty)E \tag{10.7}$$

という $D(t)$ と $E(t)$ を結びつける微分方程式が得られる．これは減衰関数 $\alpha(t)$ が

10. Debye の式

$$\alpha(t) = \frac{\epsilon_s - \epsilon_\infty}{\tau} e^{-t/\tau} \tag{10.8}$$

で与えられるという仮定に基づいているわけである（(10.1)と(10.6)参照）.

さて，(1.7)式を使ってコンデンサーがつりあいの状態に近づく様子を調べよう．このとき，次のような二つの場合を考えねばならない：

(a) コンデンサーの極板上の電荷が一定である場合．このときは

$$\frac{dD}{dt} = 0, \quad D = D_0,$$

従って，(10.7)を使って

$$\tau' \frac{dE}{dt} + E = \frac{D_0}{\epsilon_s} \quad \text{すなわち} \quad D_0 - \epsilon_s E \propto e^{-t/\tau'} \tag{10.9}$$

ただし

$$\tau' = \frac{\epsilon_\infty}{\epsilon_s} \tau. \tag{10.10}$$

(b) 極板上の電圧が一定の場合，すなわち

$$\frac{dE}{dt} = 0, \quad E = E_0.$$

(10.7)によって，このときは

$$\tau \frac{dD}{dt} + D = \epsilon_s E_0 \quad \text{すなわち} \quad D - \epsilon_s E_0 \propto e^{-t/\tau}. \tag{10.11}$$

このように，両方の場合とも，つりあいへの近接は指数関数的である．

周期電場の場合には E が (2.9) で表わされ，$E \propto \exp(-i\omega t)$ となる．そうすると，複素誘電率 ϵ ((2.8)参照) を導入して，(2.10)を使えば次の式がえられる：

$$\frac{dE}{dt} = -i\omega E, \quad D = \epsilon(\omega) E, \quad \frac{dD}{dt} = -i\omega \epsilon(\omega) E. \tag{10.12}$$

これを (10.7) に代入すると

$$\epsilon(\omega) - \epsilon_\infty = \frac{\epsilon_s - \epsilon_\infty}{1 - i\omega\tau}. \tag{10.13}$$

p. 73
同じ式を導く別の方法は，(10.8) を (9.1) に代入することである．その結果は

$$\epsilon(\omega) - \epsilon_\infty = (\epsilon_s - \epsilon_\infty) \frac{1}{\tau} \int_0^\infty e^{i\omega x - x/\tau} dx \qquad (10.14)$$

となり，この式を積分すれば，(10.13) がえられる．

(10.13) の実数部と虚数部を分離して，(2.8) を参照すれば，

$$\epsilon_1(\omega) - \epsilon_\infty = \frac{\epsilon_s - \epsilon_\infty}{1 + \omega^2 \tau^2}, \qquad (10.15)$$

$$\epsilon_2(\omega) = \frac{(\epsilon_s - \epsilon_\infty)\omega\tau}{1 + \omega^2 \tau^2} \qquad (10.16)$$

えがられ，また損失角 ϕ に対しては，(2.5) を使って次の式が得られる：

$$\tan\phi = \frac{\epsilon_2}{\epsilon_1} = \frac{(\epsilon_s - \epsilon_\infty)\omega\tau}{\epsilon_s + \epsilon_\infty \omega^2 \tau^2}. \qquad (10.17)$$

(10.15)，(10.16)，（また (10.13) も）を **Debye の式**とよぶこととし，定数 τ は**緩和時間**ということにする．これらの式は交流電場中の誘電物質の性質を表わすものであって，指数関数的な減衰関数 $\alpha(t)$ ((10.8) 参照) の仮定から導かれたものである．このような減衰関数を与えるようないくつかのモデルについては，後に11節で研究しよう．それらのモデルの多くは

$$\epsilon_s - \epsilon_\infty \ll 1 \qquad (10.18)$$

という条件を要求しているが，この条件はふつう稀薄溶液でだけみたされるものである．

Debye の式の諸性質を議論するにあたって，誘電率 ϵ_1 と ϵ_2 は少くとも二つのパラメーター，すなわち角周波数 ω と温度 T に依存するということを注意しなければならない．周波数依存性の方はあらわに出ているが，温度は陰に $\epsilon_s - \epsilon_\infty$ と τ を通じてはいっている．この二つは通常 T に依存するものである．これ以外のパラメーターにも依存することがあるが，そのようなパラメーターの変化はここでは考えないことにする．以下では ϵ_s と ϵ_∞

10. Debye の式

は共に T の関数として既知であると仮定する．その上，なお τ も知られていれば，新しい変数

$$z = \log \omega\tau = \log \omega + \log \tau \tag{10.19}$$

を導入することができ，これを使って (10.16) は次の形になる：

$$\frac{\epsilon_1 - \epsilon_\infty}{\epsilon_s - \epsilon_\infty} = \frac{1}{1+e^{2z}} = \frac{e^{-z}}{e^z + e^{-z}}, \qquad \frac{\epsilon_2}{\epsilon_s - \epsilon_\infty} = \frac{1}{e^z + e^{-z}}. \tag{10.20}$$

図 13 は (10.20) の関数の形を示す．ここで $\epsilon_2/(\epsilon_s - \epsilon_\infty)$ は z の対称関数であることを注意しておこう

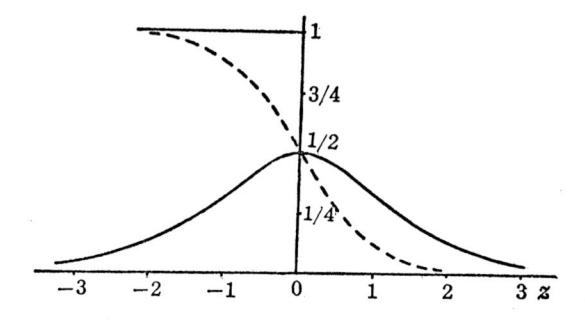

図13. (10.20) 式による二つの Debye 関数 $\epsilon_2/(\epsilon_s - \epsilon_\infty)$（実線）および $(\epsilon_1 - \epsilon_\infty)/(\epsilon_s - \epsilon_\infty)$（点線）．

実際には τ は既知であると仮定することはできない．それは色々の周波数および温度における ϵ_1 と ϵ_2 の測定からきめなければならない．しかし．Debye の式がみたされると仮定すると，$\tau(T)$ は ϵ_2 が極大値をとるような周波数から容易に求めることができる．つまり，一定温度では，この極大を与える角周波数 ω_m は

$$\frac{\partial \epsilon_2}{\partial \omega} = 0, \quad \text{ただし} \quad \omega = \omega_m, \ T = \text{const.} \tag{10.21}$$

によってきめられ，従って (10.16) を使って，

$$\omega_m(T) = \frac{1}{\tau(T)} \tag{10.22}$$

がえられる．この値を (10.15) から (10.17) までの式に代入して，誘電率

と損失角に対して次の式が得られる：

$$\epsilon_1 = \frac{1}{2}(\epsilon_s + \epsilon_\infty), \quad \epsilon_2 = \frac{1}{2}(\epsilon_s - \epsilon_\infty), \quad \tan\phi = \frac{\epsilon_s - \epsilon_\infty}{\epsilon_s + \epsilon_\infty},$$

$$\text{ただし} \quad \omega = \omega_m.$$

(10.23)

このようにして，もしも Debye の式がみたされるならば，ϵ_2 が極大値をとるような周波数から τ を見出だすことができ，そしてその高さから $\epsilon_s - \epsilon_\infty$ を求めることができるはずである．

ϵ_2 の極大値を考える代りに，むしろ損失角 ϕ が極大値をとるような角周波数 ω_ϕ を求めることの方が好まれている．このときは次の式が要求される：

$$\frac{\partial \tan\phi}{\partial \omega} = 0, \quad \text{ただし} \quad \omega = \omega_\phi, \quad T = \text{const.} \quad (10.24)$$

(10.17) を使うとこれから次の関係が出る：

$$\omega_\phi = \frac{1}{\tau}\left(\frac{\epsilon_s}{\epsilon_\infty}\right)^{\frac{1}{2}} \qquad (10.25)$$

(10.18) によって，ω_ϕ と ω_m は Debye の式が成り立つと予期されるような大抵の物質に対してほぼ等しいことになる．(10.25) を (10.15) ないし (10.17) に代入して次の式が得られる：

$$\epsilon_1 = 2\frac{\epsilon_s \epsilon_\infty}{\epsilon_s + \epsilon_\infty}, \quad \epsilon_2 = \frac{\epsilon_s - \epsilon_\infty}{\epsilon_s + \epsilon_\infty}(\epsilon_s \epsilon_\infty)^{\frac{1}{2}},$$

$$\tan\phi = \frac{\epsilon_s - \epsilon_\infty}{2(\epsilon_s \epsilon_\infty)^{\frac{1}{2}}}, \quad \text{ただし} \quad \omega = \omega_\phi \quad (10.26)$$

(10.23) と (10.26) の興味ある特徴は，ϵ_2 あるいは $\tan\phi$ が極大値をとるような周波数 ω_m あるいは ω_ϕ における ϵ_1 と ϵ_2 の値が，この周波数と緩和時間に無関係であり，静電的誘電率 ϵ_s と高周波数誘電率 ϵ_∞ だけによって表わされるということである．

この機会に，ϵ_∞ の定義として前に与えたものよりももっと精密な定義を与えておこう．Debye の式によれば ϵ_1 は，ϵ_2 が比較的大きい値をもつような周波数範囲内で，ϵ_s から ϵ_∞ まで減少することが分る．従って，ϵ_∞ は，

10. Debye の式

周波数が ω_m よりも十分に高くなり $\epsilon_2(\omega)$ が比較的小さくなったときに，$\epsilon_1(\omega)$ が漸近的に近づいていく値である．この ϵ_∞ の値は光学的な誘電率と一致するとは限らない．何となれば，大抵の物質は赤外領域で吸収を示すからである（13節をもみよ）．

もしも (10.18) で要求されているように $\epsilon_s - \epsilon_\infty$ が非常に小さければ，ϵ_s，ϵ_∞，ϵ_1 は相互にほぼ等しく，

$$\epsilon_s \simeq \epsilon_\infty \simeq \epsilon_1(\omega) \tag{10.27}$$

であるから，$\epsilon_s - \epsilon_\infty$ を求めるためにはきわめて精密な測定が必要となるであろう．しかしながら，もしも

$$\epsilon_2(\omega) = \epsilon_1 \tan\phi \simeq \epsilon_s \tan\phi$$

で与えられる $\epsilon_2(\omega)$ が，その $\epsilon_2(\omega)$ の値が比較的大きいようなすべての周波数（といっても $\epsilon_2(\omega)$ が比較的大きい値を示すような範囲の周波数）に対して知られていれば，現象論的な関係式 (2.18) の助けによって，$\epsilon_s - \epsilon_\infty$ を求めることができる．ところで (10.16) の ϵ_2 を (2.18) 式に代入すると，

$$\epsilon_s - \epsilon_\infty = \frac{2}{\pi} \int_0^\infty \epsilon_2(\omega) \frac{d\omega}{\omega} = (\epsilon_s - \epsilon_\infty) \frac{2}{\pi} \int_0^\infty \frac{\omega\tau}{1+\omega^2\tau^2} \frac{d\omega}{\omega} \tag{10.28}$$

が得られるが，これは次の関係式によって恒等式となる：

$$\int_0^\infty \frac{\omega\tau}{1+\omega^2\tau^2} \frac{d\omega}{\omega} = \frac{\pi}{2}.$$

無極性液体の中に双極性分子がとけた稀薄溶液という特別な場合には，(6.24) の $\epsilon_s - \epsilon_\infty$ を用いることができる．この場合には溶媒の誘電率 ϵ_0 はほぼ ϵ_∞ に等しいから，このことを (10.27) とあわせると：

$$\epsilon_0 \simeq \epsilon_\infty \simeq \epsilon_1(\omega) \simeq \epsilon_s. \tag{10.29}$$

従って (6.24), (10.16), (10.17), および (10.29) から，球形分子に対して，$\epsilon_s - \epsilon_\infty \ll 1$ のとき，次の式がえられる：

$$\epsilon_s \tan\phi \simeq \epsilon_2 \simeq \frac{4\pi\mu_v^2 N_0}{3kT} \left(\frac{\epsilon_s+2}{3}\right)^2 \left\{1 - \frac{2(\epsilon_s-1)(\epsilon_s-n^2)}{(2\epsilon_s+n^2)(\epsilon_s+2)}\right\}^2 \frac{\omega\tau}{1+\omega^2\tau^2}. \tag{10.30}$$

ここで n は溶質分子の純粋液体の屈折率である．なお，$\{\ \}^2$ は通常 1 から数パーセントしか違わないから，n を含む因子はあまり重要でない．

　いままでの Debye の式の議論では，主として温度をパラメーターとして扱い，誘電率の周波数変化を問題とした．実際には ϵ_1 と ϵ_2 が温度 T の関数として測定され，周波数はパラメーターとして扱われることが多い．こうすると測定を Debye の式と直接比較することはできない．それは，Debye の式が T をあらわに含まないからである．このような場合には，$\epsilon_s - \epsilon_\infty$ が T の関数として知られていると仮定して，$\epsilon_2/(\epsilon_s - \epsilon_\infty)$ を T の関数として画いてみるとよい．その関数の極大値は

$$0 = \frac{\partial}{\partial T}\left(\frac{\epsilon_2}{\epsilon_s - \epsilon_\infty}\right) = \frac{\partial}{\partial T}\frac{\omega\tau}{1+\omega^2\tau^2} = \frac{\partial}{\partial \tau}\left(\frac{\omega\tau}{1+\omega^2\tau^2}\right)\frac{d\tau}{dT}$$

から求められ ((10.16) 参照)，これから前の (10.22) のように $\omega\tau = 1$ が得られる．すなわち，与えられた周波数に対する極大は，次のような式をみたす温度 T_m で起る：

$$\tau(T_m) = 1/\omega. \qquad (10.31)$$

ϵ_1 と ϵ_2 が温度 T をパラメーターとして ω の関数として測定される場合には，(10.22) によって ϵ_2 の極大の位置から $\tau(T)$ が求められさえすれば Debye の式は直ちに確かめることができる．何となれば τ は ω に依存せず，従ってその値を (10.15)―(10.17) に代入すれば，それらはもはや未知の量を含まなくなるからである．これに反して，ϵ_1 と ϵ_2 が与えられた周波数に対して T の関数として測定されるならば，$\tau(T_m)$ の求められた値を (10.15)―(10.17) に入れてはいけない．なぜならば τ は T とともに変るからである．ところで，もしも (10.18) がみたされ，従って $\epsilon_s - \epsilon_\infty$ の正確な測定が困難であるような場合には，与えられた周波数における ϵ_2 の温度依存性を知ったとしても，それから Debye の式を検証することはできない．これに反して $\epsilon_s - \epsilon_\infty$ と $\epsilon_1 - \epsilon_\infty$ が温度の関数として知られるならば，$\omega\tau$ は (10.15) から求められる．すなわち

11. Debyeの式を与える模型

$$(\omega\tau)^2 = \frac{\epsilon_s - \epsilon_1}{\epsilon_1 - \epsilon_\infty}. \qquad (10.32)$$

これを (10.16) に代入して ϵ_2 は次のようになる：

$$\epsilon_2 = \sqrt{\{(\epsilon_s - \epsilon_1)(\epsilon_1 - \epsilon_\infty)\}}. \qquad (10.33)$$

(10.32) と (10.33) は，もとの形である Debye の式 (10.15) と (10.16) と同等であるが，しかしこれらの式は次のような利点をもっている．すなわち，緩和時間 τ は測定可能な量を使って (10.32) によって計算できること，また (10.33) は測定可能な量だけの間の関係式であることを，明瞭に示しているという点である．不利な点は $\epsilon_s - \epsilon_1$ と $\epsilon_1 - \epsilon_\infty$ の測定が必要とされるということである．つまり，これらは，Debye の式が成り立つと考えられる場合には，極めて小さい量であるからである（(10.18) と (10.27) 参照）．しかしこの量の測定が可能である限りは，温度，周波数，あるいは両方が変えられたとき，(10.33) 式は Debye の式をためす上に極めて簡単な手段を与えるといえる．

p. 78
11. Debyeの式を与える模型

前節では指数的な減衰関数から Debye の式が導かれることを示した．本節ではこれらの式があてはまるようなモデルを考察することにし，緩和時間に対する表式を求めることにする．極く簡単な模型は9節と4節の (ii) の場合にすでに論じた．この模型では誘電物質は相互作用が無視できるような荷電粒子の集りを含んでいる．各電荷は高いポテンシャル障壁によってへだてられた二つのつりあいの位置をもっており，また各粒子はそれをとりまく媒質と衝突し，その1秒当りの衝突数は大きく，そのために二つの衝突の間の平均時間 τ_0 は，粒子がその平衡位置の一つから他の一つへとび移るまでにすごす平均の時間 τ に比べて小さいとみなされると仮定した．このことから，線型微分方程式 (9.11) が二つの位置をしめる粒子数の差に対して成り立つことになった．その解である (9.15) は，その平衡値に指数関数的に近づき，その緩和時間は ((9.5) 参照) 次の式で与えられることになった：

$$\tau = \frac{1}{2w_{21}} = \frac{\pi}{\omega_0} e^{H/kT}, \quad H \gg kT, \quad \tau_0 \ll \tau, \qquad (11.1)$$

ここに H はポテンシャル障壁の高さで，$\omega_0/2\pi$ はつりあいのいずれかの位置の周りの振動の周波数である．この模型では，(9.5) と (9.6) によると二つのつりあい位置の間の粒子の遷移確率 w_{12} と w_{21} が電場がないときには等しく，外電場がかけられたときは，わずかに異なっている．

ここに指摘しておきたいことは，われわれがおいた仮定から考えて，指数関数の法則は τ_0 に比べて大きい時間間隔にわたっての平均においてだけ成り立つということである．それ故 Debye の式をこの法則から導くことは，電場の周期が τ_0 に比べて大きいような場合にだけ正しい．つまり，次のような条件が成り立つときだけ，この模型から Debye の式が出ると結論しなければならない：

$$\tau_0 \ll \tau, \quad \tau_0 \ll 1/\omega. \qquad (11.2)$$

従って Debye の式が主要な吸収領域 ($\omega\tau \sim 1$) の中で成り立つかどうかを確かめるためには，τ_0 を知ることが必要である．そして，このためには，電荷とその周囲の間の相互作用の詳しい知識が必要となるであろう．また (11.2) の条件から知れるように，たとえ Debye の式がこの主要領域で成り立ったとしても，より高い周波数に対しては実際からのはずれが予期されるのである．

また，指数的な減衰関数（従って Debye の式）が求められるのは，粒子が互に独立であるとみなされるような場合に限るということを理解しておくことも大切である．粒子同士の間の相互作用（それは粒子とその周囲との間の相互作用と区別せねばならない）が存在すれば，遷移確率は定数ではなくなり，隣りの粒子の位置に依存することになるであろう．従って (9.7) と (9.8) の式はもはや線型ではなく，それ故，指数関数によって解くことはできなくなる．

＜双極性の固体＞

固体に対してもっと直接適用される模型で，しかも上記の模型と同様な数

11. Debye の式を与える模型

学的取扱いができるようなものは容易に考え出すことができる．たとえば 8 節で使った双極性の固体に対する模型を考えてみよう．それは双極性の分子からできており，その分子の各々は，結晶場のために双極子の向きの違いに相当するいくつかのつりあい位置（ポテンシャル障壁によってへだてられたもの）をもっているものである．最も単純な場合には，反対向きの双極子方向をもつただ二つのつりあい位置をもつ場合となる．このような模型では，双極子間の相互作用のため，双極子は低温で秩序配列をつくる．ある温度 T_0 では秩序―無秩序転移がおこり，$T > T_0$ に対しては長距離秩序が消える．近距離秩序―すなわち隣接分子に対して相対的な秩序―はそのときもなお残り，これは更に高い温度のときだけ無視することができる．そのような温度ではじめて Debye の式が成り立つことが示される．Debye の式は T_0 に近い温度では成り立たない．しかし $T \ll T_0$ となると再び成り立つようになる．

まず最初に高温領域を考察しよう．この場合，電場がないときには，双極子の最低エネルギー準位は両方のつりあい方向に対して同じである．それらの間の遷移をおこすためには，二つのつりあい位置をへだてるポテンシャル障壁をこえて分子をはこぶために，ある最小エネルギー H が必要となる．二つの位置の間の遷移の確率の計算では，今度は (9.5) 式を使うことはできない．何となれば，一般に分子は内部的に励起されることも可能であるからである．このことは 9 節では考慮に入れなかった．ここではこれを考えに入れ，そのために温度とともにゆっくり変るような因数 A を導入しよう．すると，$1/2\tau$ を遷移確率とすれば (11.1) は

$$\tau = \frac{\pi}{2\omega_a} A e^{H/kT} \tag{11.3}$$

によっておきかえられる．ここで π/ω_a は励起された分子が一つのつりあい方向から他のつり合い方向へ向きを変えるのに要する平均時間である．電場 **f** がある場合には，分子がその双極子を二つのつりあい方向のどちらに向けるかに応じて，その分子のエネルギーには $+\mu\mathbf{f}$ または $-\mu\mathbf{f}$ がつけ加わ

る．従って，電場がある場合に分子が遷移をおこすために必要とする最小エネルギーは $H±μ\mathbf{f}$ である．そこで，

$$μ\mathbf{f}/kT \ll 1 \tag{11.4}$$

と仮定すると，二つの遷移確率はそれぞれ次のように与えられる：

$$w_{12} = \frac{1}{2τ}e^{μ\mathbf{f}/kT} \simeq \frac{1}{2τ}\left(1+\frac{μ\mathbf{f}}{kT}\right), \tag{11.5}$$

$$w_{21} = \frac{1}{2τ}e^{-μ\mathbf{f}/kT} \simeq \frac{1}{2τ}\left(1-\frac{μ\mathbf{f}}{kT}\right). \tag{11.6}$$

従ってもしも N_1 と N_2 を二つの方向の双極子の数とすれば，(9.7), (9.8), および (9.11) は，このような新しい w_{12} と w_{21} の値を使ってそのまま成立する．このため，(11.5) と (11.6) を (9.11) に代入して，次の式が得られる：

$$\frac{d}{dt}(N_2-N_1) = -\frac{1}{τ}(N_2-N_1) + \frac{1}{τ}\frac{μ\mathbf{f}}{kT}N. \tag{11.7}$$

一定電場に対しては，この式から，つりあいへの指数関数的な近接が導き出され，従って10節によって緩和時間 $τ$ をもった Debye の式が導き出される．

分子がその周囲ときわめて速やかにエネルギーを交換すると仮定すれば，二つのつりあい位置の間を遷移する間に，分子は H よりも高いいくつかのエネルギー準位を通過すると考えることができる．これは励起分子とその周囲との間に準熱平衡が成り立つということである．この条件のもとでは，H 以上のエネルギーをもつ分子を見出す確率は近似的に $(D_H/D_0)\exp(-H/kT)$ である．D_0 は kT の程度の範囲内のエネルギー準位の数で，D_H は H 以上の励起状態の同範囲内の準位数である．さて，遷移確率 $1/2τ$ はこの量を $π/ω_a$ で割ったものの1/2倍に等しくなければならない．後者は励起分子が角度 $π$ だけ向きを変えるのに要する平均の時間である．1/2をつけたのは半数の分子だけが望みの方向へ動くからである．従って (11.3) を参照して A は近似的に次のようになる：*

---

* 原文には $1/2τ$ は $(D_H/D_0)\exp(-H/kT)$ と $π/ω_a$ の‘積’の1/2に等しい

11. Debye の式を与える模型

$$A = \frac{D_0}{D_H} \tag{11.8}$$

緩和時間に対する式 (11.3) を単分子化学反応の速度に関する同様な式と関係づけることがある（例えば Frank, *F 2*; Kauzmann, *K 1*）. 一般に，この型の公式は励起エネルギー H を要する任意の過程に対して得られるが，反応速度の絶対的な値を求めることは（因数 A/ω_a の計算を必要とするから）困難である. この種の最初の計算は Pelzer と Wigner [*P4*] によって与えられた. 通常 ω_a は次の程度であるとしてよい：

$$\omega_a \sim 10^{12} - 10^{14} \, \text{sec}^{-1}. \tag{11.9}$$

そのため τ の温度依存性の測定から (11.8) の A の大きさの程度の半実験的な値が求められる. 時には（たとえば Eyring, *E 1, E 2*），励起分子の並進運動と回転運動が他の型の運動から分離できると仮定される場合がある. その場合には，$\hbar\omega_a \ll kT$ であれば kT の間隔の中に分子全体としての回転に関係したエネルギー準位が約 $kT/\hbar\omega_a$ 個だけあり，D_H^+ を分子の内部的な励起によるエネルギー準位の数とすれば，(11.8) を使って次の式が得られる：

$$D_H \simeq D_H^+ \frac{kT}{\hbar\omega_a}, \quad \text{すなわち} \quad \frac{A}{\omega_a} \simeq \frac{D_0}{D_H^+} \frac{\hbar}{kT}. \tag{11.10}$$

この式を導くときに基礎となった仮定からみて，この式が A/ω_a に対して大きさの程度以上の知識を与えると期待してはいけない. また $\hbar\omega_a > kT$ であれば，大きさの程度さえも正しいことにはならないであろう（Pelzer, *P3* 参照）.

次に我々の模型を低温で考察しよう. 転移温度 T_0 の近傍では双極子間の相互作用が重要になる. このとき分子のエネルギーは，それに隣接する分子の双極子の向きに関係するから，Debye の式を導くときになした仮定は破

---

p. 82 と書いてあるが，正しくは $1/2\tau$ は $(D_H/D_0)\exp(-H/kT)/(\pi/\omega_a)$ に等しいと置かなければならない. $1/2$ をつけるならば，(11.3) の分母の 2 は (11.1) に対応して除いておかなければならない，これらのことは，分子が π だけ方向を変えるのに要する平均時間の意味および ω_a の意味のあいまいさに基づいている.

れる．しかし，すぐ下に示すように，温度が転移点よりも十分に低く，そのために双極子が秩序正しい状態にあるときには，このようなおそれはない．8節に指摘したように，このとき格子は二つの型の席をもつており，もしも状態が完全に秩序正しければ，これらの席は互に反対向きの双極子の分子によって占められる．それらの席は，たとえば体心立方格子の体心とかどを形成する．各分子はその双極子の方向を反対に向けるような第二のつりあいの位置をもち，そこでは平均エネルギーは元の位置におけるよりも $V(T)$ という量だけ高い．もしも温度が十分に低ければ（すなわち T_0 よりも十分に低ければ），$V(T)$ を $T=0$ における値 $V(0)$ でおきかえることができる．双極子のエネルギーがそれ自身の方向だけに依存し，その隣接分子の方向に依存しないと仮定してよいのは，このような温度範囲である．なぜならば隣接分子はこのときは殆んどいつも最低エネルギーの状態（基底状態）に存在するからである．従って Debye の式が成り立つと期待される．

　これを証明するには，つりあいが時間とともに指数関数的に到達されるということを示せば十分である．そうすれば，10節に示した通りに，Debye の式が得られる．そこで，与えられた時刻にその物質の双極能率が，電場が存在しないにもかかわらず，有限な値をもつと仮定し，次にその時間的変化を計算する，こうすれば，証明は簡単化される．いま二つの型の席に関した量を＋と－の添字によって区別しよう．例えば，$w_{12}{}^+$ は＋席上の双極子が '1' から '2' の方向へ一秒間に転移する確率であるとする．また $N_1{}^+$ と $N_1{}^-$ は二つの型の席上の１方向の双極子の数であるとする．そうすると全双極能率は次の量に比例する：

$$\Delta N = N_1{}^+ - N_2{}^+ + N_1{}^- - N_2{}^- \tag{11.11}$$

また N を双極子の総数とすれば，

$$N_1{}^+ + N_2{}^+ = N_1{}^- + N_2{}^- = \frac{1}{2}N. \tag{11.12}$$

さらに電場がないときには，'1' 方向（または '2' 方向）が＋席に対して果す役割は '2' 方向（または '1' 方向）が－席に対して果す役割と同じで

11. Debye の式を与える模型

ある．それで，$T=0$ におけるつりあいでは，$N_1^+ = N_2^- = \dfrac{1}{2}N$, $N_1^- = N_2^+ = 0$ であり，また

$$w_{12}^+ = w_{21}^-, \quad w_{21}^+ = w_{12}^-. \tag{11.13}$$

このようなわけで，(9.7) 式と (9.8) 式を導いたときに使った方法と同じ方法で，いまの場合は

$$\frac{dN_1^+}{dt} = -\frac{dN_2^+}{dt} = -w_{12}^+ N_1^+ + w_{21}^+ N_2^+ \tag{11.14}$$

が得られ，これから (11.12) の助けをかりて次式が得られる：

$$\frac{d}{dt}(N_1^+ - N_2^+) = -2w_{12}^+ N_1^+ + 2w_{21}^+ N_2^+$$

$$= -(w_{12}^+ + w_{21}^+)(N_1^+ - N_2^+) + \frac{1}{2}(w_{21}^+ - w_{12}^+)N.$$

$$\tag{11.15}$$

＋と－添字を入れかえて同様な方程式が－席に対しても成り立つ．(11.13) を使って，これから

$$\frac{d}{dt}(N_1^- - N_2^-) = -(w_{12}^+ + w_{21}^+)(N_1^- - N_2^-) - \frac{1}{2}(w_{21}^+ - w_{12}^+)N.$$

$$\tag{11.16}$$

従って，(11.15) と (11.16) を加え合わせ，(11.11) を使えば

$$\frac{d}{dt}\Delta N = -(w_{12}^+ + w_{21}^+)\Delta N \quad \text{すなわち} \quad \Delta N \propto e^{-(w_{12}^+ + w_{21}^+)t}.$$

$$\tag{11.17}$$

すなわち ΔN はその平衡値（$\Delta N=0$）に向って指数関数的に減ることが分った．

＜双極性の液体＞

8 節に示したように，無秩序の固体がとけるときには静電的誘電率は大きい変化を示さないはずである．これは液相でも固相でも双極子の平均のエネルギーがすべてのつりあい方向に対して同一だからである．液体と違って固体では不連続的につりあい方向が存在しているということは静電的誘電率には影響を与えない．

p. 84
　しかしながら固体と液体の動的な性質には本質的な相異がある．固体では各分子とその隣接分子の間の相互作用のため，双極子のつりあい方向は有限個である．それらはポテンシァル障壁によってへだてられており，双極子は一つの向きから他の向きへ移るときにその山をこえなければならない．液体では隣接分子間の平均距離，従って相互作用は固体におけるそれとほぼ同じであるから，もしも一つの分子を除いて他のすべての分子の位置を急に固定したとすれば，このえらばれた分子は固体内の双極性分子と同様に振舞い，すなわちそれはポテンシァル障壁によってへだてられた数個のつりあい方向をもつことになるであろう．しかし，液体の本質的な性質というものは，その中の分子が固定された位置をもたないということであるから，もしも一つの分子をその一時的なつりあい方向からずらせたと想像するならば，それに隣接する分子は，そのずれた新しい方向をつりあいの位置にするように再配列を試みるであろう．そういうわけで，液体の中では双極子の向きの変り方に二つの型があると考えられる．まず固体におけると同様に異なる方向へとぶことである．このときは，少くともこのとび移りの間，隣接分子の配列が変らないということが要求される．第二の可能性は，このような飛躍がめったに起らず，双極子の向きの変化はその隣接分子の位置の再配列に伴なってだけ起るということである．実際，各双極子はその隣接分子に相対的にかなり堅く固定されていると考えられる．そのため，各双極子の回転はそれからある距離だけはなれた分子の運動に影響を及ぼすと考えられる．

　隣接分子の平均の運動は，それを巨視的な粘性液体の性質をもった連続媒質によっておきかえることによって表わすことができるであろう．この可能性から，Debye [$D\,2$] が使ったモデルがでてくる．そのモデルでは各双極性分子は半径 a の球であるとし，それは粘性係数 η をもった連続的な粘性流体の中を動き，その流体は巨視的な流れの方程式に従うとする．この流体は分子の表面に粘着すると考える．これらの仮定によって球の摩擦常数 ξ は次の Stokes の法則によって与えられる:

$$\xi = 8\pi\eta a^3. \qquad (11.18)$$

11. Debye の式を与える模型

この ξ の意味は,電場 **f** が双極子 μ の方向と角 θ をなしてかけられたとき,他の力が分子に働かない限りは次の式が成立するということである:

$$\xi \frac{d\theta}{dt} = -\mu f \sin\theta. \tag{11.19}$$

なおこの方程式では双極子の慣性効果 ― それは巨視的には左辺に $Id^2\theta/dt^2$ (I=慣性能率)の附加項を与える ― が省略できると仮定している.この省略は,そのような形の項を問題にする限り正当なものである.なんとなれば,このような効果が巨視的な表現によって十分に記述されるとは期待されがたいからである.*

巨視的な流れの方程式 (11.19) は,分子とその周囲の間のエネルギーのやりとりに基づく熱的なゆらぎを考慮に入れたときにだけ,θ に対して正しい値を与える.上記のモデルに対して,分子のエネルギーは球の回転エネルギーであって,それは kT 程度の平均値をもつ.分子がそれをとりまく液体の分子と衝突するために,その回転 ― 並進の場合のブラウン運動にあたるもの ― は向きと大きさを極めて頻繁に変える.もしも外力が双極子に働かなければ,与えられた方向からのその双極子の平均変位は 0 である.なんとなれば,この場合にはどの方向への変位も等しい確率で起きているからである.しかしながら,このような変位の二乗の平均は時とともに一方的に増す.

それ故,方程式 (11.19) は電場がかけられたときの θ の平均値(一つの双極子に対する)に対して成り立つと考えられる.実際の θ の値は,熱的なゆらぎによる平均の二乗変位が小さい量である限り,その平均値の附近にあると予期される.巨視的な双極子に対しては,そのことは実際上いつも成り立つはずである.(11.19) によれば,このような双極子は電場に平行な方向 $\theta=0$ に徐々に近づくであろう.そしてつりあいの状態では,小さいゆらぎを除いては,この方向にとどまるであろう.

---

* むしろ衝突がひんぱんであるために振動部分は平均化されて消えるためであると考えるべきであろう.すなわち平均としては粘性摩擦だけが利き,慣性による運動のゆきすぎ,もどりすぎは考慮に入れなくてもよいと解釈する.

(11.19) で使った θ （上では一つの双極子の θ 値の時間平均と考えたもの）は，見方をかえれば，小さな範囲内で同一の θ の値をもつすべての（相互作用のない）双極子の多数のものについての角変位の平均値とみなしてもよい．

巨視的な双極子とは違って分子双極子のゆらぎは非常に大きい．このことは，双極子集団の平衡分布を考えれば直ちに分ることである．その分布は (6.9)（E を f でおきかえて）によると $\exp(\mu f \cos\theta/kT)$ に比例する．しかし，実際に得られる電場に対しては常に $\mu f \ll kT$ であるから（4節参照），電場が分布関数に及ぼす影響はわずかである，換言すれば，双極子が $\theta=0$ の附近にある確率は反対向きである確率よりも僅かに大きいに過ぎない．

さて無極性の液体に双極性分子を入れた稀薄溶液の巨視的な誘電的性質を導き出すために，相互作用のない双極子の集りを考える．そして

$$N(\theta, t)\sin\theta\, d\theta$$

を時刻 t における θ 附近の $d\theta$ の範囲にある単位体積当りの双極子の数としよう．関数 $N(\theta, t)$ は，各個の双極子がその方向をたえず変えるから一般に時間とともに変る関数である．このような変化は熱的なゆらぎによるか，あるいは電場の作用によるものである．後者は，(11.19) によると，すべての双極子を

$$\delta\theta = \frac{d\theta}{dt}\delta t = -\frac{\mu f}{\xi}\sin\theta\, \delta t \qquad (11.20)$$

で与えられる角度 $\delta\theta$ だけ，短い時間 δt の間に変化させる．それ故，δt 時間の間には $N(\theta, t)\sin\theta\, \delta\theta$ の数の双極子が頂角 θ の円錐の表面を通って（θ が増す方向へ）通過するであろう．従って θ 附近の $d\theta$ 間隔内の双極子の数の電場の作用による変化の割合は，(11.20) を使って次のように与えられる：

$$-\frac{d\theta}{\delta t}\frac{\partial}{\partial\theta}\{N(\theta, t)\sin\theta\, \delta\theta\} = \frac{\mu f}{\xi}d\theta\frac{\partial}{\partial\theta}\{N(\theta, t)\sin^2\theta\}. \qquad (11.21)$$

この式がでてくるわけは，δt 時間の間に $d\theta$ の範囲から $N(\theta, t)\sin\theta\, \delta\theta$

11. Debye の式を与える模型

個の双極子が出てゆき，一方ここに入りこむ数は θ を $\theta-d\theta$ でおきかえた同様な式によって与えられるからである．

p. 87
(11.21) から，電場の作用による関数 $N(\theta,t)$ 自身の変化の割合は，次のように与えられることになる：

$$\left(\frac{\partial N(\theta,t)}{\partial t}\right)_f = \frac{\mu f}{\xi}\frac{1}{\sin\theta}\frac{\partial}{\partial\theta}\{N(\theta,t)\sin^2\theta\}. \quad (11.22)$$

いま扱っているように大きなゆらぎの場合には，電場の双極子に対する効果を表わす式としては (11.19) よりもこの式の方が適当である．

(11.22) の式は電場の影響下にある双極子集団の電場方向の双極能率 M_f の変化の割合を求めるのに使うことができる．双極子を剛体であると仮定すれば，単位体積当りの M_f は

$$M_f = \mu\int_0^\pi \cos\theta\, N(\theta,t)\sin\theta\, d\theta \quad (11.23)$$

で与えられる．従って，(11.22) を使って，M_f の電場の作用による変化の割合は

$$\left(\frac{\partial M_f}{\partial t}\right)_f = \mu\int_0^\pi \cos\theta\left(\frac{\partial N(\theta,t)}{\partial t}\right)_f \sin\theta\, d\theta$$

$$= \frac{\mu^2 f}{\xi}\int_0^\pi \cos\theta\,\frac{\partial}{\partial\theta}\{N(\theta,t)\sin^2\theta\}d\theta$$

で与えられ，これを部分積分で書きかえると

$$\left(\frac{\partial M_f}{\partial t}\right) = \frac{\mu^2 f}{\xi}\int_0^\pi \{N(\theta,t)\sin^2\theta\}\sin\theta\, d\theta = \frac{\mu^2 f}{\xi}N_0\overline{\sin^2\theta} \quad (11.24)$$

となる．ここで N_0 は単位体積当りの双極子の総数であり，$\overline{\sin^2\theta}$ は $\sin^2\theta$ の平均値である．上に論じたように，電場は双極子の角分布をごく僅か変えるように働くに過ぎない．それ故 $\overline{\sin^2\theta}$ としては電場がないときのつりあい状態でのその値を (11.24) に代入してよい．すなわち

$$\overline{\sin^2\theta} = \int_0^\pi \sin^2\theta\,\sin\theta\, d\theta\Big/\int_0^\pi \sin\theta\, d\theta = \frac{2}{3} \quad (11.25)$$

を代入して，

$$\left(\frac{\partial M_f}{\partial t}\right)_f = \frac{2}{3}\frac{\mu^2 f N_0}{\xi}. \qquad (11.26)$$

p. 88
　M_f の全体の変化率は (11.26) の他に熱運動による項を含む．この項は電場がない場合の平衡分布，すなわち $M_f=0$ であるような分布を回復させるような方向に働く．我々がとった仮定，すなわち (i) 双極子間に相互作用がない，(ii) 短い時間間隔 δt の間には双極子の θ 値は僅かに変化するにすぎない，という仮定によって，この第二の項は $f=0$ に対するつりあいからの偏差の一次関数でなければならない．すなわちそれは $-M_f$ に比例しなければならない．それ故，比例常数として $1/\tau$ を導入すると，M_f の全体の変化の割合は，(11.26) を使って次のように与えられる：

$$\frac{dM_f}{dt} = -\frac{M_f}{\tau} + \frac{2}{3}\frac{\mu^2 f N_0}{\xi}. \qquad (11.27)$$

　(11.27) の M_f と dM_f/dt の間の一次関係のため，いうまでもなく，つりあいへの近接は指数関数的になり，従って10節によって Debye の式がでてくることになる．実際，この結果は，次の条件が成りたつときに常に予期されることである：

　(a) 双極子間の相互作用が存在しない．
　(b) つりあいがただ一つの過程で達成される（例えばポテンシャル障壁をこえての遷移，あるいは摩擦回転）．
　(c) すべての双極子は等価な位置にあるとみなされる，すなわち平均としてそれらはすべて同様に振舞う．

　τ の値は電場がある場合の M_f の平衡値を使って (11.27) から導出される．すなわち，(6.15) を使って，

$$M_f = \frac{\epsilon_s - \epsilon_\infty}{4\pi} f = \frac{\mu^2 N_0 f}{3kT}. \qquad (11.28)$$

この M_f は (11.27) で $dM_f/dt=0$ とおいて得られる M_f のつりあい値と等しくなければならない．後者は

11. Debye の式を与える模型

$$M_f = \frac{2}{3} \frac{\tau \mu^2 f N_0}{\xi} \qquad (11.29)$$

である．従って (11.28) を (11.29) とくらべ，(11.18) を使って，

$$\tau = \frac{\xi}{2kT} = \frac{4\pi \eta a^3}{kT} \qquad (11.30)$$

が得られる．

これは Debye [D 2] が求めた重要な式であり，双極性液体の緩和時間を論じる際によく用いられるものである．それ故，この式が成り立つための仮定をここでもう一度くりかえして述べておくことが適当であろう．まず第一に，上記の仮定 $(a), (b), (c)$ は次のことを要求している：

(α) 無極性の液体中の双極性分子の稀薄溶液であること，

(β) 軸対称のある分子であること，

(γ) 液体が等方的であること ― τ に比べて小さい時間について 平均をとったとき，原子的尺度でもそれが成り立つこと．

ここで (α) は (a) の結果であり，(β) と (γ) はともに (b) と (c) に結びついている．この三つの仮定はすべて Debye の式が成り立つために必要なものである．しかしながら，これだけでは緩和時間についての (11.30) の値を得るためには十分でない．この関係式は，上に議論したように，なおその上，双極性分子がその隣接分子とかなり堅く結ばれており，そのために双極子の向きの大きな飛躍はあまり起らないという仮定を基にして導いたものである．ところで，粘性係数の温度変化は実験的に

$$\eta \propto e^{H_\eta / kT} \qquad (11.31)$$

であることが知られているが，このことは液体中の分子が高さ H_η のポテンシャルの山をこえて飛ぶことが粘性的な流れと結びついていることを示す．それ故，双極性分子の飛躍に関係したポテンシャル障壁の高さを H とすれば，このような飛躍がごくまれにしか起らないということは

(δ) $\qquad\qquad\qquad H \gg H_\eta$

であることを示している．

しかしながら，この条件は係数 A （(11.3) をみよ）の大きさが両方の型の遷移に対して同じ程度である場合にだけ正しく成り立つ，一般に，粘性の小さい液体は H_η の小さい値をもち，従ってそれらは粘性の大きい液体よりもよりよく (δ) をみたすと期待してよい $[F12, S3]$.

このように，(11.30) の公式は，τ の温度依存性を求めるために使うことができる式である．この温度依存性は η のそれと本質的に同じであり，すなわち，

$$\tau \propto e^{H_\eta/kT} \qquad (11.32)$$

となる．(11.30) の右辺の他の因子は T とともにゆっくりと変化するだけだからである．これをみて分ることは，τ の温度変化は溶けた分子の性質には無関係であり，溶媒の粘性係数だけの関数であるということである．さらに τ の絶対的な値を求めるためには，有効半径 a （すなわち有極性分子と同じ摩擦常数をもつような固体球の半径）を知らなければならない．しかし普通に使われる分子半径とこの半径との関係については，理論的研究はまだ何もなされていない．それにしても，a は溶媒と溶質の両方に関係し，従って，それは分子常数とはみなされないものであると考えられる．それ故，現在の発達の段階では，(11.30) 式は緩和時間の絶対的な値を求める目的に使うことはできない．

12. 一 般 化

Debye の関係式 (11.30)——双極性分子の緩和時間とその溶媒液体の粘性率を結びつけるもの——を導くにあたっては，各双極性分子がその周りの分子に強く束縛されているために，その双極子の向きの大きな変化は殆んど起らないという仮定をする必要があった．このことはいくつかの場合には真実であろうが，また，それと反対のことがより真実であるような場合もある．後者の場合には，粘性流動によって双極性分子の向きがかなり大きく変るまでに要せられる時間のうちに，双極性分子は一つの向きからポテンシャル障壁を何度もとびこえて他の向きに変るであろう．このことは固体に対し

12. 一般化

て明らかに成り立つ．固体では流れが全く存在しないとみなされるからである．しかし，ある場合には液体でもこのようなことが期待され，特に無定形物質では，粘性係数が極めて高いために，流れが事実上無視できて，このことが期待される．また液体で，どちらの過程がより支配的であるかは，溶質分子の種類の違いによって異なると考えられる．さらに Schallamach [S 3] が述べたように，両種の遷移の共存の可能性もある．

　上述の第二の型の振舞いを示す物質の例として，液体または無定形固体中に双極性分子が溶けた稀薄溶液が考えられる．この場合には，11 節と違って，双極子の向きを変える主な過程は，多数の大きい飛躍を起すことであると仮定できる．すると，個々の双極子は結晶体中の双極子と同じように振舞うことになる．そして (11.3) におけると同様に，ポテンシァル障壁（高さ H）を飛びこす確率は $\exp(-H/kT)$ に比例する．しかし，結晶体中での状況とは違って，最隣接分子の配列はすべての双極子に対して正確に同じであるとはいえず，従ってポテンシァル障壁の高さ H もいろいろに違っている．このために遷移確率もいろいろな値をとる．このような物質中の双極性分子は，それぞれのポテンシァル障壁の高さの違いによって分類できる．そこで物質をあらかじめ分極しておき，次に外電場を取り除けば，エネルギーが H の近くの小さな範囲内にあるような双極子が分極へ寄与する部分は，11 節に示したように，(11.3) 式によって H と関係づけられる τ という緩和時間で指数関数的に減衰する．それ故，H の代りに個々の緩和時間 τ を使って分子を分類することもできる．$y(\tau)d\tau$ を，τ の近くの $d\tau$ の範囲内にある緩和時間をもつ双極子群が静電誘電率に寄与する部分であるとしよう．双極子間の相互作用はないと考えられるから（稀薄溶液であるから），異なる群の寄与は一次的に重ねあわせられるだけである．従って，静電誘電率に対するそれらの全寄与は次のように与えられる：

$$\epsilon_s - \epsilon_\infty = \int_0^\infty y(\tau)d\tau. \qquad (12.1)$$

この関数 $y(\tau)$ は緩和時間の分布を表わすもので，これを分布関数とよぶこ

とにする．

　複素誘電率を求めるために，まず減衰関数 $\alpha(t)$ を考えよう（2節と10節参照）．τ 附近の $d\tau$ 内に緩和時間をもつ双極子は $\alpha(t)$ に対して $\exp(-t/\tau)$ と $y(\tau)d\tau/\tau$ の積に比例した寄与をする．$y(\tau)d\tau/\tau$ は（10.8）の指数関数の係数に相当する量である．このようなわけで，すべての双極子の寄与は次のように与えられる：

$$\alpha(t) = \int_0^\infty e^{-t/\tau} y(\tau) \frac{d\tau}{\tau}. \tag{12.2}$$

そこで（9.1）の関係を使えば，（12.2）から複素誘電率は

$$\begin{aligned}\epsilon(\omega) - \epsilon_\infty &= \int_0^\infty \alpha(x) e^{i\omega x} dx = \int_0^\infty dx \left[e^{i\omega x} \int_0^\infty \frac{d\tau}{\tau} e^{-x/\tau} y(\tau) \right] \\ &= \int_0^\infty \frac{d\tau}{\tau} y(\tau) \int_0^\infty dx\, e^{i\omega x - x/\tau}\end{aligned} \tag{12.3}$$

となる．ここで最後の変形は x と τ に関する積分の順序を交換したことによる．この x について τ の積分は（10.14）の積分と同じものであるから，

$$\epsilon(\omega) - \epsilon_\infty = \int_0^\infty \frac{y(\tau)d\tau}{1 - i\omega\tau}. \tag{12.4}$$

これの実部，虚部を（2.8）に従って，（10.15），（10.16）と同様に分けると

$$\epsilon_1(\omega) - \epsilon_\infty = \int_0^\infty \frac{y(\tau)d\tau}{1 + \omega^2\tau^2}. \tag{12.5}$$

$$\epsilon_2(\omega) = \int_0^\infty \frac{y(\tau)\omega\tau d\tau}{1 + \omega^2\tau^2}. \tag{12.6}$$

この節でのべたような型の物質に対しては，Debye の式（10.15, 10.16, 10.17）の代りにこれらの式を使うべきで，Debye の式はそのままでは成り立たない．この式の解と Debye の式の解との違いをしらべれば，この式がもつ意味は明瞭に理解されるであろう．

　このような違いをみるには電力損失の関数形，つまり $\epsilon_2(\omega)$ の周波数曲

12. 一般化

線をしらべることが一番よい．詳しく議論をするには，分布関数 $y(\tau)$ を知ることがいうまでもなく大切である．しかし予備段階としてまず $y(\tau)$ が常に正であり，従って $\epsilon_2(\omega)$ が Debye 曲線 $\omega\tau/(1+\omega^2\tau^2)$ (図13をみよ) の重ね合せでできているということに注意しよう．ただしそれらの曲線の極大は異なる位置にあるようなものである．その結果としてえられる $\epsilon_2(\omega)$ の曲線が単一の極大をもつものとすれば，その曲線はその極大と同じ位置に極大をもつような単一の Debye 曲線よりも広い半値巾をもつことになる．簡単な例 [F7] として各分子が双極子の逆の向きに相当した二つの平衡位置をもち，この二つの平衡位置での基底準位のエネルギーが等しいという模型を考察しよう．これは無秩序固体の場合と同様なものであるが，しかしそれとの違いは二つの位置の間のポテンシャル障壁が分子ごとに違った高さをもつという点である．このポテンシャル障壁の高さ H は H_0 と H_0+v_0 の間に一様に分布しているとしよう．すなわち

$$H = H_0 + v, \qquad 0 \leq v \leq v_0. \tag{12.7}$$

p. 93
こうすると，N_0 を単位体積中の双極子の総数とすれば，

$$N_0 \frac{dv}{v_0} \tag{12.8}$$

は H_0+v の近くの dv の範囲にある H の値をもつ双極子の数である．

稀薄溶液では双極子間の相互作用は無視できる．このため，4節と6節に示したように，双極性分子の ϵ_s への寄与は H に無関係であり，それは一分子当り $(\epsilon_s - \epsilon_\infty)/N_0$ となる．しかし個々の緩和時間 τ は (11.3) と (11.8) によって H に関係する．従って，(12.7) を使い，A を定数と考えれば，

$$\tau = \tau_0 \, e^{v/kT}, \quad \tau_0 = \frac{\pi}{2\omega_a} A e^{H_0/kT}. \tag{12.9}$$

それ故，個々の緩和時間 τ は次のような範囲にまたがっている：

$$\tau_0 \leq \tau \leq \tau_1, \quad \text{ただし} \quad \tau_1 = \tau_0 \, e^{v_0/kT}. \tag{12.10}$$

分布関数 $y(\tau)$ を求めるに当って，(12.10) の範囲の外では $y(\tau)=0$ で

あるということに注意する．いま τ を v の関数と考えれば，(10.9) を使って (12.1) から次の式が得られる：

$$\epsilon_s - \epsilon_\infty = \int_{\tau_0}^{\tau_1} y(\tau) d\tau = \int_0^{v_0} y(\tau) \frac{d\tau}{dv} dv = \frac{1}{kT} \int_0^{v_0} y(\tau) \tau(v) dv. \quad (12.11)$$

この式の意味するところは，$y(\tau)\tau dv/kT$ が dv の範囲にある分子の静電誘電率への寄与であるということである．他方，すぐ上に述べたように，1分子あたりの寄与は $(\epsilon_s - \epsilon_\infty)/N_0$ であって，これは v に無関係である．そして (12.8) が dv 中の分子数であるから，

$$\frac{y(\tau)\tau dv}{kT} = \frac{\epsilon_s - \epsilon_\infty}{N_0} \frac{N_0 dv}{v_0} \quad (12.12)$$

の関係が得られ，これを書きかえれば次のようになる：

$$\left.\begin{array}{l} y(\tau) = (\epsilon_s - \epsilon_\infty) \dfrac{kT}{v_0} \dfrac{1}{\tau}, \quad \tau_0 \leqslant \tau \leqslant \tau_1 = \tau_0 e^{v_0/kT} \text{ のとき} \\ y(\tau) = 0, \quad\quad\quad\quad\quad\quad\quad \tau < \tau_0 \text{ かつ } \tau > \tau_1 \text{ のとき．} \end{array}\right\} \quad (12.13)$$

p. 94
上記の，ポテンシャル障壁の高さが v_0 の範囲に一様に分布している場合の分布関数は温度の関数である．特にその相対巾 $(\tau_1 - \tau_0)/\tau_0$ は，

$$\frac{\tau_1 - \tau_0}{\tau_0} = e^{v_0/kT} - 1 \quad (12.14)$$

の関係によって，温度が高くなるとき減少する．

(12.13) の $y(\tau)$ を (12.5) および (12.6) に入れて誘電率 ϵ_1 および ϵ_2 を求めることができる．積分はすべて初等的に求めることができ，結果は次のようになる：

$$\epsilon_1(\omega) - \epsilon_\infty = (\epsilon_s - \epsilon_\infty)\left(1 - \frac{kT}{2v_0} \log \frac{1 + \omega^2 \tau_0^2 e^{2v_0/kT}}{1 + \omega^2 \tau_0^2}\right), \quad (12.15)$$

$$\epsilon_2(\omega) = (\epsilon_s - \epsilon_\infty) \frac{kT}{v_0} [\tan^{-1}(\omega \tau_0 e^{v_0/kT}) - \tan^{-1} \omega \tau_0]. \quad (12.16)$$

これらの式は，我々の今のモデルに対して Debye 公式 (10.15)，(10.16)

12. 一 般 化

の代りになるものである．この場合，$\epsilon_1(\omega)$ と $\epsilon_2(\omega)$ は周波数の関数として考えられているが，それは二つのパラメーター，すなわち緩和時間 τ_0 と緩和時間の分布巾をきめる因子 v_0/kT ((12.14) 参照) にも関係している．

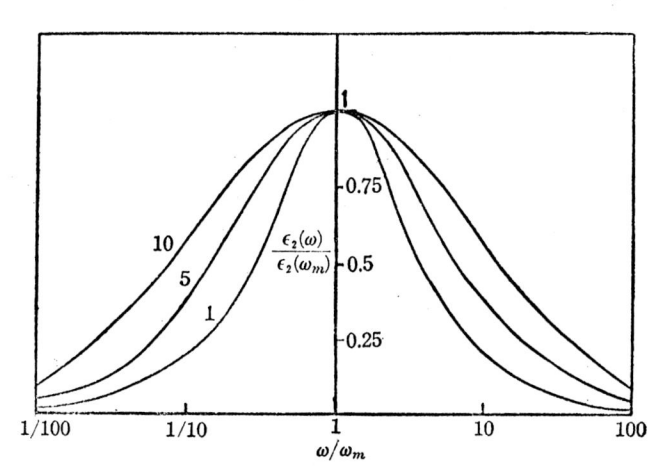

図14．(12.19) による誘電損失 $\epsilon_2(\omega)$ と角周波数 ω との関係，パラメーター $\sqrt{\tau_1/\tau_0}$ の値を 1, 5, 10 としたときの曲線を示す．ポテンシャル障壁の山のひろがりの巾は $v_0 = kT \log \tau_1/\tau_0$ で表わされる．$\epsilon_2(\omega)/\epsilon_2(\omega_m)$ を ω/ω_m に対して対数目盛でえがいてある．ただし ω_m は ϵ_2 が極大値をとるような ω の値である．

Debye の公式は $v_0/kT = 0$ のときにえられる．従って Debye の公式は唯一つのパラメーターを含む．ϵ_2 の形は図14にみられるが，この図は $\epsilon_2(\omega)/\epsilon_2(\omega_m)$ を ω/ω_m に対してえがいたものである．ω_m は ϵ_2 が極大値をとるような周波数である．

またこの図では，第二のパラメーター v_0/kT の値が増すつれて曲線は次第に平たくなる様子がみられる．極大の位置は (12.16) から次のようにして求められる．すなわち

$$\omega = \omega_m \text{ に対して } \frac{\partial \epsilon_2}{\partial \omega} = 0.$$

これから

$$\omega_m = \frac{1}{\tau_0} e^{-\frac{1}{2}v_0/kT} = \frac{1}{\sqrt{(\tau_0\tau_1)}} \qquad (12.17)$$

この式は $v_0=0$ のとき，いうまでもなく Debye 公式に対する (10.22) と同じものになる．(12.17) を (12.16) に代入すれば，ϵ_2 の極大値がえられる:

$$\epsilon_2(\omega_m) = (\epsilon_s - \epsilon_\infty)\frac{kT}{v_0}[\tan^{-1} e^{\frac{1}{2}v_0/kT} - \tan^{-1} e^{-\frac{1}{2}v_0/kT}]. \qquad (12.18)$$

この式でも $v_0=0$ とおけば (10.23) がえられる．しかし一般には図15に示すように，この関数は v_0/kT が増すにつれて減少する．

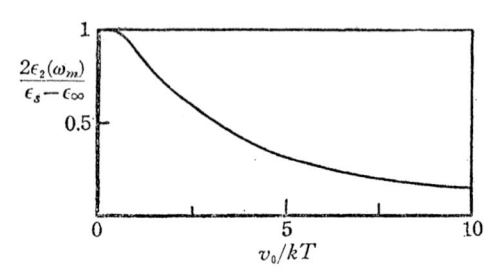

図15. 誘電損失の極大値 $\epsilon_2(\omega_m)$ とポテンシャル障壁の山のひろがりを表わす巾 v_0 との関係

(12.14)，(12.17)，および (12.18) の助けをかりると，(12.16) は次の形にかき直すことができる:

$$\frac{\epsilon_2(\omega)}{\epsilon_2(\omega_m)} = \frac{\tan^{-1}\frac{\omega}{\omega_m}\sqrt{\left(\frac{\tau_1}{\tau_0}\right)} - \tan^{-1}\frac{\omega}{\omega_m}\sqrt{\left(\frac{\tau_0}{\tau_1}\right)}}{\tan^{-1}\sqrt{\left(\frac{\tau_1}{\tau_0}\right)} - \tan^{-1}\sqrt{\left(\frac{\tau_0}{\tau_1}\right)}}, \qquad (12.19)$$

これは，$\epsilon_2(\omega)$ がパラメーター $\tau_0/\tau_1 \leqq 1$ に依存する様子を明らかにしている．$\tau_0/\tau_1=1$ に対しては，(12.19) はこれに相当する10節の式と同じものになる．τ_0/τ_1 が小さいほど，すなわち v_0 が大きいほど，(12.19) の Debye

---

* (12.19) は $\tau_0/\tau_1=1$ の極限で $\frac{\epsilon_2(\omega)}{\epsilon_2(\omega_m)} = \frac{2(\omega/\omega_m)}{1+(\omega/\omega_m)^2}$ となる．(10.22) と (10.23) によって $\omega_m=1/\tau$, $\epsilon_2(\omega_m)=\frac{1}{2}(\epsilon_s-\epsilon_\infty)$ であるから，この式は (10.16) となる．

12. 一般化

曲線からのはずれは大きくなる.

上記の諸方程式を導いたときの仮定は，ポテンシャル障壁の高さが v_0 の範囲に一様に分布しており，従って緩和時間が (12.14) の式で与えられるような範囲にわたり，また分布関数が (12.13) で与えられるということであった．これは少々特殊な仮定であるように思われるかもしれない．しかしすぐわかるように，$\epsilon_2(\omega)$ の主な吸収領域における振舞いは，分布関数 (12.13) を τ_0 と τ_1 の間で大きく，その範囲外で小さいようななめらかな関数でおきかえたとしても殆んど変らない．それ故，全く一般的にいって，$\epsilon_2(\omega)$ はその極大値附近では2つのパラメーター，すなわち極大を与える角周波数 ω_m と緩和時間の分布の巾を与える $\tau_1-\tau_0$ によってその関数形が定まると考えてよい．そのとき記憶してほしいことは，$\epsilon_2(\omega)$ の絶対的な値が，現象的な関係式 (2.18) の助けによって，$\epsilon_s-\epsilon_\infty$ が分れば定まるものであるということである．

$\epsilon_2(\omega)$ の主な吸収領域内の振舞いとは違って，この領域外のその振舞いは，$\tau_0<\tau<\tau_1$ の範囲――緩和時間の大部分が含まれている範囲――の外にある τ の値に対する分布関数 $y(\tau)$ の小さい変化に対して極めて敏感である．$\tau_0<\tau<\tau_1$ の範囲には非常に多くの緩和時間が含まれているが，もしも $\omega\tau_0\ll 1$ であるか，または $\omega\tau_1\gg 1$ であれば，この部分からは $\epsilon_2(\omega)$ に僅かしか寄与しない．そのような寄与は $\tau\sim 1/\omega$ 附近の少数の緩和時間からの寄与――すなわち，主な吸収帯外の周波数からの最大寄与――に比べてかなり小さいものになる．

多くの物質に対して，$\epsilon_2(\omega)$ の値は主な吸収領域の外で0にならない．しかし極めて小さい値をとり，それは振動数とともに極めてゆっくりと変化する [G 2]．この様子は緩和時間が十分広い範囲に分布していることを仮定すれば説明できることである．Garton [G1] は，この残留吸収がでてくる理由として，熱的なゆらぎのために，分子のつりあい位置が一時的に余分にできるということを挙げた．このようなポテンシャルのくぼみが起る確率は，くぼみの深さが w でその分布が dw の範囲にある場合，次の量に比例する

と仮定する：

$$e^{-w/kT}dw. \qquad (12.20)$$

この仮定は，その証明が与えられているというわけではないが．よさそうな仮定である．そこで，このような仮定から，$\epsilon_2(\omega)$ の値が，主な吸収領域から十分離れたところでは実質上周波数に無関係であるということを示そう．

H を基準の（永久の）位置から測ったポテンシャル障壁の高さであるとし，そして，一つの分子を考え，山の附近に深さ w の一時的なくぼみができたとしよう．(11.3) によると，分子がこの一時的な位置と永久的な位置で過す時間はそれぞれ

$$\tau = Be^{w/kT} \quad と \quad \tau_0 = B_0 e^{H/kT} \qquad (12.21)$$

で与えられる．ただし，この一時的な位置は $\tau+\tau_0$ に比べて長い時間存続するという仮定を追加しておく．係数 B と B_0 は w に無関係であると考える．$\tau \ll \tau_0$ とすれば，この分子が一時的なくぼみの位置にある相対的な確率は $\tau/(\tau+\tau_0) \simeq \tau/\tau_0$ で与えられる．従ってこのような位置にある分子の平均の数は，(12.20) と (12.21) を使って，次の量に比例することになる：

$$\frac{\tau}{\tau_0}e^{-w/kT}dw = \frac{\tau}{\tau_0}\frac{B}{\tau}\frac{dw}{d\tau}d\tau = \frac{B}{\tau_0}kT\frac{d\tau}{\tau} \propto \frac{d\tau}{\tau}. \qquad (12.22)$$

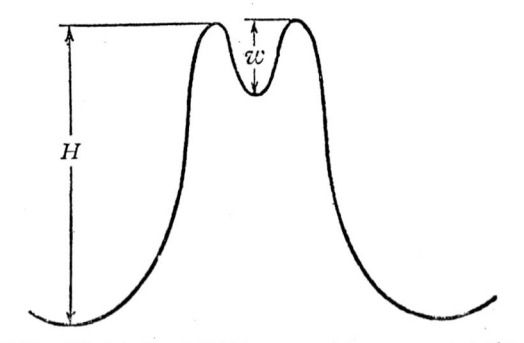

図16. 熱的ゆらぎによる深さ w のポテンシャルのくぼみ

各分子からの $\epsilon_2(\omega)$ への寄与は $\omega\tau/(1+\omega^2\tau^2)$ に比例する．また $w>0$ で

あるから τ がとりうる最小の値は $\tau=B$ である. τ_0 附近の τ の大きい値に対しては $\tau/(\tau+\tau_0)\simeq\tau/\tau_0$ の関係は成り立たないが,しかしこれを使うことにし,τ_0 を τ の上限として使うこにしよう. このことは重要な制限にはならない. なぜならば,$\tau=\tau_0$ の近くでは,$\epsilon_2(\omega)$ への主な寄与は永久位置相互間の遙かに多数の遷移から来るためである. それゆえ,主な吸収領域よりも周波数の高いところ,すなわち,$\omega\tau_0\gg 1$ に対しては

$$\epsilon_2(\omega)\propto\int_B^{\tau_0}\frac{\omega\tau}{1+\omega^2\tau^2}\frac{d\tau}{\tau}=\tan^{-1}\omega\tau_0-\tan^{-1}B\omega \qquad (12.23)$$

となる. 特に

$$1/\tau_0\ll\omega\ll 1/B \qquad (12.24)$$

であれば,$\epsilon_2(\omega)$ は ω に事実上無関係である. ここに $1/B$ はたぶん非常に高い周波数となっているであろう.

いままでの議論は,すべて双極子間の相互作用が無視できるという仮定に立っていた. 相互作用の影響というものは, Debye の吸収曲線の巾を広げるものである. なぜならば,つりあいの位置にある分子のエネルギーは,それに隣り合う分子の位置に関係して広い範囲の値をとると考えられ,その結果として,ポテンシャル障壁の高さに分布ができると考えられるからである. しかし今の場合には,分子がある与えられたつりあい位置に存在する時間と,ポテンシャル障壁の山の高さが一定に保たれる時間とはほぼ同じぐらいである. このような条件のもとで相互作用をとり入れようとすると,非常に大きな数学的困難にぶつかるため,まだこの場合の解は得られていない.

13. 共 鳴 吸 収

9節では誘電体で電力損失の二つの型を考えなければならないということを指摘した: すなわち,(i) つりあいの位置に弾性的に束縛された電荷の変位に基づく損失があり,このような電荷は振動の固有周波数 $\omega_0/2\pi$ をもち,電力損失(従って ϵ_2)はこの周波数(共鳴周波数)の附近で極大値をもつと期待される. また (ii) ポテンシャル障壁でへだてられたつりあい位置の間

の，電荷または双極子の遷移にもとづく損失があり，このような遷移は緩和時間 τ によって表わされ，この場合の電力損失は，10節—12節 で議論したp. 99ように，周波数 $1/2\pi\tau$ の附近で極大をもつ．この周波数はふつう温度に強く依存し，場合 (i) における共鳴周波数とは著しく違ったものである．本節の主要な目的は，共鳴吸収がある場合（上の (i) の場合）の複素誘電率に対する式を導くことである．

我々の目的は最も簡単な場合だけを考察することで，以下すぐに示すように，求めたい公式は特別なモデルをえらぶことなしに，ごく一般的な考察から導き出せる．以下では10節で Debye の式を導くために使ったと同じ方法を用いよう．10節では，考えた物質の分極が時間の関数として指数的につりあいの値に近づくと仮定した．ここで考察する弾性変位の場合には，この仮定が成り立つと考えることはできない．むしろすでに9節でのべたように，つりあいの状態での分極を中心として $\omega_0/2\pi$ の周波数の減衰振動が起ると期待される．それ故 (10.1) の代りに，ここで減衰関数として次のものを仮定しよう：

$$\alpha(t) = \gamma e^{-t/\tau}\cos(\omega_0 t + \psi). \qquad (13.1)$$

そして (9.1) 式を使って複素誘電率 ϵ の式を導くことにしよう．(13.1) の式は二つの定数 γ と ψ を含むが，これらはあとで決める．

ここで $\alpha(t)$ が物質全体の分極のふるまいを表わす巨視的な量であるということを読者に思い起してもらおう．(13.1) のような関数によって単一の分子の振動（電場がない場合の）の振巾を表わすことは間違いである．なぜならば，つりあいの状態では (13.1) の振巾は 0 であって，これによって熱運動を考慮することはできないからである．

(13.1) を (9.1) に代入すると，複素誘電率 ϵ として次の式が得られる：

$$\epsilon - \epsilon_\infty = \gamma \int_0^\infty e^{-x/\tau}\cos(\omega_0 x + \psi)e^{i\omega x}\,dx$$

$$= \frac{\gamma\tau}{2}\left(\frac{e^{i\psi}}{1-i(\omega_0+\omega)\tau} + \frac{e^{-i\psi}}{1+i(\omega_0-\omega)\tau}\right) \qquad (13.2)$$

13. 共鳴吸収

$$= \frac{\gamma\tau}{2}\cos\phi\left(\frac{1+i\tan\phi}{1-i(\omega_0+\omega)\tau}+\frac{1-i\tan\phi}{1+i(\omega_0-\omega)\tau}\right).$$

次に2つの定数 γ と ϕ を，非常に低い周波数と非常に高い周波数の二つの極限の場合に対して決めることにしよう．低い周波数，つまり $\omega\ll\omega_0$ は，主な吸収領域をはずれたところにあると考えられる．そこでは ϵ_2 が極めて小さく，従って誘電率は事実上実数である．この範囲では ϵ は一定値，すなわち

$$\epsilon=\epsilon_\infty+\Delta\epsilon \quad (\omega\ll\omega_0 \text{ のとき}) \tag{13.3}$$

に近い．ここで $\Delta\epsilon$ は実の量である．この誘電率の値は，他の吸収領域がはじまるような，もっと周波数の低いところまでつづく．もしも他の吸収領域がなければ，(13.3) は静電的誘電率を表わす．他方，高周波数誘電率 ϵ_∞ は，吸収の山よりも高い周波数の側での ϵ の値であって，そこでは ϵ_2 は再びきわめて小さい．

(13.3) を (13.2) の式とくらべ，ω を ω_0 に比べて無視すれば，γ と ϕ をきめる第一の条件式として

$$\Delta\epsilon=\gamma\tau\frac{\cos\phi-\omega_0\tau\sin\phi}{1+\omega_0^2\tau^2}=\gamma\tau\cos\phi\frac{1-\omega_0\tau\tan\phi}{1+\omega_0^2\tau^2} \tag{13.4}$$

が得られる．

第二の条件式はもっと面倒なもので，角周波数 $\omega\gg\omega_0$ に対する ϵ のふるまいに関係している．このような周波数に対して ω_0 は ω に比べて無視され，(13.2) は次のようになる：

$$\epsilon-\epsilon_\infty=\gamma\tau\frac{\cos\phi}{1-i\omega\tau}, \quad \omega\gg\omega_0. \tag{13.5}$$

一方，$\omega\gg\omega_0$ に対しては一周期 $1/\omega$ の間では復元力の影響は無視できる．従って，静電的誘電率として (13.3) を使った Debye の理論によるふるまいが期待される．そこで，(10.13) で $\epsilon_s-\epsilon_\infty$ を $\Delta\epsilon$ でおきかえると：

$$\epsilon-\epsilon_\infty=\frac{\Delta\epsilon}{1-i\omega\tau}, \quad \omega\gg\omega_0. \tag{13.6}$$

(13.5) と (13.6) を比べると，γ と ϕ を決める第二の条件式として

$$\Delta\epsilon = \gamma\tau \cos\psi \qquad (13.7)$$

が得られる.

(13.7) と (13.4) から

$$\omega_0 \tau = -\tan\phi. \qquad (13.8)$$

という関係が得られるが,最後にこの式と (13.7) を (13.2) に入れると

$$\epsilon - \epsilon_\infty = \frac{1}{2}\Delta\epsilon\left(\frac{1-i\omega_0\tau}{1-i(\omega_0+\omega)\tau} + \frac{1+i\omega_0\tau}{1+i(\omega_0-\omega)\tau}\right) \qquad (13.9)$$

が得られる[†](文献 [V5] および [F9] 参照).(2.8) によって実部と虚部をわけると:

$$\epsilon_1(\omega) - \epsilon_\infty = \frac{1}{2}\Delta\epsilon\left(\frac{1+\omega_0(\omega+\omega_0)\tau^2}{1+(\omega+\omega_0)^2\tau^2} + \frac{1-\omega_0(\omega-\omega_0)\tau^2}{1+(\omega-\omega_0)^2\tau^2}\right), \qquad (13.10)$$

$$\epsilon_2(\omega) = \frac{1}{2}\Delta\epsilon\left(\frac{\omega\tau}{1+(\omega+\omega_0)^2\tau^2} + \frac{\omega\tau}{1+(\omega-\omega_0)^2\tau^2}\right). \qquad (13.11)$$

これらの式は共鳴吸収の最も簡単な場合の誘電率を表わしている.多くの実際的な場合,$\Delta\epsilon$ は小さく,したがって ϵ_1 は近似的に ϵ_∞ と等しい.そのような場合は (2.5) によって損失角は次のようになる:

$$\Delta\epsilon \ll 1 \quad \text{ならば,} \quad \tan\phi = \frac{\epsilon_2}{\epsilon_1} \simeq \frac{\epsilon_2}{\epsilon_\infty}. \qquad (13.12)$$

$\Delta\epsilon$ が小さいと,それを適当な精度で直接測定から求めることは困難であろう.しかし,(2.18) に従って

$$\Delta\epsilon = \frac{2}{\pi}\int_0^\infty \epsilon_2(\omega)\frac{d\omega}{\omega} = \frac{2}{\pi}\int \epsilon_2\, d(\log\omega) \qquad (13.13)$$

の関係を使うと,$\Delta\epsilon$ を求めることができる.今の場合,この式がなりたつことは,(13.11) の ϵ_2 を (13.13) に代入して確かめることができる.

さて電力損失(ϵ_2 に比例する)をもっと詳しく論じることにしよう.温度が一定ならば ϵ_2 は ω の関数として $\omega = \omega_m$ で極大をもつ.ただし ω_m は $\partial\epsilon_2/\partial\omega = 0$ という条件から求められ,

---

† (13.9) の他の導出法が附録 A 4 に述べてある.

13. 共鳴吸収

$$\omega_m = \frac{1}{\tau}\sqrt{1+\omega_0^2\tau^2} \tag{13.14}$$

となる．このとき，ϵ_2 の極大値は，(13.14) を (13.11) に入れて

$$\epsilon_2(\omega_m) = \frac{1}{2}\Delta\epsilon\sqrt{1+\omega_0^2\tau^2} = \frac{1}{2}\Delta\epsilon\omega_m\tau \tag{13.15}$$

となる．

そこで緩和時間は温度とともに変化し，温度が上ると減少すると考える．
そうすると温度が非常に高いとき，すなわち

$$\omega_0\tau \ll 1 \quad \text{ならば，} \quad \omega_m \simeq 1/\tau \quad \text{で} \quad \epsilon_2(\omega_m) \simeq \frac{1}{2}\Delta\epsilon \tag{13.16}$$

となる．しかし温度が低く，従って

$$\omega_0\tau \gg 1 \quad \text{ならば，} \quad \omega_m \simeq \omega_0 \quad \text{で} \quad \epsilon_2(\omega_m) \simeq \frac{1}{2}\Delta\epsilon\omega_0\tau \tag{13.17}$$

となる．(10.23) とくらべると，(13.16) の場合は Debye 吸収のときと同様であることがわかる．しかし，(13.16) のような領域が固体に相当する温度の範囲内で達せられるかどうかは，個々のモデルについて詳しく考えないと何ともいえない．温度が低い場合の (13.17) は典型的な共鳴吸収に当る．Debye 吸収とはちがって，吸収極大の角周波数 ω_0 は温度に無関係であるが，共鳴のピークは温度が下るにしたがって（つまり $\omega_0\tau$ が大きくなるとともに）狭くなり高くなる．図17および図18は，Debye 吸収と共鳴吸収をいろいろの温度で比較したものである．

非常にくわしい考察がいくつかのモデルについてなされ，そのとき(13.9)-(13.11) の諸式が成り立つことが確かめられた．それらの式の導出は上にのべたものよりもずっと複雑であるが，しかしより厳密であると考えてよい（附録 A 4 を参照せよ）．気体における回転準位の間の遷移については Van Vleck と Weisskopf [V 5] および Van Vleck [V 4] が論じている．気体では緩和過程は分子の衝突によって起る．それ故 τ は気体の圧力が増すとともに，また温度が高くなるとともに減少すると考えられる．$\omega_0\tau \ll 1$ とな

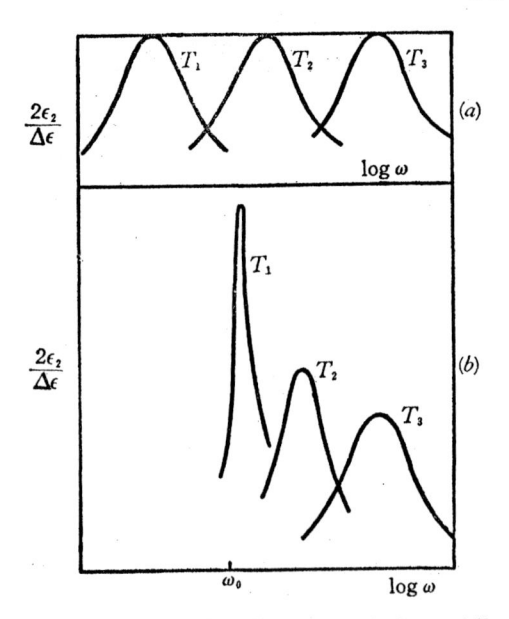

図17. 三種類の温度 ($T_1<T_2<T_3$) での誘電損失の周波数による変化（略図）. (a) Debye 吸収の場合; (b) 共鳴吸収の場合

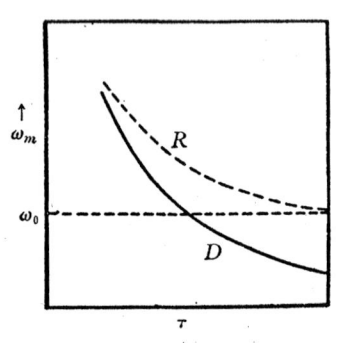

図18. 誘電損失が極大になる角周波数 ω_m と緩和時間との関係. D は Debye 吸収の場合, R は共鳴吸収の場合を表わす.

るような温度または圧力では，吸収のピークは (13.16) によって $\omega_m=1/\tau$ の周波数の附近にあらわれる．この領域では $\omega \gg \omega_0$ であるため，ω_0 を無視することができる．

13. 共鳴吸収

　このため，主要吸収領域では，$\omega_0\tau \ll 1$ であるかぎりは Debye 式が満足される．しかし圧力が小さいと $\omega_0\tau \gg 1$ となって，主要な吸収ピークは (13.17) によって共鳴周波数 ω_0 の附近にあらわれる．

　共鳴吸収は，慣性能率の大きい双極分子を含んだ固体の場合にも重要である [F9, H3, S11]．この場合の共鳴は分子がそのつりあいの位置を中心として行なう回転振動から生じるものである．しかしこの場合の緩和時間の様子は今迄のところ，論じられていない．

第IV章 応 用 例

本章では前章までに述べて来た一般論をどういうふうに誘電体の性質の議論に適用するべきかを例をあげて説明しよう．本章ではいくつかの重要な型の物質（例えば，無極性の固体，イオン結晶，双極性の液体，等）を包含するつもりである．しかし，これによって誘電体の性質を系統的に論じようとするのではなく，むしろ典型的な例をえらんだだけである．

14. 構造と誘電性

〈原子〉

本節ではまず原子および分子の構造と誘電的性質を論じ，それにつづいて誘電体をその構造にしたがって分類してみよう．読者がよく知っているように，原子は正に帯電した核とそれをとりまく若干個の電子とから成り立っている．電子の全電荷は核の電荷を打ち消し，またその全質量は核にくらべてはるかに小さい．1個または数個の電子をつけ加えるか，または取除くと，負または正のイオンが得られる．定常状態では原子（イオン）の核に対する相対的な電気双極能率は存在しない．

ごく一般的な量子力学の定理によれば，外部電場（静電場でも交流電場でも）の影響のもとでは，原子内の電子は一定の周波数やその他の性質の分った古典的な調和振動子のあつまりと同じようにふるまうことが結論できる（しかしここではそれを問題にしない）．この周波数は可視光のそれと同程度か，またはより高いのが普通である．つまり，本書で考えるような電場の周波数よりはずっと高いものである．それ故，外部電場 f の影響をうけて電気双極子 m_0 が誘起されるが，これは，4節および9節の (i) の場合に議論した電荷（電子）の弾性的な変位で生じる双極子のもつあらゆる性質をもっている．ここで考えるような電場の強さと周波数の範囲では，誘起双極子

14. 構造と誘電性

の大きさ m_o は電場の強さ f に比例するが，周波数には無関係であり，加えた電場との間には位相差を生じない．原子のこのような性質は次のように一定の分極率 α_o を使って表わすことができる：

$$\mathbf{m}_o = \alpha_o \mathbf{f}. \tag{14.1}$$

この結果生じる分極を**光学的分極**とよぶことにする．これはこのような分極に関係した特性周波数が通常光学的な領域にあることを意味している．この分極が電子の変位によって生じているという理由で，しばしば**電子分極**ともよばれているが，このよびかたは，やがて明らかになるように，誤解を招きやすいよびかたである．

<分子>

二つの原子 A と B とから成りたつ二原子分子 AB を考える．化学結合力の基になっている原子間の相互作用が存在することから見て，分子内の電子の分布は自由原子 A および B の電子分布を単に重ねたものとは異なっている．しかしこの場合，分布は二つの原子の核を結ぶ直線に関して軸対称にはなっているはずである．それ故，二原子分子は A-B の方向に双極子能率をもっているにちがいない．二つの原子が等しい場合，つまり $A=B$，の場合は例外で，このときは対称性から双極子能率は存在しない．このようにして，たとえば．HCl や CO は双極子能率をもっているが，H_2, O_2, または Cl_2 はもっていない．双極子能率の大きさから電子の分布に関する重要な知識が得られる．例えば，HCl の双極子能率（$\mu \sim 1 \times 10^{-18}$ e. s. u. ＝1 Debye 単位）が CO のもの（$\mu \sim 0.1$ Debye 単位）に比べて大きいことは，HCl 分子が CO 分子とは違って正負のイオン，すなわち $H^+ + Cl^-$ で構成されていることのある程度の裏づけを与えている．

外部電場 **f** の影響によって分子には平均の双極子能率 **m** が誘起されるが，これは4節および9節によれば **m** は次の二つの型からなりたつと考えられる：すなわち (i) 電荷の弾性的変位によって生じるもの，および (ii) 分子の永久双極子の平均方向の変化することによって生じるもの．前者はさらに種々の基準振動に由来する部分に分けられる．ところが電子と核の質量

が非常に異なっているので，基準振動の中には事実上電子と核の相対的変位だけに起因するとみなせるような一群が存在する．それらの固有振動数は光学的な領域，つまり可視部または紫外部にあるのが普通である．他方，核の振動に関係した基準振動の振動数は一般に赤外領域にある．原子核間の距離が変れば，電子と原子核の間の相互作用もかわるので，この振動には電子の核に対する相対的な変位が含まれているはずである．そこで

$$\mathbf{m} = \mathbf{m}_o + \mathbf{m}_{ir} + \mathbf{m}_d \qquad (14.2)$$

と書くことができる．ここに右辺の第一項および第二項は光学領域および赤外領域の基準振動数をもった弾性的な変位によって生じるものであり，$\mathbf{m}_d$ は双極子の方向が変化することによる能率である．$\mathbf{m}_o$ および $\mathbf{m}_{ir}$ という量はそれぞれ電子分極および原子分極とよばれることが多いが，これは誤解を招きやすい．なぜならば，$\mathbf{m}_{ir}$ という項は電子の変位による部分をも含んでいるからである．本書で問題にするような周波数はどの基準振動数よりもはるかに小さいから，電場の周波数や温度に関係のない定値の分極率 α_o および α_{ir} を用いて，

$$\mathbf{m}_o = \alpha_o \mathbf{f}, \qquad \mathbf{m}_{ir} = \alpha_{ir} \mathbf{f} \qquad (14.3)$$

という関係が成り立つ．

多原子分子についても，外電場によって誘起される平均の双極子能率が，(14.2)によって，三つの項を加えたものであると考えられる点では，二原子分子の場合と同様である．つまり，二つの項は光学的領域および赤外領域の基準振動数をもった弾性的な変位を表わし，他の一つは双極子からの寄与である．はじめの二つは (14.3) により光学的および赤外分極率 α_o および α_{ir} から得られる．第三のものの値は分子の双極子能率によって定まる（例えば6節をみよ）．双極子能率の決定は分子構造の研究上大いに興味がある．例えば，CO_2 が永久双極子能率をもたないことから，三つの原子の配列は二つの酸素原子の中央に炭素原子を置いたような直線形となっていなければならないことが結論できる．これに反して H_2O 分子は永久双極子能率をもっているから，これは H_2O が三角形分子であることを意味している．

14. 構造と誘電性

立体化学への応用として興味のある例が非常に多いが，くわしいことは本書の目的をこえるのでふれないでおく．例と文献については Le Fevre [L 2] の比較的最近の著書または Sutton [S 10] の論文をみてほしい．初期の発展は Debye [D 2] および Smyth [S 8] の著書にみられる．

大きな分子に関する二つの定性的な法則をのべておかねばならない．このような分子はしばしば水酸基 O-H，またはケトン基 C=O のような双極性の原子団を含んでいる．これらの基（group）はどのような分子の中にあっても，かなりよい近似で同じ双極子能率を与える．であるからこのような分子の全能率はそれに含まれるすべての基の能率をベクトル的に加え合わせたものになっている，明らかに，この法則は種々の理由によって正確になりたつものではない．例えばいろいろの基の間の相互作用によって個々の基の能率は変化する．

第二の法則は大きな分子の光学的分極率に関したものである．上に述べたように，光学的分極率はすべての核の位置を固定したと仮定したときの電子の変位に由来している．明らかに最大の寄与は最も小さい結合エネルギーをもった電子，つまり価電子によって生じるであろう．これらの電子のふるまいは化合物の中では，その化合物を構成している原子の孤立した状態の中でのふるまいとはちがっている．それ故，CO_2 の光学的分極率は1個の炭素原子と2個の酸素原子の分極率の和に等しくはならない．他方，ある種の基の中の電子分布は，それが属している分子の型にはよらないことが，かなりよい近似で成り立つ．これは，このような基に関して上に述べた双極能率の場合と同じである．この法則を適用するときには，このような基の分極率が電場をかける方向によって変化する場合が多いことを記憶してほしい．例えば，ケトン基 C=O では二つの原子を結ぶ方向の分極率は，それに垂直な方向のものと異なっているはずである．

p. 108
<誘電体の分類>

前に導入したような三つの型に分極をわけることは，ごく一般的な性質のものである．このことから，直ちに誘電的物質は次の三種類に分類される．

(i) 光学的な分極だけを示す無極性物質,

(ii) 光学的な分極および赤外分極を示す有極性物質,

(iii) 上記のものに加えて，さらに双極子の配向による分極をも示す双極性物質．

　第一の種類の物質，すなわち無極性物質では，電場は電子の弾性変位をおこすだけである．気体，液体，固体を問わず，一種類の原子で構成されているすべての誘電体がこの場合に属している．例としては，ダイヤモンド，酸素（固，液，気相共），稀ガス其の他多くのものがある．第二の種類の誘電体，すなわち有極性物質は赤外分極とともに光学的分極をもなしうる．この型の物質は双極性の原子団をも含みうるが，その場合にはそれらの原子団は弾性変位だけを示すものでなければならない．しかしもしも，この原子団による双極子に数個のつりあいの位置が存在するならば，その物質は (iii) の場合に属すことになる．

　第二の種類は，まず第一に全双極子能率が 0 であるような分子から成り立つ物質を含んでいる．それらの分子が双極性の原子団を含むとしても，全体としては双極子能率は消えていなければならない．このような例としては，CO_2, パラフィン $CH_3-(CH_2)_n-CH_3$ (15節参照), ベンゼン C_6H_6, 四塩化炭素 CCl_4, その他，固，液，気相の多くの物質がある．これらの物質の大多数では赤外分極率は光学的分極率にくらべて大変小さい．それ故，実際的な面からは，そのような物質のふるまいは無極性物質のふるまいと大変よく似ている．温度が十分低い場合には，双極分子で構成された固体の多くはこれと同じカテゴリーに入るようになる．なぜなら，このようなときは，双極子は固体中で凍りついてしまう，すなわち熱エネルギーが不十分であるために適当な時間内にそれらの双極子を他のつりあいの位置まで回転させることができなくなるからである．しかし極性型の最も代表的な物質はイオン結晶であって，これは非常に大きい赤外分極率を示す．岩塩 NaCl, 他のアルカリハ
p. 109
ライド結晶，TiO_2 の結晶，其の他たいていの塩類の結晶がその例である．各格子点に 1 個の分子が存在する分子結晶の場合とちがって，イオン結晶で

は各格子点に1個のイオンが存在している．つまり，例えば，岩塩ではNa$^+$イオンとCl$^-$イオンとで単純立方格子ができ上っている（18節を参照せよ）．また，たいていの塩類は熔融したときに（イオン）伝導体となるが，この点は他の誘電体と異なっている．

双極性分子で構成されたすべての物質は第三の種類に属している．ただし，上に述べたように双極子が凍結するような低温の場合は除外する．固体では，しばしばこのような過程が相転移の起る臨界温度のすぐ下で起りはじめる．殆んどすべての場合，これらの物質では双極子が他のつりあいの位置へ回転することは分子全体が回転することを意味する．（例えばケントの場合，17節を見よ）．例外は氷，その他の結晶でみられ，その場合は双極子の向きを変えることはイオンをあるつりあいの位置から他のつりあいの位置へ移行させることによって達成される．

15. 無極性の物質

最も簡単な型の誘電物質では，電子の弾性的な変位のみが存在し，これは14節の分類では無極性の物質とよんだ．このような物質では，かなりの吸収を示す周波数のうちの最低の周波数 ν_0 は通常可視部または紫外部に存在する．ν_0 よりもはるかに小さいすべての周波数に対しては，誘電率は周波数に無関係となるはずである．すなわち，$\nu \ll \nu_0$ に対する誘電率 ϵ は静電的な誘電率 ϵ_s と等しいはずであり，またMaxwellの関係 $\epsilon = n^2$ を満足しなければならない．つまり，$\nu \ll \nu_0$ に対しては

$$\epsilon_s = n^2 \tag{15.1}$$

という関係が，静電的誘電率 ϵ_s と屈折率 n との間に成立つはずである．WhiteheadとHackett [W6] は最近ダイヤモンドについてこの関係を調べた結果，測定誤差の範囲内で上に述べた関係が成立することを見出した．彼等は500 cpsと3000 cpsの間で誘電率を測定し，5.68±0.03という値を得た．一方，屈折率 n は，光学領域でのいろいろの波長についての測定値を，n が波長に関係しなくなるような長波長部まで外挿して求められた．この外

p. 110
挿の方法の精度は図19から判断することができる．外挿値は $n^2 = 5.66$ である．この二つの値がよく一致していることから，3000 cps から光学的な周波数に至る領域での電波の吸収は非常に少ないことが分り，この領域にわたっての積分は $\left(\dfrac{2}{\pi}\right)\int \epsilon_2\, d\nu/\nu < 0.03$ となっていなければならないことになる（(2.18)式参照）．実際はダイヤモンドは赤外部に吸収を示すが，この吸収

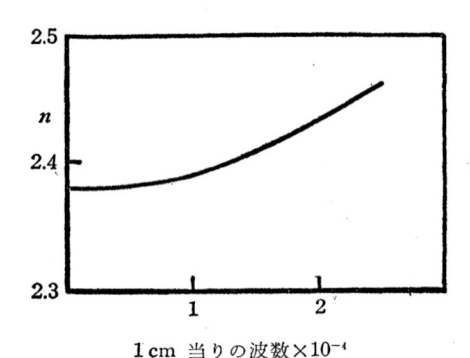

図19．ダイヤモンドの屈折率 n を波数に対してえがいたもの．
Whitehead と Hackett [W6] が整理した測定結果による．

の原因についてはわかっていない．ついでに述べておくが，上述の条件は，吸収帯の幅が充分狭いかぎり，必ずしも ϵ_2 の小さいことを意味するわけではない．

　無極性分子の気体では Clausius-Mossotti の公式に対する成立条件がかなりよく満足されている（6節および附録A 3 参照）．この条件としては，(i) 弾性的な変位だけが存在すること，(ii) 分子間に非双極性の（近距離的な）相互作用が存在しないこと，(iii) 分子の分極率が等方的であること，(iv) 分子の並び方は等方的もしくは立方対称的であること，を挙げることができる．条件 (i) はすべての無極性分子でみたされている；(ii) は分子間距離が十分大きいかぎり大丈夫である；(iii) は球形分子の時にだけ成り立つ；最後に (iv) は気体の場合常に成り立つ条件である．従って分子が球形でない場合（条件 (iii) に抵触）と非常な高圧の場合（条件 (ii) に抵触）には，Clausius-Mossotti の公式からのはずれが期待される．稀ガスの場合には四

15. 無極性の物質

p. 111

つの条件がすべて成り立っている．Clausius-Mossotti の公式を検証するには，主に気体の誘電率を密度の関数として測定する．なぜならば，1 c.c. 当りの分子数 N_0 は Avogadro 数（6.02×10^{23}）を使って表わすことができ，

$$N_0 = \frac{d}{W} 6.02\times 10^{23} \tag{15.2}$$

となるからである．ただし，d は密度，W は分子量である．この関係と（6.34）および（6.32）とから

$$\frac{\epsilon_s - 1}{\epsilon_s + 2} = 2.52\times 10^{24} \frac{d}{W} \alpha \tag{15.3}$$

が得られる．しばしば，

$$p = 2.52\times 10^{24} \alpha \tag{15.4}$$

という量は**分子分極率**とよばれる．(15.3) と Maxwell の関係式（(15.1) 参照）を使うと，

$$p = \frac{W}{d} \frac{\epsilon - 1}{\epsilon + 2} \tag{15.5}$$

は温度，密度，もしくは周波数に無関係な定数となるはずである．稀ガスについて今までにえられた p の測定値は次のようになっている．

	He	Ne	Ar	Kr	X
$p =$	0.5	1.0	4.2	6.3	10 c.c.

原子量が増すとともに分極率が増加するのは，主として原子 1 個当りの電子数が増すためである．また，この場合，(15.1) の関係もはなはだ厳密に成り立つことが見出されている．

(15.5) の式と実験との一致は，他の多くの無極性物質に対して，密度の非常な広範囲にわたってみられている．例えば Van Vleck [V3] が指摘したように，O_2 の場合 (15.5) の右辺は気体のとき 3.869 であるが，液体のときも殆んど変らず 3.878 となっている．この場合，気体と液体とでは密度は 1000 倍以上の違いになっている．同様の一致は他の多くの場合にも見出されている．そのような場合は Maxwell の関係が成り立っているので，(15.5) の ϵ は n^2 で置き換えることができる．例えば窒素については，屈折率の測定か

ら，(15.5) の右辺が 1 ないし 2000 気圧の範囲で 1% 以下しか変化しないことが見出された．

このように驚異的な一致が認められる理由について考える場合，次の事柄に注意しなくてはならない．つまり $\epsilon-1$ の大きさが大きく変化するにもかかわらず，この量の最大値は普通 1 より小さいことである．この場合，分子間の相互作用が全く存在しないという仮定をしても実験とのかなりの一致がみられる．このような仮定をすると ((6.14) 参照，(15.4) および (15.2) を用いる)，次式が得られる：

$$\epsilon-1 \simeq \frac{3d}{W}p. \tag{15.6}$$

(15.5) と (15.6) とを比較する場合，次のことに注意してほしい．いま

$$v=\frac{W}{d} \tag{15.7}$$

で与えられる分子容積 v を導入すれば，(15.5) は次の式と同等になる：

$$\epsilon-1=\frac{3p/v}{1-p/v}. \tag{15.8}$$

それ故，

$$\frac{p}{v}=\frac{\epsilon-1}{\epsilon+2}<1$$

であれば，次の式がえられる：

$$\epsilon-1=\frac{3p}{v}\left(1+\frac{p}{v}+\left(\frac{p}{v}\right)^2+\cdots\right). \tag{15.9}$$

右辺の第一項だけをとると (15.6) と同じになる．高次の項は Clausius-Mossotti の公式に特有の項であるが，これらは普通小さい．例えば上述の窒素の場合，p/v は 2000 気圧で 0.1 より少し大きい程度にすぎない．(15.6) とくらべると Clausius-Mossotti の公式によってとり入れられる補正は約 10 %にすぎない．

Kirkwood [K3] は分子の分極率の異方性の影響を研究し，(15.9) は次

15. 無極性の物質

の式でおきかえなければならないことを見出した：

$$\epsilon - 1 = \frac{3p}{v}\left(1 + (1+\sigma)\frac{p}{v} + \cdots\right). \quad (15.10)$$

ここに σ は分極率の異方性の度合を表わす量である．ϵ に対するこの補正や他の補正は小さい第二次項に影響するだけなので，通常は小さい．

p. 113
14節の分類にしたがえば有極性であっても，実際の目的上は無極性の物質とよく似たふるまいをするような物質が非常に多く存在する．いくつかの有極性の基を含み全体の双極子能率が消えているような分子がそのような物質に属している．これらの分子の赤外分極率はきわめて小さく，従って，その誘電率への寄与が無視されるような場合が極めて多い．その重要な例はパラフィンで，以下ではパラフィン分子がなぜ双極子能率をもたないかということについて説明しよう．

ノルマル・パラフィン $CH_3-(CH_2)_n-CH_3$ の分子は，CH_2 基が鎖状に連なって両端に CH_3 基がついたものである．C-C-C の結合角は正四面体角 $\theta = 2\cos^{-1}(1/\sqrt{3}) \simeq 109°$ に殆んど等しい．固体の中では，鎖は平面ジグザグ状（例えば16節，図28をみよ）となるが，液体および気体では必ずしもそうとはかぎらない．つまり，C-C 結合を軸として回転することが考えられる．しかしその場合でも，結合角は変化しないと仮定してよいであろう．各 CH_2 基と CH_3 基は双極子能率をもっているが，その方向は，一つの C 原子の四つのボンドがお互いに $2\cos^{-1}(1/\sqrt{3})$ の角度をなすという仮定に基づいて考えることにする．[†] つまり1個の炭素原子が正四面体の中心をしめるとすれば，各ボンドはその頂点に向うわけである．さて，14節によれば，C-C ボンドは双極子能率をもたず，これに反して C-H ボンドは能率をもっている．すると CH_2 基全体の能率は常に C-C-C の面内にあって（図20参照），C-C-C の角を二等分する方向に向いており，これに対して CH_3 基の能率は CH_3 を鎖につなぐ C-C ボンドの方向を向く．詳しく説明するた

---

† 図28に示してある距離は，X線による測定で得られた CH_2 基相互間の距離（鎖の軸方向の間隔）であって C-C の距離でないことに注意してほしい．

めに，立方体の中心に1個の炭素原子を置いて考える（図21）．立方体の頂点のうち互いに隣り合わない位置にあるもの四つをえらぶと，中心からそれらへ向う方向が炭素原子の四つのボンドの方向となる．このようにえらんだ四つの頂点は，正四面体の頂点を形成している．そこで C—H の能率を μ とすると，CH_2 のそれは $2\mu\cos(\theta/2)=2\mu/\sqrt{3}$ となる．これは C-C ボンドの方向を向いた，大きさ μ の，二つの双極子から合成されていると考えてよい（図20の点線で示した矢印）．次に，両端の CH_3 基の能率は，鎖につながる C-C ボンドの方向にある双極子 μ と同じものである．なんとなれば，CH_3 基の中の任意の二つの H 原子からの合成双極子能率は，上に示したように，立方体の面に垂直な方向にあって，$2\mu/\sqrt{3}$ の強さをもったものであり（ここで C-H 双極子は CH_2 でも CH_3 でも等しいと仮定する），従ってこの合成能率は，CH_3 全体の能率が存在する方向である対角線と $\cos^{-1}(1/\sqrt{3})$ の角をなす．ところで CH_3 の中からは三つの CH_2 基をえらび出すことができるが，この場合，各 C-H 双極子は二回勘定されているので，CH_3 基の能率は都合 $\frac{3}{2}(2\mu/3)=\mu$ となる．結局パラフィンの鎖は両端に大きさ

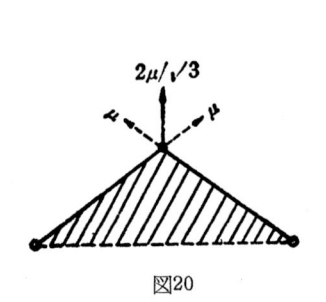

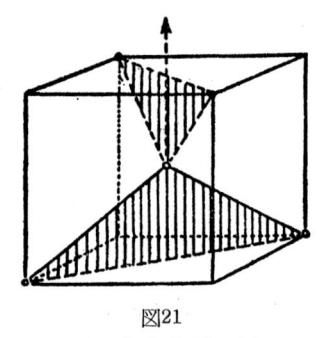

図20．実線の矢印はパラフィン分子中の CH_2 基が C-C-C 面にあるとみなしたときの双極子を表わす．これを C-C の方向に分解したものを点線の矢印で表わす．

図21．パラフィン分子中の1個の炭素原子と，隣接する4個の原子，つまり2個の炭素原子および2個の水素原子を示す．炭素は○で水素は●で表わしてある．矢印はこの基の双極子を表わす．中心原子と隣接原子とを結ぶ直線は，隣接原子のおかれている方向だけを示すもので，距離を表わしていない．実際は C-H の距離は C-C の距離より小さい．

15. 無極性の物質

μ の双極子をもった C–C の棒からでき上っていることになる．これらの両端の双極子はお互いに正反対の方向を向いているから，各々の棒の双極子，したがって鎖全体の双極子能率は正確に 0 となる．

例としてペンタン C_5H_{12} をとれば，その誘電率は 30℃ 1 気圧で $\epsilon=1.82$ となっている．屈折率は $n=1.36$，すなわち，$n^2=1.85$ となっているので，Maxwell の関係式 (15.1) は——たぶん実験誤差内で——成り立っている．

p. 115
つまり赤外分極の影響はきわめて小さいはずである．次表は Danforth [*D 1*] の測定結果で，これによると Clausius-Mossotti の公式が良好な近似として成り立っていることがわかる．

圧　力	ϵ	$(\epsilon-1)/(\epsilon+2)$	$1/v$	$p=v(\epsilon-1)/(\epsilon+2)$
1 atm	1.82	0.216	0.613	0.356
12000 atm	2.33	0.308	0.907	0.339

この場合も $p/v \ll 1$ ((15.9) 参照) となっているので，(15.9) の第 0 近似だけで $\epsilon-1$ の $\dfrac{2}{3}$ 以上が説明されている．もっと正確に，(15.10) とくらべると，上の実験データを証明するためには，$\sigma \simeq -0.05$ ととるべきことがわかる．すなわち，次の近似——Clausius-Mossotti 公式に対して大切な最初の項——では (15.9) からの偏差は 5% にすぎない．

赤外分極が大きい値を示すような例として，Michels and Hamers [*M 2*] および Michels and Kleerekoper [*M 3*] による CO_2 の測定をながめてみよう．この分子は直線型で双極子能率をもっていない．従って誘電率の測定によれば $v(\epsilon-1)/(\epsilon+2)$ は 7.5 となるが，屈折率の測定からは $v(n^2-1)/(n^2+2)$ が 6.7 となる．つまり，この場合，静電的な分極のうちの約 10% は赤外分極に由来することになる．

双極性の固体では，その双極子が凍りつくような低温では，比較的大きい赤外分極の寄与があらわれる．このため，これらの物質は無極性の物質と同じようなふるまいを示す（ある範囲内で温度に無関係な誘電率をもつ）．例として，ケトンの場合について 17 節でもっと詳しく論じることにする．

16. 双極性の物質

<気体およびうすい溶液>

圧力があまり高くなければ，双極性の気体の静電誘電率は $\epsilon_s-1\ll 1$ を満足している．それ故，ϵ_s は (6.15) 式をみたすはずである．この式は (15.2) を使って次のように書くこともできる：

$$\epsilon_s-\epsilon_\infty=\frac{4\pi}{3}6.02\times 10^{23}\frac{d}{W}\frac{\mu_v^2}{kT}. \qquad (16.1)$$

p. 116
またここで数値を代入し，μ_v を Debye 単位（6節参照）で表わし，T を °K で表わすと：

$$\epsilon_s-\epsilon_\infty=1.83\times 10^4\frac{d}{W}\frac{\mu_v^2}{T}. \qquad (16.2)$$

6節で述べたように，この式は双極子間の相互作用が無視できるとの仮定をして導いたものである．このため，$(\epsilon_s-1)^2$ の程度の誤差が入ってくる．

このことは相互作用をも含めて求めた結果（すなわち (6.36)）とくらべると理解できる．

(16.1) または (16.2) を導出するときには相互作用について何の仮定も設けなかったから，気体の静電誘電率の温度変化を測定すれば，自由な分子の双極子能率 μ_0 の信頼すべき値が得られるはずである．例えば図22は CH_4, CH_3Cl, CH_2Cl_2, $CHCl_3$ および CCl_4 の誘電率の測定結果を $1/T$ に対してえがいたものである（Sänger [S 1] による）．

ϵ_s-1 の最大の値でも 10^{-2} の程度であるから，上の式は極めてよく成り立
p. 117
つはずである．期待されたように，実験の点は直線上にのり，密度の測定もなされていれば (16.1) または (16.2) を使って，この直線の勾配から双極子能率を求めることができる．

上記の結果は立体化学の分野からみてもまた興味のあることである．すなわち，メタン（CH_4）と四塩化炭素（CCl_4）の双極子能率がともに 0 となっているという事実は（なぜならば ϵ_s が T に無関係），四つの水素（または

16. 双極性の物質

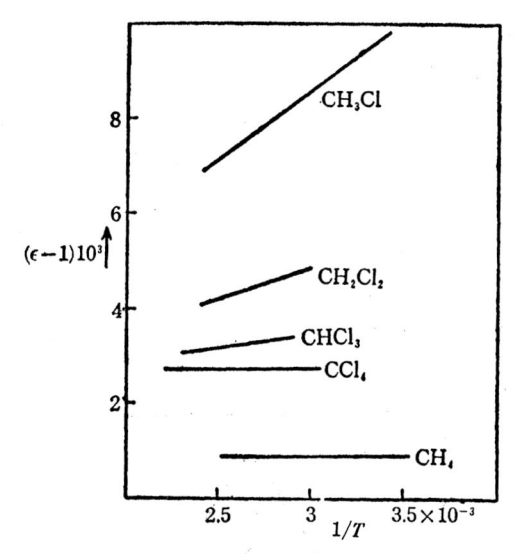

図22. 種々の気体の誘電率の温度変化, Sänger [S 1]

塩素）原子が炭素原子を中心とする正四面体の頂点に存在するような分子構造に都合のよい証拠となっている．

図22からは ϵ_∞ を決めることもできる．つまり直線を $1/T=0$ まで延長すればよい．このとき得られる値は光学的な屈折率 n の二乗より少しだけ大きくなっているはずである．しかし，15節ですでにのべたように，この差，つまり $\epsilon_\infty - n^2$ はたいていの分子に対して非常に小さい．気体の場合は現在の実験技術を使ったのでは，多分測定できないほど小さいものである．

誘電率の周波数変化，したがって誘電損失は，分子の吸収周波数以下の周波数ではほとんど認められないはずである．この吸収周波数は赤外領域に存在することが多いが，分子によっては吸収はもっと長波長の超短波の領域で始まる．このような気体では，この超短波領域で，13節で導出した法則による共鳴吸収がみられる．これに関連した実験は Jackson と Saxton [J 4] の書物に詳しく論じられている．本書では，Cleeton と Williams [C 2] につづいて Bleaney と Penrose [B 3] がセンチメートル領域（マイク

ロ波）で非常に詳しく測定したアンモニヤの吸収スペクトルの形について簡単に論じておくことにしたい．アンモニヤ NH_3 はピラミッド型の分子で，今問題としている吸収は3個の水素原子がつくる平面を窒素原子が貫ぬいて動く振動に関連している．図23に示すように，このスペクトルは 5 cm Hg 以下の圧力で分解される複雑な構造をもっている．一種類の緩和時間 τ だけが関与するという考え方が通用するかぎり．個々の吸収線の形は (13.11) 式で与えられるはずである．$1/\tau$ が気体の圧力に比例するという仮定のもとに，Bleaney と Penrose は 10 cm Hg の圧力での吸収スペクトルの形を，

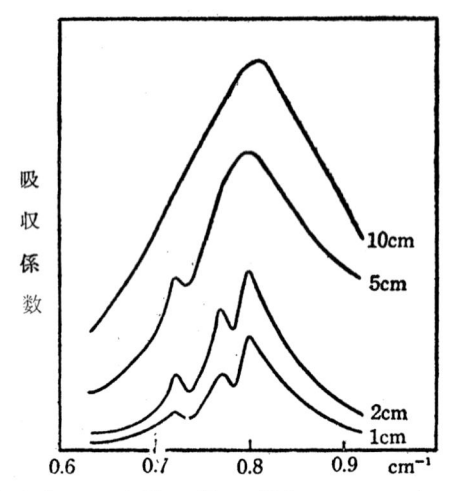

図23. 1, 2, 5, および 10 cm Hg の圧力でのアンモニヤの吸収スペクトル．Bleaney と Penrose [B 3] による．

p. 118
(13.11) の助けをかりて 0.5 mm Hg での測定のデータを使用することによって計算した．図24 はこの計算結果と測定された吸収との極めてよい一致を示している．60 cm Hg の圧力では，これと違って一致はあまりよくない．

さて次に，無極性物質に双極性分子を溶かした稀薄溶液に目を転じよう．溶液の濃度は充分小さくて，溶液中の双極子同志の相互作用は無視できるものと仮定する．この場合，(6.19) 式から静電誘電率 ϵ_s は気体の場合と同様

16. 双極性の物質

な式をみたすことになる．ただし，双極子能率としては有効双極子能率を使うべきで，後者は溶媒の性質および溶かし込んだ双極性分子の構造によって決まるものである．この有効双極子能率は屈折率 n をもつ球の中心に点双極子が存在するという模型でその分子を近似することができる場合にだけ簡単に計算することができる．この場合は (6.24) 式があてはまるはずである．一般に，溶媒の誘電率を ϵ_0 とし，単位体積当りの双極分子の数を N_0 として，

$$\epsilon_s - \epsilon_\infty = \frac{4\pi\mu_v^2 N_0}{3kT}\left(\frac{\epsilon_0+2}{3}\right)^2 (1-\gamma)^2 \tag{16.3}$$

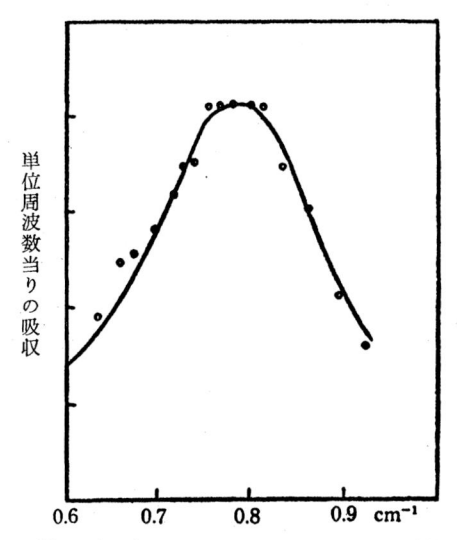

図24. 10 cm Hg でのアンモニヤの吸収スペクトルの計算値と実測値．Bleaney と Penrose [B 3] による．

p. 119
とおいてよいであろう．ここに，γ は球形分子以外の場合は不明である．球形分子の場合には，γ は (6.24) によって，次のように与えられる：

$$\gamma = \frac{2(\epsilon_0-1)(\epsilon_0-n^2)}{(2\epsilon_0+n^2)(\epsilon_0+2)}. \quad \text{（球形分子の場合）} \tag{16.4}$$

この式から，$|\gamma|$ は通常 1 よりもはるかに小さい数であるということになる

が，ϵ_0-n^2 という因子があるため，r は正にも負にもなるであろう．上のことから出る主な結論は，ϵ_s の温度依存性の実測値を使って計算されるものは，自由分子の双極子能率 μ_0 ではなくて，$\mu_0(1-r)$ という量だけであるということである．$\mu_0(1-r)$ は μ_0 と違うが，その差は通常わずかである．

気体と稀薄溶液との主な違いの一つは，溶媒の影響による違い以外に，交流電場におけるそのふるまいの相異である．双極性の分子と溶媒分子との相互作用のためにエネルギー損失が生じ，この損失の極大は大抵の温度では電波の振動数範囲に入る．このことによって，静電誘電率 ϵ_s を測定しなくても，$\epsilon_s-\epsilon_\infty$ という重要な量を別の方法で求めることができるわけである．
p. 120
というのは，もしも，誘電損失，従って複素誘電率 $\epsilon(\omega)$ の虚数部分 $\epsilon_2(\omega)$（2節参照）が周波数の関数として知れているならば，$\epsilon_s-\epsilon_\infty$ は(2.18)から求められるからである．その式は次のように書くこともできる：

$$\epsilon_s-\epsilon_\infty = \frac{2}{\pi}\int \epsilon_2(\omega)\,d(\log\omega). \qquad (16.5)$$

上式は $\epsilon_2(\omega)$ の特別な関数形に関係なく成立する．積分は $\epsilon_2(\omega)$ が無視出来ない値をもつ周波数の領域全体にわたって行なう必要がある．稀薄溶液の場合，ϵ_∞ は溶媒の誘電率 ϵ_0 にほぼ等しく，また $\epsilon_s-\epsilon_\infty$ は ϵ_0 にくらべて小さいから，$\epsilon_s-\epsilon_\infty$ は静電的誘電率の測定から求めるよりも今の方法で求めた方が，正確にその値が決められると期待される．静電誘電率の測定から $\epsilon_s-\epsilon_\infty$ を決めようとすれば，その値をかなり正確に求めるためには，ϵ_s の測定をきわめて高い精度で行わねばならないであろう．

稀薄溶液を調べると，個々の分子の双極子間の相互作用に関係のないふるまいを研究することができ，それによってえられた結果は，あまり稀薄でない溶液，もしくは純粋に双極性物質の性質を理解しようとする場合に，役立つであろう．完全な知識を得るためには誘電損失をいろいろの温度で，広範囲の周波数にわたって測定しなければならない．ふつう，吸収は Debye の公式 (10節) またはそれを一般化した公式 (12節) によって表わされる．吸収

16. 双極性の物質

測定をすれば Debye の式が成り立つかどうかがわかる．もし成り立てば，この測定から緩和時間の値が求められる．しかし，Debye の式が成り立たない場合には緩和時間の分布の幅をみつもることができる．なお温度をかえて測定すると，緩和時間の温度依存性または緩和時間の分布の巾と位置の温度依存性を知ることができる．しかし，完全にそろった測定は現在のところ見当らない．

測定の例として，Jackson と Powles [J3] の実験についてのべよう．彼等はある一定の温度 (19°C) でベンゼンおよびパラフィン中の双極分子の稀薄溶液について誘電損失の周波数依存性を測定した．図 25 にはベンゾフェ
p. 121
ノンの稀薄溶液 (1 gm/100 c.c., 19°C) の $\tan\phi$ (ϕ は損失角) の実験値を周波数に対してえがいてある．ベンゼンにとかした場合の測定値は Debye の公式によくあてはまっている．(10.17)，および (10.23) (10.22) によれば，Debye の公式は，(10.29) を使って，次のように書くことができる：損失角がその最大の値 ϕ_m を示すような角周波数 ω_m に対して

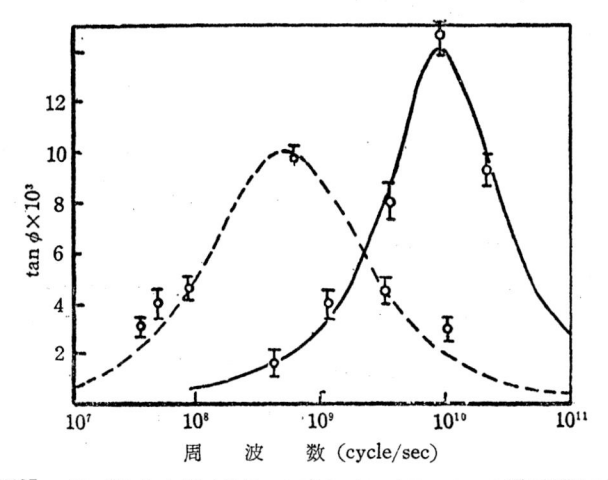

図25．ベンゼンおよびパラフィン中のベンゾフェノンの稀薄溶液の損失角．10^{10} サイクル附近に山のある曲線がベンゼンに溶かした場合に対応する．Jackson と Powles [J3] による測定値を示す．実線は Debye の曲線 ((16.6) または (16.8) で $\beta=1$ としたもの) を表わし，点線は (16.8) 式で $\beta=5$ とした曲線を表わす．

$$\tan\phi = \tan\phi_m \frac{2\omega/\omega_m}{1+(\omega/\omega_m)^2}, \tag{16.6}$$

ただし,

$$\tan\phi_m = \frac{1}{2}\frac{\epsilon_s-\epsilon_\infty}{\epsilon_s}, \quad \epsilon_s-\epsilon_\infty \ll 1. \tag{16.7}$$

この結果, (10.22) から, 緩和時間は $\tau=1/\omega_m$ で与えられることになる.

ベンゾフェノンをパラフィンに溶かした場合は, ベンゼンに溶かした場合とちがって, 吸収は幅が広くて Debye 曲線にのらない. 12節によって, このときは広い範囲にわたって分布した緩和時間を導入すれば説明することができる. もしも特に, 緩和時間の分布が分布関数 (12.13) にしたがって τ_0
p. 122
と τ_1 の間に分布するような模型を採用すれば, $\tan\phi(=\epsilon_2/\epsilon_1)$ は (12.16) あるいは (12.18) と (12.19) の $\epsilon_2(\omega)$ から, これを $\epsilon_1(\omega) \simeq \epsilon_s$ ((10.29) をみよ) で割ることによって計算することができる. そこでさらに (12.17) を使えば, 次式がえられる:

$$\tan\phi = \tan\phi_m \frac{\tan^{-1}(\omega\beta/\omega_m)-\tan^{-1}(\omega/\beta\omega_m)}{\tan^{-1}\beta-\tan^{-1}(1/\beta)}, \tag{16.8}$$

ここに

$$\tan\phi_m = \frac{1}{2}\frac{\epsilon_s-\epsilon_\infty}{\epsilon_s}\frac{\tan^{-1}\beta-\tan^{-1}(1/\beta)}{\log\beta}, \tag{16.9}$$

また

$$\beta = \sqrt{(\tau_1/\tau_0)} \geqslant 1. \tag{16.10}$$

$\beta=1$ に対しては, (16.8) 式および (16.9) 式は Debye の式 (16.6) および (16.7) と同じものである.

しかし $\beta>1$ に対しては, 曲線はよりひろがって平たくなる. 図25によれば, $\beta=5$ とした場合に, 曲線は実測とかなりよく一致することがわかる. このとき, 比較的大きなずれは, ω_m から遙かへだたった周波数 (そこでは $\tan\phi$ は小さい) でしか生じていない. このことは, 12節で (12.19) 式の次に述べたことから分るように, むしろ予期できることである. なんとなれば分布関数 (12.13) は緩和時間の位置と幅を表わすとみなされるけれども, その詳細な様子を表わしてはいないからである.

16. 双極性の物質

この量が緩和時間の分布の限界の τ_0 および τ_1, とどのように関係するかを調べてみることは興味があろう. (12.17) によれば,

$$1/\omega_m = \sqrt{(\tau_0\tau_1)} = \beta\tau_0 = \tau_1/\beta, \qquad (16.11)$$

したがって, 今の場合は

$$1/\omega_m = 5\tau_0 = \tau_1/5.$$

現在のところ, 他の温度での測定が行なわれていないので, 緩和時間の温度変化を使って緩和機構を論じることは不可能である. ポテンシャル障壁を双極子が飛びこえる振動数で緩和時間がきまるという模型 (11節参照) を仮定すれば, ポテンシャル障壁が H_0 から H_0+v_0 まで一様に分布する場合には ((12.7) 参照), β の値からこれらのポテンシャル障壁の高さの差の最大値 v_0 を求めることができる.

つまり (12.17) から, (16.10) を用いて次の関係がえられる:

$$v_0/kT = \log(\tau_1/\tau_0) = 2\log\beta. \qquad (16.12)$$

それ故, われわれの場合には $v_0/kT = \log 25 \simeq 3$ となる.

p. 123

τ_1/τ_0 という比の値の温度変化をしらべることは, τ_1 (または τ_0) それ自身の温度変化と同様に興味のある問題であろう. 種々の温度で Whiffen と Thompson [W2] が測定を行なったが, 残念なことに, 現在のところ, かなり限られた範囲の周波数でしか測定が行なわれていない. ヘプタンに溶か

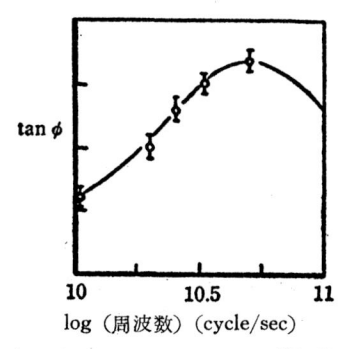

図26. ヘプタン中にとかしたクロロホルムの稀薄溶液の損失角を示す. Whiffen と Thompson [W 2] による. 曲線は Debye の公式 (16.6) を表わす.

したクロロホルムの誘電損失は図26に示すように Debye 型の曲線によく乗っている．しかし，図に示した周波数の範囲では tan φ がたかだか3倍程度の変化しか示していないことに注意してほしい．温度は $-70°C$ から $+80°C$ の範囲で変えられた．その結果，緩和時間の log は $1/T$ に比例することがわかった．図27 に示すように，他の物質を溶かした時にも同様な結果が

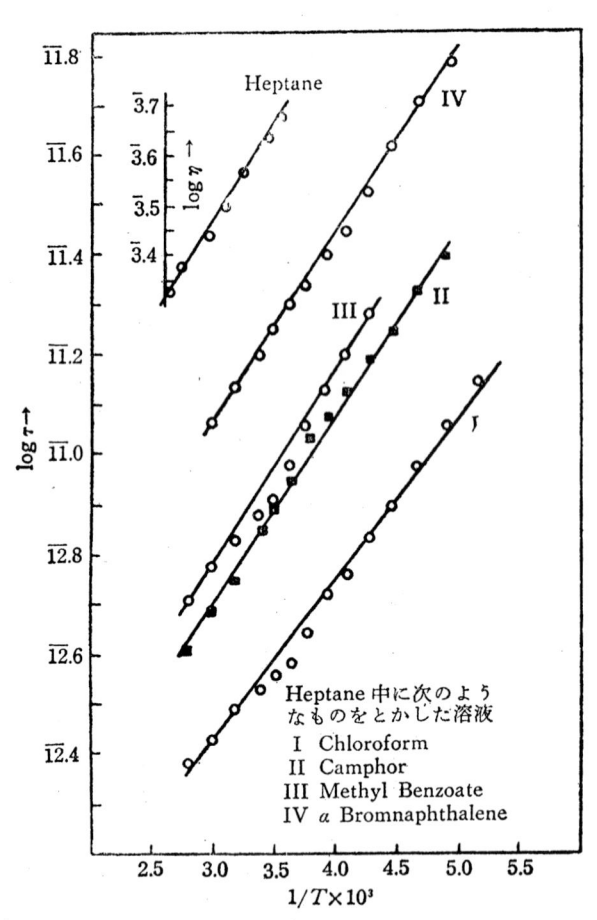

図27．ヘプタンを溶媒とする種々の溶液の緩和時間とヘプタン自身の粘性 η の温度変化を示す．Whiffen と Thompson [W2] による．

16. 双極性の物質

得られている. 11節でのべた Debye の模型によると, τ の温度変化は溶媒の粘性 η のそれとひとしくなければならないが, この点を調べるために, 図27 には $\log \eta$ の温度変化をも示してある. いま

$$\tau \propto e^{H_\tau/kT}, \quad \eta \propto e^{H_\eta/kT} \tag{16.13}$$

とおけば, (11.32) により, Debye の模型では $H_\tau = H_\eta$ となることが要求される. 実験値は次のようになっている:

	H_τ (Kcal)
α-ブロムナフタリン	1.8
安息香酸メチル (methyl benzoate)	1.8
樟　脳 (camphor)	1.7
クロロホルム	1.5

他方ヘプタンに対しては $H_\eta = 2.0$ で, この値は上に示したどの分子の H_τ よりも大きくなっている. このことは, 上に挙げた例では, たぶん Debye の模型が正確にあてはまらないということを示している.

稀薄溶液に対するすべての実験では, 誘電損失の測定から (16.5) 式の積分を行なうことによっても $\epsilon_s - \epsilon_\infty$ を求めることができる. 稀薄溶液の場合には次のことを記憶しておくべきである. すなわち, この場合には, $\epsilon_1(\omega)$ も ϵ_s もともに溶媒の誘電率 ϵ_0 にほぼ等しく, その結果 ((2.5) 参照), $\epsilon_2(\omega)$ を $\epsilon_0 \tan \phi$ でおきかえることができる. すると, $\epsilon_s - \epsilon_\infty$ の値から, γ を無視できる場合には (16.3) をつかって, 双極子能率 μ_0 が求められる. この方法は, 固体パラフィンワックン中に双極性の長鎖分子をとかした稀薄溶液の場合について, はじめて Sillars [S 6] が用いた. この場合, γ の表式 (16.4) があてはまらないのは確かであるが, それにしても, もしも溶質そのものの屈折率の二乗 n^2 が溶媒の誘電率にほぼ等しければ, γ はこの式が示すように極めて小さくなるはずである. 長鎖分子に対して, このことは非常によく満足されているはずである.

上に述べたような固溶体の研究は, 誘電損失の機構を解明する上に大いに興味があるから, 以下これについてくわしく論じよう. まず長鎖分子で構成

された物質の構造についての議論から話を始めよう．これらの構造の大部分は A. Muller [M 6] が研究したパラフィンの構造から誘導されるものである．結晶中では，パラフィン分子は平面ジグザグ型をとり，ジグザグの各"かど"には CH_2 基があり，両端には CH_3 基が存在する（図28参照）．となり同士の CH_2 基の間隔は大体 2A ($1A=10^{-8}$cm) であるが，鎖の軸方向への射影距離は約 1.25 A である．パラフィン結晶の中では鎖は層状に並んでおり，その厚さは鎖の長さにほぼ等しい．このような層の中で分子は a, b,

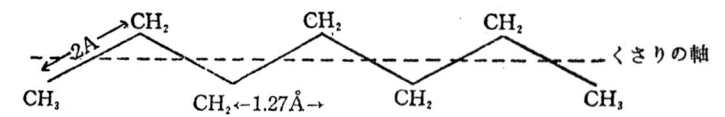

図28. パラフィン鎖状分子．示した距離は CH_2 基の X-線散乱中心についての値である（Muller [M 6] による）．これは C-C の距離と少しちがった値をもっている．

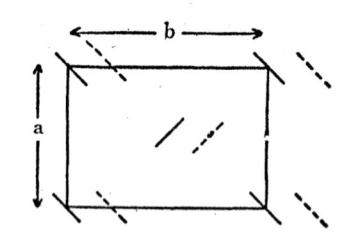

c を三辺の長さとする直方体をかたちづくっている．ただし $a \simeq 5A, b \simeq 7.5$ A, また c は鎖の軸の長さよりも少しだけ長く，その方向は鎖の軸と平行である．図29は，鎖の面（図28 の C-C-C 面）と鎖の軸に垂直な a-b 面との交わりの模様を示したものである．次々の層では，全体の配列が約 1 A だけ b-軸の方向にずれていることに注目することが大切である．このずれは29図では点線で示してある．

図29. パラフィン結晶を分子の鎖の軸に垂直にきったときの断面を表わす．Muller [M 6] による．矩形の中央および四つの頂点にえがいた短かい直線はパラフィン鎖状分子を鎖の端から眺めた模様を示している．点線はとなりの紙面に対してすぐ上または下にある層の鎖状分子の配列を示している．

16. 双極性の物質

すでに15節で説明したように，パラフィン分子は，双極子能率をもっていない．そこで，ある種の双極性の長い鎖状分子，たとえば，エステルまたはケトンがパラフィン結晶中に溶けこんだ場合を考えてみよう．この場合はパラフィン分子のうち若干のものが双極性の長い鎖状分子でおきかえられることになる．ふつう，この種の双極性の鎖状分子はパラフィン分子から誘導される場合が多い．たとえば，ケトン分子はパラフィン分子中の1個の CH_2 基を CO 基で置き換えて得られる． CO 基は双極子能率をもっており，その方向は鎖の軸に垂直で，その上たぶん鎖の面 (C-C-Cの面) 内にあると考えられている．さらに，ケトン分子の長さはパラフィン分子よりも短かく，したがって容易にパラフィン分子を置きかえるものであると仮定する．するとこの双極子については図30に示すように， 180°だけ異なった二つの方向が可能である．なぜならば，ケトン分子がパラフィン分子よりも短かいならば，ケ

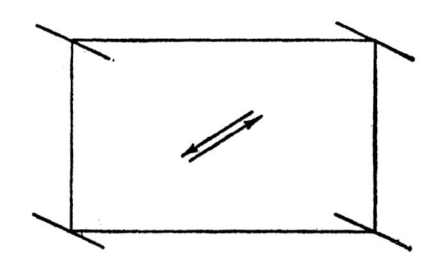

図30. パラフィンを，それより長さの短かいケトン分子でおきかえた場合の，二つのつりあいの位置を表わす．矢印はケトン分子の双極子の方向を示す．矩形の大きさは図29と同じである．

トン分子を 180°回転して，鎖の軸にそうて鎖の一要素分だけずらせても（図31参照），それはなお元の結晶構造にうまくはまりこむはずであるからである．つまり，うすい固溶体においては，このような双極性の分子は，双極子能率が逆向きになった二つのつりあいの位置をもつことになる．結晶構造からみて二つの位置は同等であるから，どちらの位置にあっても分子の位置エネルギーは等しいとみることができる．

一般に，分子は二つのつりあいの位置のどちらかを中心として振動するが，

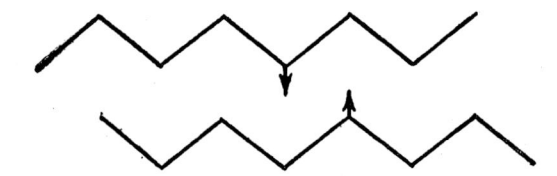

図31. ケトン分子を 180°回転して，鎖の一要素分だけずらした結果
を表わす．矢印は双極性の CO 基を示している．

時には熱的なゆらぎのために，逆向きのつりあいの位置へ向きをかえるのに
足りるエネルギーを獲得するであろう．それ故，このような物質は11節に論
じた双極性固体の高温モデルによってうまく表わすことができる．このモデ
ルでは，ポテンシャル障壁でへだてられた二つのつりあい位置があると考え，
この障壁をこえるのに必要な最少のエネルギーを H とした．このような物
質のエネルギー損失（誘電損失）は Debye の公式（例えば，(16.6)式およ
び 10節の式）で表わすことができ，また緩和時間は (11.3) 式（(11.8) も参
照せよ）で与えられる．

上に述べた型の稀薄溶液の誘電損失の測定は W. Jackson [$J1,2$], Sillars
[$S6$]，および Pelmore [$P2$] によって行なわれた．この人達は誘電損失の
曲線が正確にではないにしても，Debye の式とかなりよく一致することを
見出した．Debye の式からのわずかなずれは次の理由によるのであろう．
パラフィン分子よりも z 要素だけ短い双極性分子は，c-軸にそうて z 個の
可能な位置（双極子のとりうる二つの方向は別にして）を占めることができ
る．これらの位置でのエネルギーは正確に同じではなく，また，ポテンシャ
ル障壁を越えさせるために必要なエネルギー H も同じではないであろう．
この結果，緩和時間に分布ができることになる．Debye の公式 (10.22) に
よって緩和時間 τ を計算するときには，若干の誤差をともなうものである
ことに注意する必要がある（(16.11) 参照）．もっとも，τ の値そのものでな
く $\log \tau$ の温度による変化を考えるならば，その誤差は無視できよう．

これらの実験から得られる最も興味深い結果は緩和時間と双極性分子の鎖
の長さとの関係である．もしも分子が剛体とみなされ，そして，そのために

16. 双極性の物質

p. 128
鎖の要素がすべて同時に障壁をこさなければならないとするならば，長さ m の鎖の分子全体が障壁をこえるために必要な全エネルギー H_m は m に比例して増すはずである．従って，(11.3) によって

$$\log \tau = \text{constant} + H_m/T \qquad (16.14)$$

となるから，実験から得た $\log \tau$ を m に対して図示すれば直線がえられるはずである．事実はそうでない．実際には分子は剛体でなく，やわらかさをもっている．そしてこの点を考えにいれれば（文献 [F 5] を参照せよ），実験との一致は満足すべきものとなる．H_m の値がやわらかさのために受ける影響は，定性的には容易に論じることができる．まず鎖が剛体であるとしよう．すると鎖全部を同時にポテンシャルの山の上まで上げなければならない．鎖の中の1要素をポテンシャルの山の上にあげるのに必要なエネルギーを H_1 とすれば，全エネルギー H_m は，mH_1 に等しい．ただし m は鎖の中の炭素原子の数である．しかし，実際は鎖がやわらかさをもっているため，鎖全体は徐々にポテンシャルの山を越えることになり，このとき必要な全エネルギーは mH_1 より小さいであろう．他方，分子がねじれるためには，ある程度のエネルギーを必要とするが，鎖の両端を一定の角だけねじるために要するエネルギーは，鎖が長いほど小さい値になる．このように考えると，鎖が短かいときは $H_m \infty m$ となるが，長くなると H_m は鎖の長さに無関係な一定値に近づいていく．簡単な計算の結果 [F 5] によると，†

$$H_m = H_1 m_0 \tanh \frac{m}{\bar{m}} \qquad (16.15)$$

合となる．ここに，$\bar{m}$ は鎖の長短を表わす定数で，短かい場には $m < \bar{m}$ で分子はほとんどねじれないが，長い場合には $m > \bar{m}$ で，かなりのねじれが生じる．実験とくらべて，$H_1 \simeq 1/30$ e-volt, $\bar{m} = 26$ がえられているが，両者とも納得のいく大きさである．(16.14) から τ を求めるには，もう一つ定数が必要となる．それ故，τ を表わす式には，次の式に示すように実験から求められる三つの定数が含まれることになる：

---

† $\tanh x = (e^x - e^{-x})/(e^x + e^{-x})$ である．

140　第Ⅳ章　応　用　例

$$\log 2\pi\tau = -50.4 + \frac{13800}{T}\tanh\frac{m}{26}. \quad (16.16)$$

但し τ は秒で表わしてある．緩和時間 τ は二つのパラメーター，すなわち温度 T と鎖の長さ m とに関係する．しかし，この公式が成り立つのは，溶かしこんだ双極性の鎖状分子の m がパラフィンのそれよりも小さい場合だけである．図32に示すように，(16.16) から求めた結果は実験値とよく一致している．つまり tanh(m/26) を m/26 に対してえがき，それと四種類

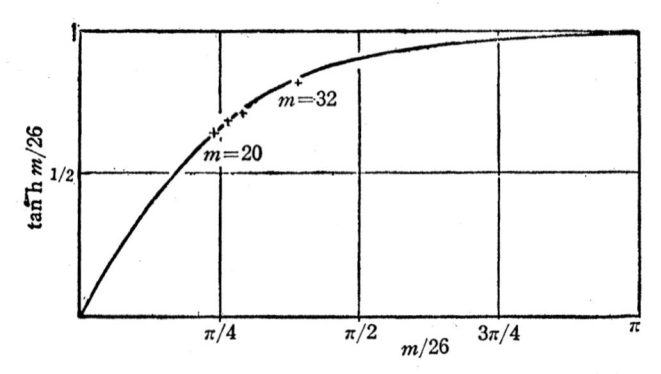

p. 129

図32．理論的に求めた緩和時間と鎖の長さの間の関係と実験値との比較．[F 5] による．

の異なる鎖の長さ ($m=20, 22, 24, 32$) に対する ($\log 2\pi\tau + 50.4$) $T/13800$ の実験値とを比較してある．(16.16) 式にあらわれる定数のうち，二つは $m=20$ および $m=22$ の場合の実験値から決定し，第三の定数は $m=20$ の場合の温度変化から決定した．すると $m=24$ と 32 の場合には調節の可能な定数は残っていないが，この二つの点が曲線によくのっていることからみて，(16.16) 式は緩和時間と鎖の長さとの関係を正しく表わしている．

(16.14) 式の右辺の定数は (16.16) によれば -50.4 となるが，この数値から (11.3) 式の定数 A ((11.8) も参照せよ) の大きさの程度をみつもることができると思われるかもしれない．つまり，振動数として $\omega_a/2\pi \sim 10^{12}$ をとれば $\log A \sim -25$ となる．しかし，実験的に τ の絶対的な値をきめる際に入りこむ不確定さから考えて，この値にはあまり意味をもたせることはで

16. 双極性の物質

きない．なんとなれば，上にのべたように，誘電損失曲線が真の Debye 曲線から外れる場合には，τ を Debye の場合のように (10.22) から決めるというわけにいかないので，その決定の際にある不確定さが入るからである．
p. 130
このために，A の値は，これに鈍感な H_m に比してはるかに大きい影響をうける．

今まで述べてきた例では，すべて双極性分子の濃度が小さくて，双極子間の相互作用が無視できるという仮定をした．故に，この仮定が成り立つ範囲では，$\epsilon_s - \epsilon_\infty$ の誘電損失も濃度に比例して増加するはずである．さらに濃度が増すと，双極子間の相互作用の影響が表われはじめ，そのために $\epsilon_s - \epsilon_\infty$ の (16.3) からのずれを研究することは大いに理論的興味の対象になる．特に，このようなずれが，Onsager の公式 (6.38) によって，どの程度に，またどの程度の濃度範囲にわたって説明されるかを調べてみることは興味のあることである．特にそれが面白いのは，考える温度範囲に対して，純粋な状態では Onsager の公式が成り立たないような溶質の場合である．Onsager の公式では双極子間の遠距離的な力を考えにいれてはいるが，近距離力を無視していることを思い起してほしい（8節）．このため，濃度が増すにつれて，次の三つの段階が考えられる；(i) すべての相互作用が無視でき，$(\epsilon_s - \epsilon_\infty)$ は (16.3) で与えられる；(ii) 双極子間の遠距離的な相互作用を考えにいれる必要はあるが，近距離力は依然として無視でき，Onsager の公式の (6.38) がなりたつ：(iii) 近距離力まで考えにいれる必要があり，このときは Kirkwood の公式 (8.14) が成り立つ．

誘電損失対周波数の曲線の形が，濃度によってどのように変化するかをしらべることは非常に重要なことであろう．濃度が増すにつれて，双極子間の相互作用のために，Debye 曲線からの外れはたぶん増すであろう．しかしこの問題に対する理論的研究はまだ行なわれていない．

---

† もちろん，ϵ_s の濃度による変化を測定した例はある．しかし，このような測定は，$\epsilon_s - \epsilon_\infty$ が誘電損失の測定から (16.5) によって最も正確に求められるような極めて低濃度の範囲まではのびていない．

17. 双極性の固体および液体

＜概　観＞

7節および8節で述べたことによると，双極性の固体や液体の誘電的性質を簡単に表現するような公式は存在しないことになる．しかし定性的には，このような物質の大方は非常によく似た性質を示す．非常に温度の低い場合，固体の双極子はすべて凍りついている．そして，その固体が永久分極をもたないかぎり，双極子は誘電率に寄与しない．であるから，このような温度範囲（$T \to 0$）では，誘電率 ϵ_s は温度に殆んど関係せず，またその大きさは，より高い温度のときに双極子がもはや分極に関係しなくなるような高い周波数に対する誘電率 $\epsilon_\infty(T)$ の大きさにほぼ等しいはずである．もちろん，これは両方の温度範囲でその物質の体積が変化しない場合にだけ成り立つことであり，また，分子の方向を一つのつり合いの位置から他のつり合いの位置へ変えても高周波に対する誘電率が変化しないという仮定を前提としている．そこで，次の式が成り立つことになる：

$$\epsilon_s(0) \simeq \epsilon_\infty(T) = n^2 + \Delta\epsilon. \quad \text{（体積一定）} \quad (17.1)$$

上式で，ϵ_∞ は光学的屈折率 n の二乗（15節参照）と，原子または双極子の弾性的な変位による項 $\Delta\epsilon$ との和であらわされている．これに対応する分極は14節で赤外分極と呼んだものである．15節で指摘したように，この型の分極は，非双極性物質では無視できる程小さいことが多い．双極性の物質では $\Delta\epsilon$ は普通小さくしてもなおかなりの大きさをもっている．これは主として双極子のつりあいの方向が電場のために移動することに由来している．双極子がつりあいの位置を中心として回転振動を行なう場合の振動数は，普通は遠赤外領域に対応するが，大きな分子ではそれがセンチメートル波の領域になるという証拠がある（文献 [F9] 参照）．つまり，このような物質では超高周波で共鳴吸収（13節）がみられることになる．Szigeti [S11] はこのような吸収を示すと期待される物質について議論し，また Huby [H3] はさらに吸収の周波数依存性について理論的に詳しく研究し，(13.11)式を一般化

17. 双極性の固体および液体

した式を得た．これに関連して述べておきたい事実は，Girard と Abadie [G 3] の発見によると，長鎖ノルマル液体アルコールはセンチメートル波領域でも吸収を示し，さらに長い波長のところで Debye 吸収を示すということである．Magat [M 1] はこの吸収が共鳴吸収の一例であるという考えを提出した．この解釈の当否をはっきりさせるには，さらに実験をする必要があるだろう．

このあたりで，より高温かつ低周波の領域へ目を転じてみよう．この領域では双極子の配向が重要な役割を演じる．8節で述べたように，温度が上昇するにつれて，より多数の双極子が他の釣合いの方向へ向きを変えるようになる．つまり (8.17) からあきらかなように，静電誘電率は最初

$$\epsilon_s - \epsilon_\infty \propto e^{-V(0)/kT} \tag{17.2}$$

の関係に従って温度と共に増加する．ただし，$V(0)$ は8節で説明したエネルギー定数である．さらに温度が高くなると ϵ_s の増加の割合はますます大きくなり，このことは固体が秩序-無秩序転移を起す温度 T_c まで続く．これ以上の温度 ($T > T_c$) では誘電率 ϵ_s は温度が上昇するとともに減少する．秩序-無秩序転移は固体状態で起るもので，その二三の例を図33および図34に示しておく．この場合，通常 ϵ_s は融解点であまり変化しない．他の物

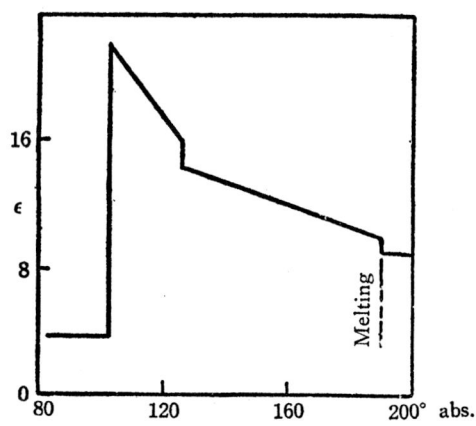

図33. 固体硫化水素の誘電率の温度変化．Smyth と Hitchcock [S 9] による．103°K 附近で秩序-無秩序転移がみられる．これ以外の温度では転移や融解による影響はあまりみられない．

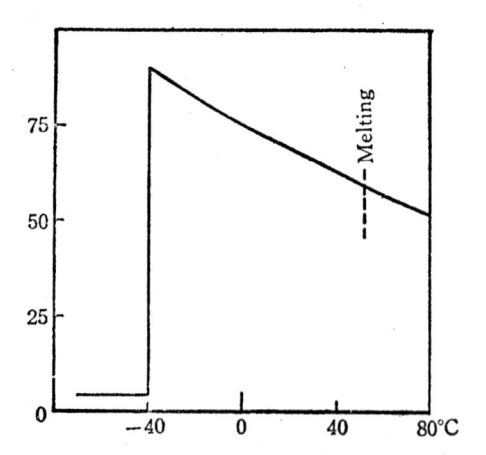

図34. 固体エチレンシアナイドの誘電率の温度変化. White と Morgan [W4] による. $-40°C$ 附近で秩序無秩序転移がみられる. 融点で不連続性はみられない.

質では，秩序-無秩序転移が完了する前に融解がおきる．このような場合，ϵ_s は融点から減少しはじめる．

3節でエントロピーについて論じた際に示したように，$\partial \epsilon_s/\partial T$ が正であることは，電場をかけたときに秩序度が減少することを意味しており，反対に $\partial \epsilon_s/\partial T$ が負であることは，電場をかけることによって秩序度が増すことを意味している．それ故，双極子の方向が完全に無秩序な物質では $\partial \epsilon_s/\partial T$ は負でなければならないし，また双極子の方向が完全に秩序的であれば $\partial \epsilon_s/\partial T$ は正でなければならない．つまり，純粋に熱力学的な理由から次のことが結論できる．$\partial \epsilon_s/\partial T$ の値が正から負に変るときには，それは双極子の向きの秩序の変化がおきていることを意味している．このような転移の多数の例が Smyth [S7] の最近の論文にレビューされている．

双極子が方向を変えることによる誘電損失は，$T>T_c$ でも $T<T_c$ でもおきると期待される（図 35 a および b は $T<T_c$ の場合の例を示している）．T_c のごく近くを除けば，$T<T_c$ の場合の誘電損失は $T>T_c$ の場合よりもはるかに小さいであろう．なんとなれば，前者の場合には $\epsilon_s-\epsilon_\infty$ がはるかに小さい値をとるからである．それ故，任意の温度において，遠赤外または

17. 双極性の固体および液体

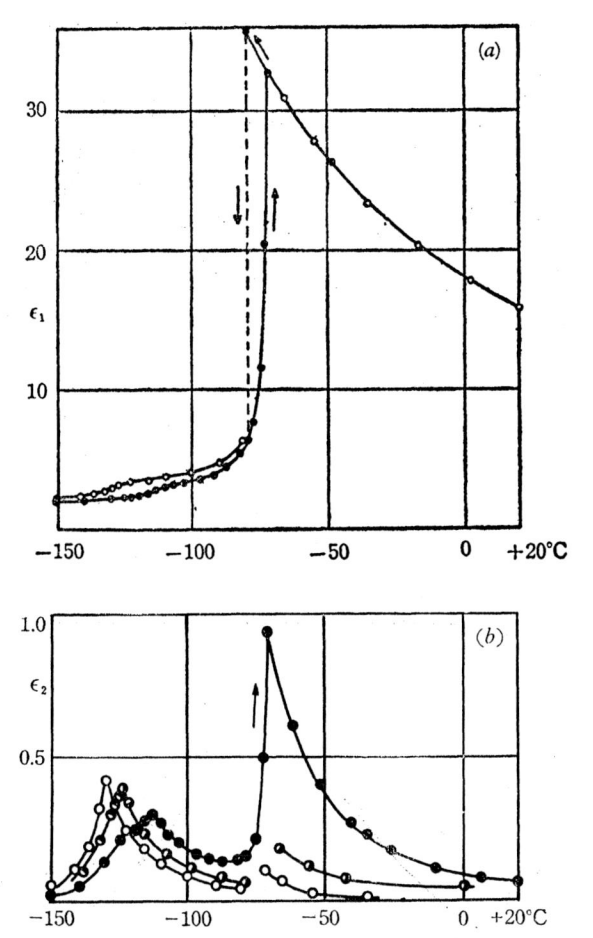

図35. (a)はヂイソプロピル ケトンの誘電率 ϵ_1, (b)はその誘電損失 $\infty\,\epsilon_2$. Schallamach [S4] による. —○— は 1.2 Mc./s., —◐— は 4.4 Mc./s., —●— は 20 Mc./s. での測定を示す. $-73°C$ で融解し, それより低温では転移点は存在しない.

超高周波領域にある共鳴吸収による誘電損失と, もっと波長の長い領域での Debye 型の誘電損失 (そのとき緩和時間が分布していることが必要) とが期待できる (図36参照). 後者に対しては, 現在のところ, 誘電損失対周波数
p. 135
の曲線の形について満足すべき理論的取扱いは存在しない. そのわけは, 稀

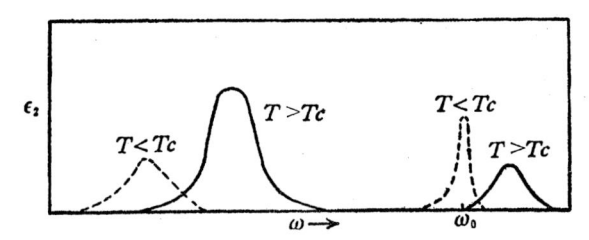

図36. 誘電損失の周波数による変化を略図で示す．転移点 T_c より高温の場合を実線，低温の場合を点線で示す．$\omega_0/2\pi$ は最低の共鳴周波数を示す．普通この周波数は遠赤外または超高周波の領城にある．

薄溶液の場合にくらべて，相互作用の影響のとり入れ方に困離があるためである．当然予期できる筈であるが，この相互作用のため Debye 曲線の巾は，緩和時間が連続的に分布する場合と同じように，広がってくる（図37の例を参照せよ）．　p. 136　この場合の巾は無定形物質では結晶体におけるよりも広い筈で

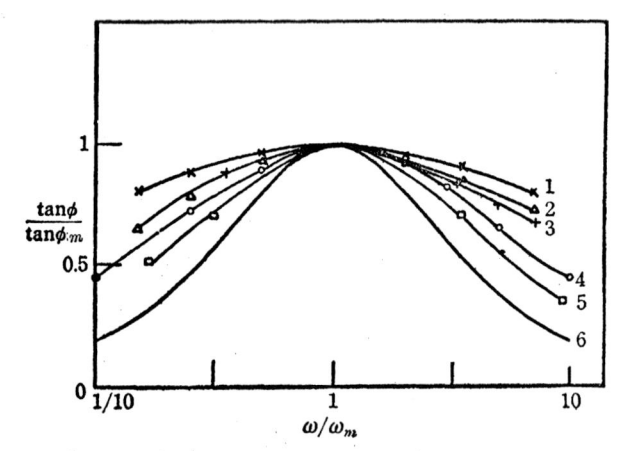

図37. 種々の物質の損失角の周波数による変化．Hartshorn, Megson and Rushton [$H\,1$] による．(1)石炭酸樹脂．(2)ベンジル・アルコール樹脂．(3)ゴム-硫黄化合物(Scott, McPherson, and Curtis, $S\,5$). (4)パラフィンろう中のパルミチン酸セチル (Sillars, $S\,7$). (5)塩素化ヂフェニル (Jackson, $J\,2$). (6)は Debye 曲線を示す；図14とくらべると，(1)—(5)の曲線は τ_1/τ_0 なるパラメーターを適当にえらべば (12.19) 式で表わせることがわかる．

17. 双極性の固体および液体

ある．それ故，同じ温度でいろいろな秩序状態にある物質を調べることは興味がある．たとえばいろいろちがった温度から急冷して得られる無定形物質や，同じ温度で，ある場合には過冷却された液体として存在し，他の場合には結晶として存在するような物質などがその例である．

<$\epsilon_s - T$ 曲線の解析>

誘電体の構造に関する知識が全然なくても，我々の一般論の助けをかりて，実験的な $\epsilon_s - T$ 曲線からその物質中の双極子のふるまいについて興味のある結論をひき出すことができる．すなわち，光学的屈折率 n が(7.39)の成りたつ範囲で知れている場合には (15節参照)，その式から次に示すような量を得ることができる：

$$\frac{4\pi}{3}\frac{N_0}{k}\overline{\mathbf{mm}^*} = (\epsilon_s - n^2)\frac{2\epsilon_s + n^2}{3\epsilon_s}T. \tag{17.3}$$

n が知れていない場合には，赤外領域からの寄与 $\Delta\epsilon = \epsilon_\infty - n^2$ が通常 n^2 に比べて小さい（ただし，イオン結晶の場合を除く）という事実を使って n^2 を ϵ_∞ でおきかえ，また (17.1) によってこれを $\epsilon_s(0)$ でおきかえる．そこで，(17.3) の右辺を

$$B(T) = \frac{4\pi}{3}\frac{N_0}{k}\overline{\mathbf{mm}^*} \tag{17.4}$$

と表わせば，近似的に次の式が得られる：

$$B(T) \simeq \left\{\epsilon_s(T) - \epsilon_s(0)\right\}\frac{2\epsilon_s(T) + \epsilon_s(0)}{3\epsilon_s(T)}T. \tag{17.5}$$

この (17.5) の $B(T)$ と正確な値との差は

$$T\Delta\epsilon\frac{\epsilon_s(T) + 2\epsilon_s(0) - \Delta\epsilon}{3\epsilon_s} \tag{17.6}$$

であって，この量の大きさは $T\Delta\epsilon$ の程度である．(17.5) の近似式を使えば，静電誘電率 ϵ_s をいろいろの温度で測定して得た値から $B(T)$ を求めることができる．理論的には，(17.4) によって $B(T)$ は $\overline{\mathbf{mm}^*}$ に比例する．従って，Onsager の公式が成り立つ場合，つまり分子の双極子能率を

一定とみなすことができ，且つ，双極子同志でお互いの方向を牽制し合うような近距離力が存在しない場合には，(17.5) の右辺は温度に無関係に一定となる（ただし (17.6) による小さな補正をするとき）． $T \to \infty$ に対しては相互
p. 137
作用はすべて無視することができ，双極子の方向は全くでたらめとなるので，温度が下るとともに $B(T)$ がふえるような場合には双極子が平行になろうとする傾向が増加することを意味する．また温度が下るとともに $B(T)$ が減る場合には，双極子が反平行になろうとする．このような配向は非双極的な近距離力に由来するものであるということをここで再び注意しておく（7節及び8節）．遠距離的な双極子間力からも双極子配向のある傾向が出る．しかし等方的な物質では，双極子間のすべての角度や距離について平均すれば，この（遠距離力による）配向は消し合ってしまう．球の中にふくまれている単位（分子）のうちの一つが能率 $\mathbf{m}$ をもつときの球の平均の能率は $\mathbf{m}^*$ であるから，双極子相互作用しか存在しないならば，このため $\mathbf{m}^* = \mathbf{m}$ となる．つまり $\overline{\mathbf{mm}^*}$ の値は $\mathbf{m}$ が一定ならば温度に無関係となる．

個々の単位の能率 $\mathbf{m}$ が一定であるという仮定をしない場合でも，上に述べたと同じような結論が $B(T)$ の温度存依性から得られる．もしも温度が下るとともに $B(T)$ が減少するならば，そのことは隣同志の単位（分子または単位胞）の双極子が互いに反平行になろうとする傾向がふえることを意味するか，もしくは個々の単位の双極子能率が小さくなることを意味する．$B(T)$ が増加すれば逆になる．図38 (i) および (ii) はこの解析の例を示している．以下では，よく知られた物質の場合に一般論がどのように使われるかを説明しよう．

〈水 [K4, O2, K6]〉

水はうたがいもなく最も重要な誘電体の一つであって，その誘電率を正確に計算することができるのは，Kirkwood [K 4] の公式 (8.5)，(8.14) の大きな成功であるといわなければならない．この公式は一般に双極性の液体に対してあてはまるものである．水の分子は1個の負イオン O^{--} に2個の正イオン H^+ がついてできており，H^+ イオンと O^{--} イオンの中心を結ぶ

17. 双極性の固体および液体

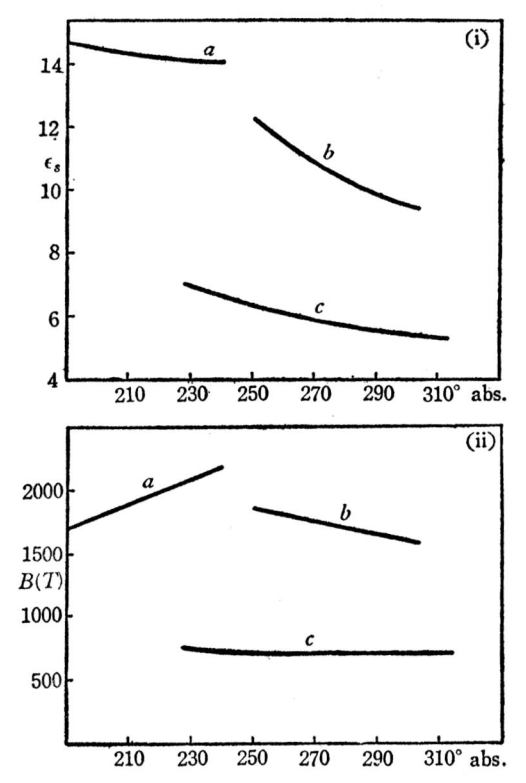

図38. $\epsilon_s - T$ 曲線の解析の例. (i) は $\epsilon_s(T)$ を示し, (ii) は $\epsilon_s(T)$ から (17.5) 式によって求めた $B(T)$ の温度依存性を示す. (a) ヂクロルプロパン $(CH_3)_2CCl_2$, 固体, $\epsilon_s(0)=2.23$ を使用, (b) 第三級塩化ブチル $(CH_3)_3CCl$, 液体, $\epsilon_s(0)=2.45$ を使用, (c) ペンタメチル クロルベンゼン $(CH_3)_5Cl$, 固体, $\epsilon_s(0)=2.8$ を使用. (a), (b) は Turgewich と Smyth [T2] の測定, (c) は White, Biggs, と Morgan [W3] の測定による.

温度が下ったとき,双極子の配向は (a) では反平行, (b) では平行になる傾向が増加する. (c) はでたらめな配向を示し, Onsager の公式が成り立つことになる.

二つの直線のなす角は $105°$ であると考えられている. これは H_2O 蒸気の赤外吸収から結論されることである. H_2O 分子の双極子能率は, H-O-H
p. 138
の結合角を二等分する(つまり $52°\,30'$ に分ける)方向を向いたベクトルである. 液体の状態では,それぞれの分子の位置は隣りの分子の位置と強い相

関をもち，X線研究の示すところによれば，最隣接分子の平均数は4に極めて近いことがわかっている．また，液体を X 線で調べた結果によれば，一つの分子の最隣接分子は，ある型の結晶構造に似てかなりよく秩序的に並んでいる．しかし固体の場合とちがって，この秩序は遠い分子に対するほどだんだんに失われていく．水では，Bernal と Fowler [B 2] のモデルによると，与えられた分子の四つの最隣接分子はその分子を中心としてほぼ正四面体を形成している．隣り合った分子間の結合は化学者によって水素結合と呼ばれているが，これは一つの分子の O–H 結合に沿うて相手の分子の酸素イオンへ向いていると考えられている．ある分子とそのまわりの四つの最隣接分子の配列の略図を示しておく（図39）．この図で水素結合は点線で示してある．

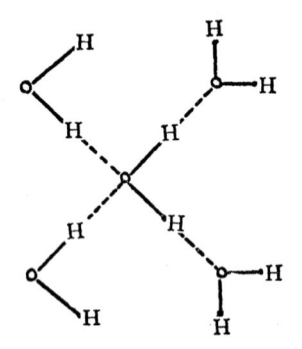

図39．一つの H_2O 分子とそのまわりの四つの隣接分子を示す（略図）．
実線は普通の化学結合を示し，点線は水素結合を示している．

以下の考察を簡単にするため，結合角は 105° でなく $2\cos^{-1}(1/\sqrt{3}) \simeq$ 109° であると仮定する．こうしても最後の結果には殆んど影響しない．このように仮定すると，与えられた分子のまわりの四つの分子が形成する四面体を，その分子を中心とする正四面体とみなすことができる．分子の配列とその双極子を簡単に画くには，一つの立方体を考えてその中心に H_2O 分子をおき四つの頂点が正四面体を形成すると考えることから始めればよい（図40）．中心から出ている四つのボンド，すなわち二つの −O−H⋯O< と二つの

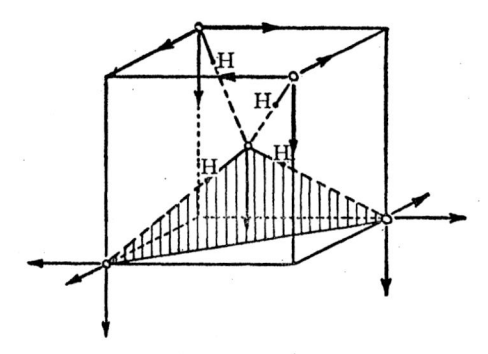

17. 双極性の固体および液体   151

図40. H₂O 分子とまわりの四つの隣接分子を表わす．点線は水素結合を示す．立方体の隅の矢印は，中心分子の双極子方向を固定したとき，隣接分子の双極子のもつ可能な方向を示している．

>O⋯H–O– は，中心とその四つの頂点を結ぶ直線にそうておく．分子の双極子は，その立方体の面に垂直な6つの方向のうちのどの方向にも向くことができる．しかし，いったん中心の双極子の方向を固定してしまえば，隣接した双極子の各々の向き得る方向は三つだけになる：つまり図からわかるように，–O–H⋯O< のボンドで結びつけられている二つの分子については，その双極子の向きは立方体の外へ向いている方向が可能になり，残りの二つの分子については内向きの方向が可能になる．残る 3 つの方向は –O–H⋯H–O– の形のボンドを要求することになるので除かなければならない．なお，もっと遠くの隣接分子との相関は考える必要がないと仮定すると，最隣接分子が三つの可能な方向を向く確率はすべて等しくなる．従って，となり合った双極子の間の角を γ とすると，$\cos\gamma$ の平均値 $\overline{\cos\gamma}$ は

$$\overline{\cos\gamma} = \frac{1}{3} \tag{17.7}$$

となる．なぜならば，二つの位置では双極子は互いに垂直で ($\cos\gamma=0$)，残りの一つの位置では互いに平行 ($\cos\gamma=1$) となるからである．またこれと別に，次のような仮定をしても同じ結果がえられる．すなわち，中心の分子とO⋯H–O ボンドでつながる隣接分子をとり（左の O が中心分子の O，右の O が隣接分子の O），このボンドをこわさないようにしながら，このボンド

の周りに隣接分子の他方の O-H ボンドを自由に回転させる（図41参照）．このとき，この隣接分子の O…H-O 方向の平均能率は $\bar{\mu}=\mu/\sqrt{3}$ となる．ただし μ_i は一分子の双極子能率である．したがって中心の固定された双極子の方向の能率成分は $\bar{\mu}/\sqrt{3}=\mu_i/3$ となる．故にこの場合にも (17.7) が成り立つ．

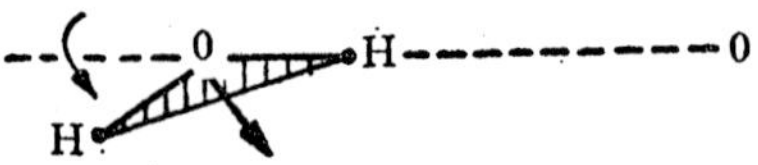

図41. O-H…O 結合に相対的な双極子の方向，直線の矢印は分子の双極子能率を表わし，曲った矢印は水平な OH を固定して分子を回転することを意味する．

(17.7) の $\overline{\cos\gamma}$ の値を (8.14) に代入する場合に，隣接分子の数として $z=4$ を用いると

$$1+z\overline{\cos\gamma}=1+4/3=7/3$$

となり，

$$\epsilon_s-n^2=\frac{3\epsilon_s}{2\epsilon_s+n^2}\left(\frac{n^2+2}{3}\right)^2\frac{4\pi}{3}\frac{\mu_v^2 N_0}{kT}\frac{7}{3} \qquad (17.8)$$

が得られる．ここで $n=1.33$，つまり $n^2 \ll \epsilon_s$ であることに注意すると，

$$3\epsilon_s/(2\epsilon_s+n^2)\simeq 3/2$$

となるから，

$$\epsilon_s\simeq\frac{14\pi}{3}\left(\frac{n^2+2}{3}\right)^2\frac{\mu_v^2 N_0}{kT}. \qquad (17.9)$$

p. 141
そこで次の数値を使うことにする：アボガドロ数$=6\times 10^{23}$，密度$=1$，分子量$=18$，$k=1.4\times 10^{-16}$，$\mu_v=1.9\times 10^{-18}$，$n^2=1.77$．さらに (15.2) 式を使うと

$$\epsilon_s\simeq\frac{19000}{T}, \quad \text{つまり} \quad T=300°\text{K} \text{ のとき} \quad \epsilon_s\simeq 63 \qquad (17.10)$$

となる．これは実験値78と比較してかなりよい値である．

80°C，(353°K) では ϵ_s の実験値は 60 で，計算値は 53 となる．これ

17. 双極性の固体および液体

は，実験から定まる温度依存性も (17.10) によって与えられる $1/T$ の法則によく一致することを示している．

上述の近似の当否を判断するに際して，記憶すべきことは，各分子とその隣接分子に対して仮定した剛体構造※は，隣り合う分子間の相関の近似的な像を与えるだけであるということである．X線による研究 [$M4$] からは，隣接分子の平均は4より少し大きいという結果が得られているが，ϵ_s の実験値の方が少し大きいのはこのためであろう．また隣り合った双極子の相対的な配向が水素結合によって制限されると仮定したが，この制限は温度が上るにつれて時々破れるだろう．このことは誘電率を減少させ，そして (17.10) 式で与られる温度依存性よりも強い温度依存性があることを説明する．

以上によると，Kirkwood の公式は全体として水の静電誘電率を満足に説明するように思われる．

水の誘電的な性質の周波数依存性についての十分な理論的研究は現在までのところ行なわれていない．このためには，Kirkwood の公式を拡張して時間とともに変化する電場の場合にもあてはまるような公式を求めることが必要であろう．Collie, Hasted と Ritson [$C3$] や，Saxton と Lane [$S2$] による実験結果からは，ごく簡単な性質がうかがわれる．つまり，Debye 公式 (10.15 – 10.17) が満足されており，さらに緩和時間 τ は Debye の関係式 (11.30) によって粘性係数 η と関係づけられるように見える．これは τ と η/T とが同じ温度依存性をもつこと，すなわち，τ が η/T の一次関数でなければならないことを意味する．図42はこの関係が水のみでなく重水についても成り立つことを示している．

p.142

<ケトン [$F8$]>

長鎖物質の例として固体ケトンを取りあげ，十分低温で実現される最低エネルギー状態におけるその構造を議論することからはじめよう．ケトン分子はパラフィン分子の1個（または数個）の CH_2 を1個（または数個）の

※ 各酸素とその周囲の4つの酸素が剛体の正四面体をつくり，この正四面体内の4つの水素は O–O 上にあるという仮定．

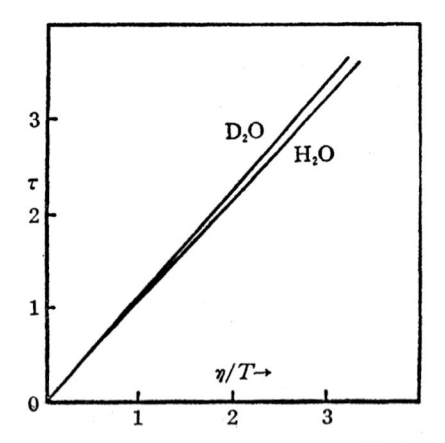

図42. 水および重水について，緩和時間 τ と η/T（η＝粘性係数）との関係を示す．Collie, Hasted と Ritson [C3] による．

CO 基で置換したものである．固体の場合，ケトン分子は 16 節の図 28 に示したような平面ジグザグ状をしている．双極子は鎖の面内にあり，鎖の軸に垂直に向いている．最も簡単な場合，結晶構造は Muller [M6] が研究したパラフィンの構造と同様である．分子の鎖は層状に並び，その層の厚さはほぼ鎖の長さに等しい．このような層の中では，分子は直方体を形成し，その辺の長さは

$$a \simeq 5 \times 10^{-8} \text{cm}, \quad b \simeq 7.5 \times 10^{-8} \text{cm}$$

であり，また c は鎖の長さより少し大きい．このような層の双極子はすべて一つの平面（双極子面）上にあり，その配列は図43に示したようになっている．それ故これらの双極子面は b 方向に分極されており，結晶全体の模様を調べる上に，相ついで存在する双極子面の分極の相対的な方向を知ることが極めて重要である．そこでまずパラフィンにおける相つづく層の位置を考えてみる．Muller によると，鎖の中の炭素原子の数が偶数か奇数かによって，二つの場合を区別して考えなければならない．図44はこれら二つの場合について二つの相つづく層の位置を表わしている．さてここで，各々の分子に，その端から測ってそれぞれ c_1 と c_2 の距離（c_1+c_2 は鎖の長さ）のところ

17. 双極性の固体および液体

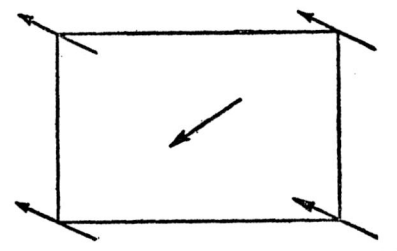

図43. 基底状態における双極子面の双極子の方向を示す．

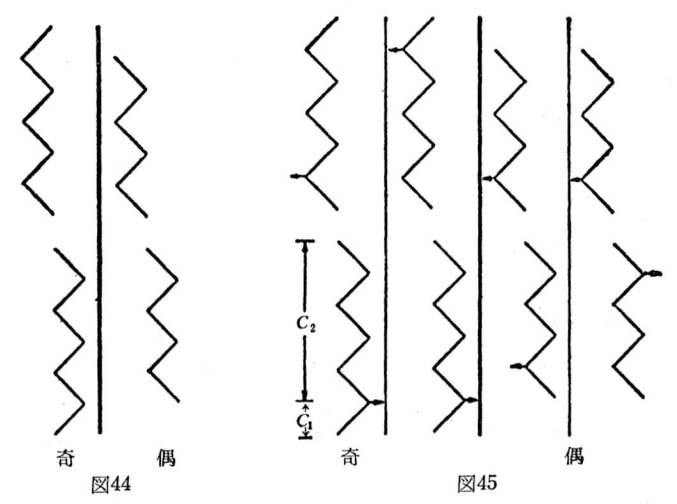

奇　偶　　　　奇　　　　偶
図44　　　　　図45

図44. 隣りあう2つの層のパラフィン分子の鎖の位置を示す(略図)．
図45. 奇-ケトンおよび偶-ケトンの基底状態における双極子の2つの可能な位置を示す(略図)．

に1つの双極子を置いてみよう．すると，偶数および奇数の鎖の場合，ともに二つの可能性が存在することになる．鎖の間の間隙を除けば，相つづく双極子面の間の距離は (a) c_1+c_2 となるか，(b) 交互に $2c_1$ および $2c_2$ となるかである．図45によれば，奇数の鎖については (a) でも (b) でも相つづく双極子面の分極の方向は逆になる．しかし偶数の鎖については (b) の場合だけが逆になり，(a) の場合は相つづく層は同じ方向の分極をもつ．後者の場合には結晶中のすべての双極子がほぼ平行になるため，結晶全体は強く分極されるが，他の場合には相つづく層の分極は互いに相殺する．

パラフィンでは（双極子能率がないから）(a)でも(b)でも同じである。それ故，(a)と(b)に対する（ケトン場合の）エネルギーの違いは双極子の寄与する分だけになる。

　双極子間の相互作用は，同一の層に属する双極子の相互作用と，異なる層に属する双極子間の相互作用との和である。隣り合った双極子層の間隔は同一層内の隣接双極子間の距離に比べて大きいから，双極子面は連続的に分極された面によって近似することができる。すると，一つの双極子面と他のすべての双極子面との相互作用は，後者が試料の表面に作る表面電荷と前者との相互作用に等しくなる。試料が十分大きい場合には，この相互作用のエネルギーは，それと同じ大きさで同じ全電気能率をもつ連続的に分極された試料の自己エネルギーと大体等しい。附録 (A 2. iii) によると，このエネルギーは正であるが，その大きさは試料の形に関係する。つまり自発的に分極した構造のエネルギーは他の構造のエネルギーよりも高い。それ故，磁気の場合の強磁性物質に相当するような，永久的に分極した結晶が自然に発生するということは期待し得ない。他方，もしも仮りに偶-ケトンでそのような構造が得られたならば，多分その状態は大変長い時間持続するであろう。何故ならば，分極のない状態へ戻るには，いくつかの双極子面の鎖がその軸方向を逆転さすことが必要であるが，このようなことは固体の状態では容易には起らないからである。永久分極がある構造は 偶-ケトンを 強い電場のもとで固化することによって得られるはずである。このとき必要な電場の強さは試料の形に依存する。最も都合がよいのは，針状の試料をその軸が電場に平行になるように向けた場合である。この場合は自己エネルギーが最少となるからである。

　ここで永久分極を起していないケトンの誘電的性質を考えることにしよう。低温では，電場の影響はただ双極子のつりあいの方向を少し変えるだけである。ただし，電子の変位は別に考える。このような低い温度でケトンの静電誘電率を同じ長さの鎖をもつパラフィンのそれと比較することによって，Muller [M7] は双極子の回転からの寄与が

17. 双極性の固体および液体

$$\Delta\epsilon \simeq 0.1 \qquad (17.11)$$

の程度であることを見出した．

この値を使えば，双極子の回転振動の周波数 $\omega_0/2\pi$ を見積ることができる．電場 $\mathbf{E}$ と双極子 μ のつりあいの方向の間の角を θ としよう．すると双極子には $\mu E \sin\theta$ の大きさの偶力が働く．慣性能率を I，また電場の方向へ双極子が回転する平均の角度を ϕ とすれば，双極子を元へもどそうとする偶力は $I\omega_0^2\phi$ となる．したがって

$$\phi = \frac{\mu E \sin\theta}{I\omega_0^2}. \qquad (17.12)$$

電場が弱ければ $\phi \ll 1$．故に，誘起された双極子の電場の方向への射影は $\mu\phi\sin\theta$ となる．μ と $\mathbf{E}$ の間のすべての方向について平均をとると，つまり $\sin^2\theta$ を $2/3$ でおきかえると，単位体積当り誘起されたモーメントは

$$M_E = \frac{2}{3} \frac{\mu^2 E N_0}{I\omega_0^2} \qquad (17.13)$$

となる．ただし，N_0 は単位体積当りの双極子の数である．結局，誘電率への寄与は，(1.9) を使って，

$$\Delta\epsilon = \frac{8\pi}{3} \frac{\mu^2 N_0}{I\omega_0^2}. \qquad (17.14)$$

p. 146 Muller の実験で使用されたケトンでは $N_0 \simeq 2\times 10^{21}/\text{c.c.}$，$\mu \simeq 2.5\times 10^{-18}$ e.s.u. であった．I を求めるために，まず炭素原子は最初の位置にとどまっており，酸素原子が移動しうると仮定しよう．そうすると $A = 16\times 2\times 10^{-24}$ グラムを酸素原子の質量とし，$r \simeq 10^{-8}$ cm とすれば $I = Ar^2$ となる．従って，(17.11) と (17.14) を使って，共鳴波長 λ_0 は次の程度になる：

$$\lambda_0 = \frac{2\pi c}{\omega_0} = \frac{2\pi c}{\mu}\left(\frac{3I\Delta\epsilon}{8\pi N_0}\right)^{\frac{1}{2}} \simeq 10^{-2} \text{ cm}. \qquad (17.15)$$

以上と違って，鎖が剛体として振動すると仮定すれば，I には鎖の長さ（〜20）の程度の倍数をかけておくべきで，このため λ_0 は約 $\sqrt{20}$ 倍になる．それ故，共鳴波長は大体 1/10 cm と 1/100 cm との間にあることが期待さ

れる．このためセンチメートル領域に吸収が測定されるはずになる．

　16節で示したことであるが (図30参照)，ケトンをそれよりも鎖の長いパラフィンの結晶中にうすく溶かしたものでは，各ケトン分子に対して双極子の向きが逆でエネルギーがほぼ，等しいような二つのつりあい位置がある．純粋なケトンの結晶においても，鎖の面を鎖の軸のまわりに180°回転することによってもう一つのつりあいの位置が得られると考えられる．しかしこの新しいつりあいの位置はもとのものよりも高いエネルギーをもっている筈である．エネルギーが高くなるのは双極子間の相互作用が変るためでもあり，また非双極的な相互作用のためでもある．双極子間の相互作用は主として同じ双極子面上に存在する双極子間のものに限られる．従って，ケトン結晶の強い異方性から考えて，この相互作用の計算は二次元の問題に帰着できる．このような場合は，最隣接双極子間の相互作用だけをとれば，それが全相互作用の良い近似となっている．その上，非双極的な相互作用もまた最隣接分子間に限られるから，結晶が分極されていない状態を問題にする限り，遠距離的な相互作用を考慮する必要はない．　以上の考察から，反対方向へ向きを変える双極子の数は温度の上昇とともに増加することになり，その結果, 8 節および本節のはじめの部分で議論したような秩序-無秩序転移が起る．それ故，誘電率は図10に示すように温度とともに上昇し，この上昇は転移温度
p. 147
に到達するまでつづく．しかし，実際には，Muller の実験が示すところによれば，転移温度に到達する以前に結晶は融解してしまう．†このような事情が生じる可能性は我々の前の議論で当面したことである．

　しかし，ここで考えたような型の転移を Ubbelohde [U 1] はパラフィンの定圧比熱 c_p の測定において見出している．異なったつりあいの位置へ分子が回転するために，c_p に秩序-無秩序転移に特有な Δc_p だけの寄与が生じる．このため転移温度の近くで c_p が急に増加し，そして転移温度を超えると突然減少する．図46が示すように，Δc_p はかなりの正確さで正常比熱

---

† 　しかしこのような転移が最近 Dr. Vera Daniel (*Nature*, 1949) によってパラフィン-ケトン固溶体で見出された（追記）．

17. 双極性の固体および液体

から分離することができる. 転移にはエントロピーの変化 ΔS を伴い, それはよく知られた熱力学的関係

$$\Delta S = \int \frac{\Delta c_p}{T} dT \qquad (17.16)$$

で与られる. ただし積分はすべての温度にわたって行なう. いま ΔS を分

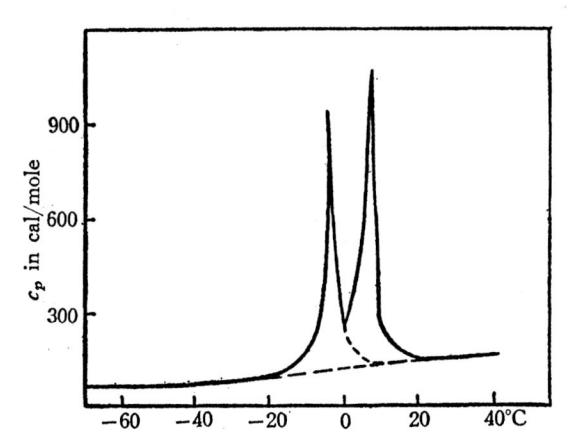

図46. パラフィン ($m=15$) の比熱 c_p の温度変化. Ubbelohde [U 1] による. $-3°C$ 附近の転移とそれより高温度でおこる融解を示す. '正常比熱'の延長曲線も示してある.

子1個当りのエントロピーの増加量とすると, 無秩序状態では秩序状態の1個の位置に対応して $e^{\Delta S/k}$ 個の位置が存在する. この位置の数は2であるから,

$$\Delta S = k \log 2. \qquad (17.17)$$

しかし実際は ΔS の実験値は $3k \simeq k \log 20$ となっている. つまり, 転移温度以上で鎖のとり得る位置は2個よりも遙かに多数存在することになる. これは, 鎖がねじれるためと考えられる [$F6$]. 前にケトンのうすい固溶体の緩和時間を論じたときに示した鎖のやわらかさ (16節) からみると, このことは予期してよいことである.

Muller [$M8$] は転移温度の近くで鎖がねじれていることの証拠をほかに

も得た．彼は二つのケトン基，すなわち二つの等しい双極子を含むケトンの誘電率を，二つの異なる場合について測定した：(i) 二つのケトン基の間の鎖の要素数が奇数の場合，(ii) それが偶数の場合．(i) の場合には，ケトン基の双極子は鎖がねじれていないかぎり反平行であるから，全双極子モーメントが消えるが，それに反して (ii) の場合には平行になっている．それにもかかわらず，(ii) の場合の誘電率は融点の下で (i) の場合と同じような増加を示す（図47 参照）．このことは融点附近で鎖のねじれが起る場合にのみ可能

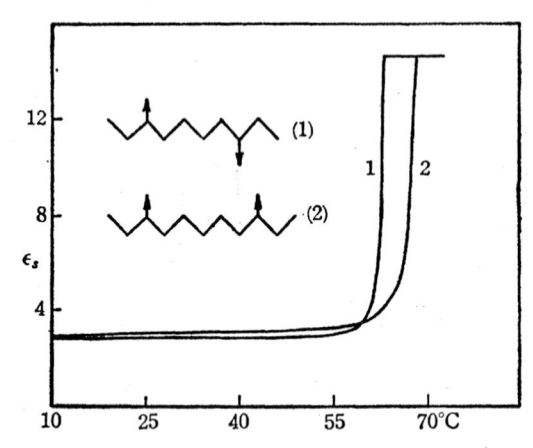

図47．二つのジケトン $C_{10}H_{18}O_2$ (1) および $C_{11}H_{20}O_2$ (2) の誘電率の温度変化．Muller [$M8$] による．ねじれていない状態の分子鎖をジグザグで表わす．矢印は双極性のケトン基の方向を示している．

である．なぜなら，もしそうでないとすると，(i) の場合ケトンは無極性の分子のようにふるまうわけで，その誘電率は温度に無関係となるからである．

p. 149
18. イオン結晶

イオン結晶とは，各格子点がイオンで占められているような結晶である．例えば岩塩 NaCl のようなアルカリ・ハライドがその例であり，これは Na^+ イオンと Cl^- イオンが作る二つの面心立方格子が組み合わされてできる単純立方格子を形成している．普通には負イオンは正イオンよりも遙かに大き

18. イオン結晶

く，負イオンの負の電荷はとなりの正イオンの領域に重なっていることが多い．そのために，イオンの電荷は $\pm e$ の整数倍であるとみなすことができるとはかぎらない．しかし，アルカリ・ハライドの場合には，Born [B 4] の格子理論の成功からみて，正負イオンの電荷はよく分離されていると考えてよい．何故ならば，Born の理論では結晶の結合エネルギーやその他の性質が，イオン間の相互作用が次の三つから成立っているという仮定基づいて計算されているからである：(i) 電荷 $\pm e$ のイオン間の引力，(ii) 最隣接イオン間の反撥力，(iii) van der Waals の力に由来する補正項．

イオン結晶の分極は，光学領域でも赤外領域でも，全く電荷の弾性的変位に起因している．14節で示したように，光学的分極は原子核に対する電子の相対変位によるもので，それに対応する共鳴周波数は可視領域または紫外領域にある．赤外分極は核の変位に関係したもので，通常これには核に相対的な電子の変位が伴う．他の物質では赤外分極はあまり重要でないのに反して，イオン結晶ではこれが本質的な役割を演じている．それ故，今までよりもっとくわしく赤外分極を考慮する必要がある．最も一般的な分極（均一なものでなくてもよい）は波長が格子間隔の程度から無限大にわたる平面分極波の重ね合わせと考えることができる．波長が無限大の波は均一な分極に対応している．分極波の周波数は紫外線および赤外線電磁波に相当する二つの主な領域に分れる．しかし，この二つの領域での波長は格子間隔の程度から無限大にまで及んでいる．試料の寸法よりも波長の小さい分極波は，縦波と横波とに分けることができる．ただし，結晶は電気的に等方的であるとする．波長が $2\pi/k$，振動数が $\omega/2\pi$ で，$\mathbf{k}$ 方向に進行する平面波に対しては

$$\mathbf{P} \propto e^{i\mathbf{k}\mathbf{r}-i\omega t}, \quad \mathbf{E} \propto e^{i\mathbf{k}\mathbf{r}-i\omega t}, \quad \mathbf{D}=\mathbf{E}+4\pi\mathbf{P} \propto e^{i\mathbf{k}\mathbf{r}-i\omega t} \qquad (18.1)$$

である．ここに，$\mathbf{D}$ と $\mathbf{E}$ はそれぞれ分極波による電気変位と電場の強さである．もしも，磁場をも分極波に関係づけて考えるならば，(18.1)を使ってMaxwell の式からよく知られた公式 $k=n\omega/c$ ($n=$屈折率) が得られる．それ故，このような波数をもった分極波を除き，つまり電磁波の存在を除くならば，そのとき磁場および磁気変位は消えなくてはならない．さらに自由電

荷と伝導電流が存在しないと仮定すれば $\rho=0, j=0, B=0$ となり，従って Maxwell の式によって (A 1.1 および A 1.3 を参照)，分極波に対しては

$$\text{div}\,\mathbf{D}=0, \quad \text{curl}\,\mathbf{E}=0 \qquad (18.2)$$

となる．これはまた，$\mathbf{D}=\mathbf{E}+4\pi\mathbf{P}$ と (18.1) を使うと次のようになる:

$$\text{div}\,\mathbf{E}=-4\pi\,\text{div}\,\mathbf{P}=-4\pi i\,\mathbf{k}\mathbf{P}. \qquad (18.3)$$

このことから三つのベクトル $\mathbf{E}$, $\mathbf{P}$, および $\mathbf{D}$ は平行となる．縦波の場合は $\mathbf{k}$ は $\mathbf{P}$ あるいは $\mathbf{D}$ に平行であるから，

$$\text{div}\,\mathbf{D}=i\,\mathbf{k}\mathbf{D}=0$$

という関係から $\mathbf{D}=0$ ということが要求される．しかし横波の場合には，$\mathbf{k}$ は $\mathbf{D}$ または $\mathbf{P}$ に垂直であるから (18.3) によって $\text{div}\,\mathbf{E}=0$ となり，この結果と (18.2) の第二の条件を合わせると，$\mathbf{E}=0$ という結果になる．すなわち次の結果をえる:

縦波の場合　　$\mathbf{D}=0$, すなわち $\mathbf{E}=-4\pi\mathbf{P}$;　　(18.4)

横波の場合　　$\mathbf{E}=0$, すなわち $\mathbf{D}=4\pi\mathbf{P}$.　　(18.5)

そこで，球状の試料を考え，その半径は結晶の格子間距離に比べて大きいが，しかし $c/\nu\epsilon_s^{\frac{1}{2}}$* にくらべて小さいとする．ただし，$\nu$ は加えた電場の周波数である．実際的にいえば，われわれは球の均一——あるいはほぼ均一な——分極を問題にしていることになる．この場合には，縦波と横波との区別は存在しない．あとですぐ示すように，球の中のこのような長い波長の分極波の振動数は，試料の大きさに比べて短い波長の分極波の振動数とは違ったものである．均一な分極の場合には，$\mathbf{P}_o$ および $\mathbf{P}_{ir}$ をそれぞれ任意の瞬間における光学および赤外分極とすれば (14節参照)，全分極は

$$\mathbf{P}=\mathbf{P}_o+\mathbf{P}_{ir} \qquad (18.6)$$

で与えられる．

14節で示したように，光学分極 $\mathbf{P}_o$ はすべて原子核に対する電子の相対的

---

* c は真空中の光速度，$c/\epsilon_s^{\frac{1}{2}}$ は媒質中の光速度 (ただし磁気波を無視したとき)，従って $c/\nu\epsilon_s^{\frac{1}{2}}$ は媒質中の電波の波長．

18. イオン結晶

な変位から生じる（電子分極）．しかし赤外分極は，一部はイオン全体の変位（イオンは剛体的であると考える；原子分極）によって生じ，他の部分はイオンの位置が変化することに直接伴なう電子の変位から生じている．イオンの運動によって'誘起'されたこの電子変位が消えるのは例外的な場合だけである．それ故，電子変位は二つ存在し，それ等は互いに重なりあっている．しかしながら，第二の部分はイオンの位置が変化するために生じると考えられるものであるから，それは本質的には赤外領域の現象であって，'原子'分極と一緒になって P_{ir} を生じると考えるべきである．それ故，二つの分極 P_o と P_{ir} は互いに独立と考えることができる，いい換えると，互いに相手を乱しあうことなく一次的に重なり合う．† もしも全分極を他の方法で成分に分けたとすれば—例えば'原子'分極と'電子'分極の成分にわける—これらの成分は互いに独立とみなすことはできない．原子変位はある程度の電子変位を伴なうのが普通であるからである．

さて，外部の源から生じる均一な静電場 E_0 の中に，球をおいたとしよう．すると，つりあいの状態では，(A 2.16) によって球の内部の電場は

$$\mathbf{E} = \frac{3\mathbf{E}_0}{\epsilon_s + 2} \quad \text{(静電場の場合)} \tag{18.7}$$

となる．従って，(1.9) を使えば次の式が得られる：

$$\mathbf{P} = \frac{3}{4\pi} \frac{\epsilon_s - 1}{\epsilon_s + 2} \mathbf{E}_0. \quad \text{(静電場の場合)} \tag{18.8}$$

もしも外電場 E_0 が静電場でなく，赤外共鳴周波数に比べて大きく光学的共鳴周波数に比べて小さいような周波数をもっているならば，光学的分極だけが励起され，誘電率は $\epsilon = n^2$ となる．従って，(18.8) に対応して次の式が得られる：

$$\mathbf{P}_o = \frac{3}{4\pi} \frac{n^2 - 1}{n^2 + 2} \mathbf{E}_0. \tag{18.9}$$

この式は光学的共鳴帯内の周波数に比べて小さいすべての周波数に対して成

---

† 一次的に重ねあわすことのできる振動は基準振動である．

り立つ．赤外共鳴周波数に比べて小さい周波数もこれに含まれるが，しかしその場合には，$\epsilon = n^2$ はもはや正しくない．

そこで，α, α_o および α_r をそれぞれ球の全分極率，光学的分極率および赤外分極率としよう．球の体積を V とすれば，14節の定義によって，

$$\mathbf{P} = \frac{\alpha}{V}\mathbf{E}_0, \quad \mathbf{P}_o = \frac{\alpha_o}{V}\mathbf{E}_0, \quad \mathbf{P}_{ir} = \frac{\alpha_{ir}}{V}\mathbf{E}_0 \quad \text{(静電的な場合)} \quad (18.10)$$

が静電場の中のつりあいの分極に対して成り立つ．従って，球の半径を a_m とすれば $V = 4\pi a_m^3/3$ となるから，(18.9)，(18.8)，および (18.6) を用いて次式が得られる：

$$\frac{\alpha_{ir}}{a_m^3} = \frac{\epsilon_s - 1}{\epsilon_s + 2} - \frac{n^2 - 1}{n^2 + 2} = \frac{3(\epsilon_s - n^2)}{(\epsilon_s + 2)(n^2 + 2)}. \quad (18.11)$$

次に，球の均一な分極（すなわち無限大波長の分極波）による振動を考えてみよう．物質はこの型の分極に対してただ一つの赤外周波数をもつとし，外場が存在しないときのその周波数を $\omega_s/2\pi$ と記そう．振動を調和的であると仮定すると，外場がない場合には，P_{ir} は $\ddot{P}_{ir} + \omega_s^2 P_{ir} = 0$ をみたさねばならない．定数因子を別にすれば，この式の第一項はイオンの運動量の変化の割合を表わし，第二項は符号を除いては復元力を表わす．外部電場 E_0 があり，それが時間とともに変るような場合には，上式の右辺はこの電場が及ぼす力でおきかえなければならない（定数因子を別にして）．すなわち，これは E_0 に比例し，比例の係数は周波数に無関係となるはずである．それ故この係数は，静電的な場合，すなわち $\ddot{P}_{ir} = 0$ であって，(18.10) の最後の方程式がみたされるような場合を考察することによって決めることができる．このようにして，結局次の式が得られる：

$$\frac{1}{\omega_s^2}\ddot{\mathbf{P}}_{ir} + \mathbf{P}_{ir} = \frac{3}{4\pi}\frac{\alpha_{ir}}{a_m^3}\mathbf{E}_0. \quad (18.12)$$

さて，ここで，波の波長に比べて大きい試料中の分極波の研究にもどろう．この場合に赤外周波数を計算するために，この試料の中に球形領域を考え，その半径 a_m は波長に比べて小さく，格子間隔に比べて大きいとしよ

18. イオン結晶

う．このような球の内部の分極は，ほぼ均一であり，上に導いた方程式が適用される．特に (18.12) の方程式は，右辺の E_0 を球の周囲の分極によって作られた球の内部の電場を表わすものとすれば，この場合に成り立つ．これは E_0 が分極波と同じ周期をもつ周期関数であることを意味する．また E_0 は P_{ir} に比例すると期待される（下の方程式 (18.15) 参照）．さて，球の内部ではこのような電場 E_0 は光学的分極 P_o (E_0 に比例する) を誘起し，この P_o は (18.9) から計算することができる．また (18.12) で計算される赤外分極をも誘起する．それ故，(18.12) の与える P_{ir} が，前に外電場のかかっていない孤立小球の内部で生じると考えたときのものと同じであると仮定すると，今の場合にはそれに E_0 によって生ずる光学的分極が重ね合わせられることになるであろう．ただし E_0 は，その小球を考えている試料内の一領域にすぎないとしたとき，球の外の試料の部分によってつくられる電場である．従って，大きい（波長にくらべて大きい）試料では，赤外分極波は $P_{ir}+P_o$ と結びつけられている．このことは，小さい（波長にくらべて小さい）球の場合に，分極波が分極 P_{ir} とだけ結びつけられていること（これは P_{ir} の定義であった）と違っている．いい換えると，大きい試料内の赤外分極波による分極 $P_{ir}+P_o$ は原子的および電子的分極から合成されており，小さい球におけるものとちがったものになっている．[†] 次に，この合成が縦波と横波とで異なっていること，またこれら二つの型の波では周波数も異なっていることを示そう．

外電場 E_0 は全分極 P に比例すると考えてよいだろう．そこで

$$E_0 = q\frac{4\pi}{3}P = q\frac{4\pi}{3}(P_o + P_{ir}) \qquad (18.13)$$

とおく．定数 q は後に定める．(18.13) を (18.9) に入れて P_o について解くと，次の結果がえられる：

$$P_o = \frac{q(n^2-1)}{n^2+2-q(n^2-1)} P_{ir}. \qquad (18.14)$$

[†] P_{ir} は球の基準振動ではあったが，大きい試料中の波の基準振動とはなっていない．

これを再び (18.13) に入れると，

$$\frac{3}{4\pi}\mathbf{E}_0 = q\,\mathbf{P}_{tr}\left(1+\frac{q(n^2-1)}{n^2+2-q(n^2-1)}\right) = q\,\mathbf{P}_{tr}\frac{n^2+2}{n^2+2-q(n^2-1)} \tag{18.15}$$

となる．従って，(18.11) および (18.15) を使って，(18.12) は次のようになる：

$$\frac{1}{\omega_s^2}\ddot{\mathbf{P}}_{tr} + \mathbf{P}_{tr} = \frac{\epsilon_s-n^2}{\epsilon_s+2}\frac{3q}{n^2+2-q(n^2-1)}\mathbf{P}_{tr}. \tag{18.16}$$

書きかえればこの式は

$$\frac{1}{\omega^2}\ddot{\mathbf{P}}_{tr} + \mathbf{P}_{tr} = 0 \tag{18.17}$$

となり，これは次の式で与えられる角周波数 ω の振動を与える：

$$\frac{\omega^2}{\omega_s^2} = 1 - \frac{\epsilon_s-n^2}{\epsilon_s+2}\frac{3q}{n^2+2-q(n^2-1)}. \tag{18.18}$$

q を定めるには，球の内部の巨視的な電場 $\mathbf{E}$ が球外の部分に由来する $\mathbf{E}_0$ と，球の自己場 $\mathbf{E}_s$ とから成り立つことに注意する．(A 2.21) によれば $\mathbf{E}_s$ は $-4\pi\mathbf{P}/3$ に等しいから

$$\mathbf{E} = \mathbf{E}_0 - \frac{4\pi}{3}\mathbf{P} \tag{18.19}$$

となるが，(18.4) 及び (18.5) の $\mathbf{E}$ を用いると次のような結果を得る：

$$\mathbf{E}_0 = \mathbf{E} + \frac{4\pi}{3}\mathbf{P} = \begin{cases}\dfrac{4\pi}{3}\mathbf{P}, & \text{（横波のとき）} \\ \dfrac{-8\pi}{3}\mathbf{P}. & \text{（縦波のとき）}\end{cases} \tag{18.20}$$

p. 155
上式を (18.13) と比べると q は次のようになる：

$$q = \begin{cases}1, & \text{（横波のとき）} \\ -2. & \text{（縦波のとき）}\end{cases} \tag{18.21}$$

縦波および横波の角周波数をそれぞれ ω_l および ω_t とすれば，(18.21) を

18. イオン結晶

(18.18) に入れて次の結果がえらる：

$$\frac{\omega_t^2}{\omega_s^2} = \frac{n^2+2}{\epsilon_s+2}, \qquad \frac{\omega_l^2}{\omega_s^2} = \frac{\epsilon_s}{n^2}\frac{n^2+2}{\epsilon_s+2}. \tag{18.22}$$

故に，縦波と横波の周波数の比は次のようになる（文献 $F\,11$, $L\,4$, $L\,5$, $K\,2$ を参照せよ）：

$$\frac{\omega_l}{\omega_t} = \left(\frac{\epsilon_s}{n^2}\right)^{\frac{1}{2}}. \tag{18.23}$$

つまり，縦分極波の周波数は横分極波のそれよりも大きく，また波長よりも小さい半径の球に対しては，その中の分極波の周波数は両者の中間の値をとることになる．その上，(18.21) を (18.14) に入れると，誘起された光学的分極の符号が縦波と横波とで逆になっていることがわかる．最後に，これらの結論は波長が格子間隔に比べて長い場合にだけ成り立つものであるということを再び強調しておく．

さて次に進んで，静電誘電率を赤外周波数から計算することを考えてみよう．ここで再び，球が（時間的に）一定の外電場 E_0 によって均一に分極されたとし，静電分極 $\mathbf{P}=\mathbf{P}_o+\mathbf{P}_{ir}$ を生じたとする．赤外型の分極 P_{ir} による自由エネルギーの変化 $F-F_0$ は，弾性的な変位に由来する P_{ir}^2 に比例した自己エネルギーと，相互作用のエネルギー $-\mathbf{P}_{ir}\mathbf{E}_0V$ から成りたっていると考えることができる．それ故，附録 A 2. iii と同じ論法にしたがえば，

$$F-F_0 = -\mathbf{P}_{ir}\mathbf{E}_0 V + \frac{1}{2}C^2 V P_{ir}^2 \tag{18.24}$$

が得られる．ただし附録で用いた定数 γ はここでは $\frac{1}{2}C^2/V$ とかいた．つりあいの状態では，$\mathbf{P}_{ir}$ をベクトルパラメーターとして扱うとき，F は極小値をとらなければならない．なぜならば，球の場合，$\mathbf{P}_{ir}$ と $\mathbf{P}_o$ とは互いに独立だからである．このようにして，附録の場合の取扱いと同様に，

$$\mathbf{P}_{ir} = \frac{\mathbf{E}_0}{C^2} \tag{18.25}$$

が得られる．この式を (18.10) の最後の式に入れて，(18.11) を使うと次

式を得る：

$$\frac{\epsilon_s - n^2}{\epsilon_s + 2} = \frac{4\pi}{3} \frac{n^2+2}{3} \frac{1}{C^2}. \qquad (18.26)$$

さて，弾性的な変位に対しては，いつでも1個の単位胞の一般化された変位座標 **Q** を見出すことができるから，球の自己エネルギーは

$$\frac{1}{2} N_0 V M_{\text{red}} \omega_s^2 Q^2 \qquad (18.27)$$

で与えられる．ここに M_{red} はイオンの換算質量，N_0 は単位体積中に含まれる単位胞の数である．このエネルギーは $\frac{1}{2} C^2 V P_{ir}^2$ に等しくなければならないから，

$$C^2 = \frac{N_0 M_{\text{red}} \omega_s^2 Q^2}{P_{ir}^2} \qquad (18.28)$$

となる．

さらに，分極 **P**$_{ir}$ は変位 **Q** と単位体積内に含まれる単位胞の数に比例しなければならない．それ故，次の式によって有効イオン電荷 e^* を導入することができる：[†]

$$\mathbf{P}_{ir} = e^* N_0 \mathbf{Q}. \qquad (18.29)$$

(18.28) の C^2 を (18.26) に入れて (18.29) を使うと；[‡] (Szigeti S 13 参照)

$$\frac{\epsilon_s - n^2}{\epsilon_s + 2} = \frac{4\pi}{3} \frac{n^2+2}{3} \frac{e^{*2} N_0}{M_{\text{red}} \omega_s^2}. \qquad (18.30)$$

[†] ここで，**P**$_{ir}$ は小さな球の赤外基準振動による分極であると定義したことを思い起すべきである．それ故，有効電荷 e^* は特に球の場合にだけ定義される量である．

[‡] (18.30) を導く別の方法は7節の一般論を用いることである．それによると (7.21) と (7.44) を使って：

$$\frac{\epsilon_s - 1}{\epsilon_s + 2} = \frac{4\pi}{3V} \overline{\frac{M_{\text{vac}}^2}{3kT}},$$

ここに，$\overline{M_{\text{vac}}^2}$ は真空中にある体積 V の球状誘電体の能率の，自発的なゆらぎの二乗平均を表わす．今問題にしているような調和振動の場合，$\overline{M_{\text{vac}}^2}$ は光学的な項と赤外項との和であり，kT に比例するものである．

18. イオン結晶

ω_s の代りに，横波の角周波数 ω_t を (18.22) によって導入すれば，上式は次のようになる：

$$\epsilon_s - n^2 = 4\pi \left(\frac{n^2+2}{3}\right)^2 \frac{e^{*2} N_0}{M_{red} \omega_t^2}. \tag{18.31}$$

p. 157

この公式の導出に当っては，M_{red} と e^* を (18.27) および (18.29) によって導入したという点を除けば，我々は巨視的な線に沿うて進んだといえる．この二つの定数のうち，換算質量の方はイオンの質量と，結晶構造に関する知識とから，Born [B4] の格子理論の助けをかりて常に求めることができる．しかしながら，有効電荷 e^* の計算には，近距離相互作用のくわしい知識と結晶格子内の電荷分布の詳しい知識が必要であろう．質量と電荷とでこのように様子がちがうのは次のような理由による．すなわち，質量は原子核に集中しているために，それに対する電子による寄与が無視できるのに反し，電荷については，遠距離相互作用に対する以外は，それが一点に集中していると考えるわけにはいかないからである．

例として NaCl 型の結晶を考えよう．正および負のイオンの質量をそれぞれ M^+, M^- とし，それらの変位をそれぞれ $\mathbf{r}^+$ および $\mathbf{r}^-$ とする．球が無限大の波長をもった分極波に対応した振動を行なう場合，分極はいつの瞬間にも均一である．このとき変位 $\mathbf{r}^+$ と $\mathbf{r}^-$ は各単位胞内で同じ値をもち，また $\mathbf{r}^+$ は $\mathbf{r}^-$ と逆向きである．すると復元力は $|\mathbf{r}^+ - \mathbf{r}^-|$ に比例し，それは正イオンと負イオンに対して逆向きに働く．このことから

$$\mathbf{Q} = \mathbf{r}^+ - \mathbf{r}^- \tag{18.32}$$

とおいてよいことが知れる．何故ならば，こうとれば，復元力を $\pm M_{red} \omega_s^2 \mathbf{Q}$ に等しいとおくと，球の自己エネルギーとして (18.27) が得られるからである．復元力に対するこの仮定から次の式が得られる：

$$M^+ \ddot{\mathbf{r}}^+ + M_{red} \omega_s^2 \mathbf{Q} = 0, \quad M^- \ddot{\mathbf{r}}^- - M_{red} \omega_s^2 \mathbf{Q} = 0. \tag{18.33}$$

上式をそれぞれ M^+ および M^- で割って二式の差をとり，(18.32) を使えば

$$\ddot{Q}+M_{\rm red}\left(\frac{1}{M^+}+\frac{1}{M^-}\right)\omega_s^2 Q=0 \qquad (18.34)$$

を得る．したがって，もしも

$$\frac{1}{M_{\rm red}}=\frac{1}{M^+}+\frac{1}{M^-} \qquad (18.35)$$

p. 158
とおけば，この振動の角周波数は期待通り ω_s となる．以上で換算質量を求めることができたわけであるが，次に有効電荷 e^* を求めなければならない．これは与えられた変位 **Q** に対する球の分極を求め，(18.29) を使って求めることができる．非双極的な相互作用が存在しないことと，隣りあうイオンの電荷が重ならないこととを仮定すれば，e^* が e に等しいことは容易に証明できる．ただし，$\pm e$ はイオンの電荷である．しかしながら，非双極的な力が存在しないという仮定は本当ではない．実際，復元力は主として隣りあうイオン間の近距離反撥力に由来しているからである．e^* の満足な計算は未だ行なわれていない．

以上のようなわけで，現在の理論の発展段階では，e^* を除けば (18.31) に現われているすべての量は実験から直接求めることができる．それ故，この式を使って，e^* を半実験的に定めることができる．下の表 (Szigeti, $S\,13$) はアルカリ・ハライドに対しては e^*/e が1より小さいことを示している．しかし，このことは電荷の重なりが著しいことを意味していると考える必要はなく，次のようなことを意味しているとも考えられる．すなわち，イオンの核を変位させて一様な分極を作ったとき，近距離力のためにそれと反対向きの電子分極が誘導されるということである．

p. 159
この表で，酸化物に対して e^*/e を $2\times\cdots$ としたのは理想的な酸素イオンが二価だからである．このときの $e^*/2e$ はアルカリ・ハライドの e^*/e よりも少し小さいが，大体同じ程度になっている．また TlCl は高い誘電率をもつにもかかわらず，その e^*/e の値が過大でないことは注目すべきである．高い誘電率はむしろ主として高い屈折率に原因している．実際，誘電率が 100 よりも大きい TiO_2 の場合でも，Szigeti $[S\,13]$ が示したように，$e^*/2e\sim 0.7$

18. イオン結晶

表
$\lambda_t = 2\pi c/\omega_t$

	ϵ_s	n^2	$\lambda_t \times 10^4$ cm	e^*/e
LiF	9.3	1.92	32.6	0.83
NaF	6.0	1.74	40.6	0.94
NaCl	5.6	2.25	61.1	0.76
NaBr	6.0	2.62	74.7	0.85
NaI	6.6	2.91	85.5	0.71
KCl	4.7	2.13	70.7	0.80
KBr	4.8	2.33	88.3	0.76
KI	4.9	2.69	10.2	0.69
RbCl	5.0	2.19	84.8	0.86
RbBr	5.0	2.33	114	0.88
RbI	5.0	2.63	129.5	0.78
CsCl	7.2	2.60	102	0.88
CsBr	6.5	2.78	134	0.81
TlCl	32	5.10	117	1.11
CuCl	10	3.57	53	1.10
CuBr	8	4.08	57	1.0
MgO	10	2.95	17.3	2×0.88
CaO	12	3.28	27.4	2×0.76
SrO	13	3.31	47	2×0.60

という値が得られている（ただし酸素イオンについて）．高い屈折率は，イオンの大きい電荷と相まって高い誘電率の主な原因となっている．

上述の議論では (18.31) が用いられたが，(18.30) は用いられなかった．これは，実験からは ω_t が得られ，ω_s は得られないためである．(18.31) は Born [B 4] が近似法を用いて得た式に大変よく似ている．しかし Born の得た式には $\left(\dfrac{n^2+2}{3}\right)^2$ の因数は含まれておらず，また e^* は実際のイオン電荷で置き換えられている．

ω_t と ω_s の間には関係式 (18.22) があるから，(18.30) と (18.31) は全く同じものであるということを記憶しておいてほしい．このことは，イオン結晶の永久分極の可能性に関する疑問を提起している．何故ならば，(18.30) を ϵ_s について解けば

$$\frac{4\pi}{3}\frac{n^2+2}{3}\frac{e^{*2}N_0}{M_{\text{red}}\omega_s^2} \to 1 \quad \text{のとき} \quad \epsilon_s \to \infty \qquad (18.36)$$

となるからである．他方，$\epsilon_s\to\infty$ に対しては (18.22) から $\omega_t\to 0$ となることが要求される．ただしこのとき，$\omega_s\to\infty$ でないとする．このことと (18.31) とから再び $\epsilon_s\to\infty$ となる．この考え方を発展させることは，チタン酸バリウムのような結晶の性質が大変興味深いことから考えて重要である．しかし，これらの研究は現在のところ未だ十分発展していないので，本書にはとり入れないことにする．

＊　(18.30) の右辺のような正常な量がたまたま1に近づいたとき，$\epsilon_s\to\infty$，$\omega_t\to 0$ となることをいっているのであるが，$\epsilon_s\to\infty$ も $\omega_t\to 0$ も永久分極のおこりはじめを暗示している．

＊＊　チタン酸バリウムは永久分極をもつ物質（強誘電体）として知られており，その理論は本書が発行された時（1949年）の前後に発展している．詳しいことについては Känzig の綜合報告 (Seitz Turnbull: *Solid State Physics*, Vol. 5, p. 195) をみよ．

附　録

A 1. 電磁理論

(i) エネルギーの保存

p. 160
巨視的な電磁理論は Maxwell の方程式

$$\operatorname{curl} \mathbf{E} = -\frac{1}{c}\frac{\partial \mathbf{B}}{\partial t}, \quad (\mathrm{A}\,1.1) \qquad \operatorname{div} \mathbf{D} = 4\pi\rho, \quad (\mathrm{A}\,1.3)$$

$$\operatorname{curl} \mathbf{H} = \frac{1}{c}\frac{\partial \mathbf{D}}{\partial t} + \frac{4\pi}{c}\mathbf{j}, \quad (\mathrm{A}\,1.2) \qquad \operatorname{div} \mathbf{B} = 0 \quad (\mathrm{A}\,1.4)$$

を基礎としている．ここに $\mathbf{H}$ と $\mathbf{B}$ はそれぞれ磁場の強さと磁気感応で，ρ は真電荷の密度，$\mathbf{j}$ は伝導電流の密度である．$\mathbf{E}, \mathbf{D}$ については1節を参照されたい．ρ と $\mathbf{j}$ から電磁場ベクトル $\mathbf{E}, \mathbf{D}, \mathbf{H}, \mathbf{B}$ が一義的に計算されるためには，Maxwell の方程式をさらに次の二つの関係式によって補なわなければならない：

$$\mathbf{E} = \mathbf{E}(\mathbf{D}) \quad \text{および} \quad \mathbf{H} = \mathbf{H}(\mathbf{B}). \quad (\mathrm{A}\,1.5)$$

これらの関係式は電磁場に対する基礎方程式の中に含まれるものではなく，考えている物質の型を特徴づけるものである．しかしこの本で問題にする物質に対しては

$$\mathbf{H} = \mathbf{B} \quad (\mathrm{A}\,1.6)$$

がよい近似で成り立つと考えてよい．

エネルギーの法則を導くために，方程式 (A1.2) に $\mathbf{E}$ をかけ，それを (A1.1) に $\mathbf{H}$ をかけたものから差し引く．そして

$$\mathbf{H}\operatorname{curl}\mathbf{E} - \mathbf{E}\operatorname{curl}\mathbf{H} = \operatorname{div}[\mathbf{E}\times\mathbf{H}]$$

を使い，(A1.6) を参照すると（$c/4\pi$ をかけて）次の式が得られる：

$$\frac{1}{4\pi}\left(\mathbf{E}\frac{\partial \mathbf{D}}{\partial t} + \mathbf{H}\frac{\partial \mathbf{H}}{\partial t}\right) + \frac{c}{4\pi}\operatorname{div}[\mathbf{E}\times\mathbf{H}] + \mathbf{j}\mathbf{E} = 0. \quad (\mathrm{A}\,1.7)$$

電磁理論の色々な本にくわしく論じられているように，この方程式の最後の項は単位体積あたりの電磁エネルギーが他の型のエネルギー（熱，粒子の運動エネルギー，など）に変わる割合を表わすものである．ただし，この変化が伝導電流と結びついて起る限りにおいてである．$c[\mathbf{E}\times\mathbf{H}]/4\pi$ は Poynting ベクトルで，エネルギーの流れの割合を表わす．つまり，この第2項は電磁エネルギーの単位体積からの流出の割合を与える．そうすると，エネルギーの保存則から，第1項は単位体積に含まれるエネルギーの変化の割合を表わさねばならないことになる．ただし，他の型のエネルギーの流れ（例えば熱流）はないとする．

さて，

$$\frac{1}{4\pi}\mathbf{H}\frac{\partial \mathbf{H}}{\partial t} = \frac{\partial}{\partial t}\frac{H^2}{8\pi}$$

であるから，$H^2/8\pi$ は磁気エネルギーの密度であることがすぐに分る．一方，次の量は電気エネルギーの密度を表わすものであると考えられている：

$$\frac{1}{4\pi}\int \mathbf{E}(\mathbf{D})d\mathbf{D}.$$

積分は $E=0$ から E の実際の値まで行なうとする．実際，$\mathbf{E}=\mathbf{D}/\epsilon_s$ とすれば，ϵ_s が定数であると考えられるときには，電場の強さが E_0 であれば，この積分は

$$\frac{1}{4\pi}\int_0^{E_0}\mathbf{E}\,d\mathbf{D} = \frac{\epsilon_s}{8\pi}E_0^2 \qquad (\mathrm{A}\,1.8)$$

となる．しかし，このような計算は $\mathbf{E}$ が $\mathbf{D}$ の一価関数であるときにだけ可能であって，もしそうでなければ積分は一義的な意味をもたない．すなわち，このような場合にだけ，電気エネルギーはこれでめんどうなしに定義できる．

一般に，

$$\frac{1}{4\pi}\mathbf{E}\,d\mathbf{D} \qquad (\mathrm{A}\,1.9)$$

は **D** の変化 $d\mathbf{D}$ に伴なうエネルギー密度の変化（電気エネルギーの変化とは限らない）を表わすものであると結論される．ただし他の型のエネルギーの流れが全くない場合である．この (A 1.9) から全エネルギーを計算する方法は 3 節に示した．

(ii) **周期場における伝導電流とエネルギー損失**

2 節のように $E = E_0 \cos \omega t$ の一様な電場があるとし，また，D は次のように書けるとしよう：

$$D = \epsilon_1 E_0 \cos \omega t + \epsilon_2 E_0 \sin \omega t = \epsilon_1 E_0 \cos \omega t - \frac{\epsilon_2}{\omega} \frac{\partial E}{\partial t}.$$

そこで，$\partial^2 E/\partial t^2 = -\omega^2 E$ を使い，伝導電流 j が消えるとして，方程式 (A 1.2) の右辺は次のようになる：

$$\frac{1}{c} \frac{\partial D}{\partial t} = \frac{\epsilon_1}{c} \frac{\partial E}{\partial t} + \frac{\epsilon_2 \omega}{c} E. \qquad (A\,1.10)$$

しかし，もしも $j \neq 0$ で，Ohm の法則が成り立つとすれば (σ を伝導率として)，

$$j = \sigma E$$

であり，その上 $\epsilon_2 = 0$ とすれば，方程式 (A 1.2) の右辺は

$$\frac{\epsilon_1}{c} \frac{\partial E}{\partial t} + \frac{4\pi}{c} \sigma E \qquad (A\,1.11)$$

となる．

(A 1.10) を (A 1.11) と比べると，周期場の場合には，二つの誘電率 $\epsilon_1(\omega)$ と $\epsilon_2(\omega)$ (2 節の (2.8) 式参照) を使うことは，$\epsilon_2 = 0$ とおいて $\epsilon_1(\omega)$ だけを使い，その代りに周波数によって変わる伝導率 $\sigma(\omega)$ を用いることと同等である．この二つの表わし方の間には次の関係がある：

$$\sigma(\omega) = \frac{\omega \epsilon_2(\omega)}{4\pi}. \qquad (A\,1.12)$$

p. 162
　単位体積あたりのエネルギー損失の割合 L を表わす Joule の法則は，σ

を使うとき

$$L = \sigma \overline{E^2} = \frac{1}{2}\sigma E_0^2 \tag{A 1.13}$$

となる．ここで，横棒は1周期についての平均を表わす．(A 1.12) の σ をこの式に入れると，その結果は (3.15) と同じものになる．

(iii) $\epsilon_1(\omega)$ と $\epsilon_2(\omega)$ の間の関係

(2.16) と (2.17) の式を導くために，(2.14) と (2.15) 式にFourier変換の定理を使う．そうすると (2.14) と (2.15) から，それぞれ次の式が得られる：

$$\alpha(x) = \frac{2}{\pi}\int_0^\infty \{\epsilon_1(\mu) - \epsilon_\infty\}\cos\mu x\, d\mu, \tag{A 1.14}$$

$$\alpha(x) = \frac{2}{\pi}\int_0^\infty \epsilon_2(\mu)\sin\mu x\, d\mu. \tag{A 1.15}$$

(A 1.15) を (2.14) に入れると次の結果が得られる：

$$\begin{aligned}
\epsilon_1(\omega) - \epsilon_\infty &= \frac{2}{\pi}\int_0^\infty dx\left(\cos\omega x \int_0^\infty \epsilon_2(\mu)\sin\mu x\, d\mu\right) \\
&= \frac{2}{\pi}\lim_{R\to\infty}\int_0^\infty d\mu\left(\epsilon_2(\mu)\int_0^R \cos\omega x \sin\mu x\, dx\right) \\
&= \frac{2}{\pi}\lim_{R\to\infty}\int_0^\infty \epsilon_2(\mu)\frac{1}{2}\left(\frac{1-\cos(\mu+\omega)R}{\mu+\omega}\right. \\
&\qquad\left. + \frac{1-\cos(\mu-\omega)R}{\mu-\omega}\right)d\mu. \tag{A 1.16}
\end{aligned}$$

ここで，cos の項を含む積分は $R\to\infty$ とすれば消える．残る項からすぐに (2.16) 式が出てくる．

最後に，(A 1.14) を (2.15) に入れれば

$$\epsilon_2(\omega) = \frac{2}{\pi}\int_0^\infty dx\left(\sin\omega x \int_0^\infty \{\epsilon_1(\mu) - \epsilon_\infty\}\cos\mu x\, d\mu\right) \tag{A 1.17}$$

となり，これから同様な方法で (2.17) が得られる．

A1. 電磁理論

(iv) 誘電率と光学的常数の間の関係

Maxwell の方程式 (A 1.1)–(A 1.4) から波動方程式が導き出せる。このために (A 1.1) の curl をとり，(A 1.2) に $(1/c)\partial/\partial t$ を演算する。そうすると，(A 1.6) を使って H が消去される。周期的な解を仮定すれば，
p. 163
$D=\epsilon(\omega)E$ が得られ，従って自由電荷がなく ($\rho=0$) 伝導電流のない場合 ($j=0$) には次の式が出る:

$$\nabla^2 E - \frac{\epsilon}{c^2} \frac{\partial^2 E}{\partial t^2} = 0. \qquad (A 1.18)$$

ただし，次の関係を使った ((A 1.3) で $\rho=0$ とおいて $\text{div } E=0$ となるから):

$$\text{curl curl } E = \text{grad div } E - \nabla^2 E = -\nabla^2 E.$$

(A 1.18) の解として，x 方向に誘電体の中を進む波を表わすもの

$$E = A e^{-(\kappa - in)(\omega/c)x - i\omega t} \qquad (A 1.19)$$

を仮定しよう。ここで，A は x 方向に垂直な定ベクトルである。光学的常数の通常の定義によって n は屈折率，κ は吸収係数である。それらは複素誘電率 ϵ を使って表わすことができる ((2.8) 参照)。すなわち (A 1.19) を (A 1.18) に代入すると

$$(n+i\kappa)^2 = \epsilon = \epsilon_1 + i\epsilon_2$$

の関係が得られ，これから

$$\epsilon_1 = n^2 - \kappa^2, \qquad (A 1.20)$$
$$\epsilon_2 = 2n\kappa \qquad (A 1.21)$$

となる。この第二式は (A 1.12) を使って次のようにも書ける:

$$n\kappa = \frac{2\pi}{\omega} \sigma. \qquad (A 1.22)$$

A 2. 双極子能率と他の静電的諸問題

(i) 基本的問題

誘電率が ϵ_1 の無限にひろがった均一な誘電体を考え，その中に半径が a で誘電率が ϵ_2 であるような球領域が含まれているとしよう†．そこで，次のどれかを源にする電場を計算しよう：

(a) 一定電場 $\mathbf{E}_\infty$（例えば z 方向にある電場）を作るような，球から遠く離れた所にある源．

(b) 球の中心にある点双極子 μ （例えば z 方向に向いたもの）．

(c) 半径 a の球が一様に分極されたことに相当する球内に拡がった双極子 $\mathbf{M}$ （例えば z 方向に向いたもの）：

$$\mathbf{M} = \frac{4\pi}{3} a^3 \mathbf{P}_c. \tag{A 2.1}$$

ただし $\mathbf{P}_c$ は分極ベクトルである．

Φ を静電ポテンシャルとすれば，電場の強さは

$$\mathbf{E} = -\operatorname{grad} \Phi \tag{A 2.2}$$

で与えられる．Φ は次の条件をみたすような Laplace の方程式の解としてきめられる：

$$\nabla^2 \Phi = 0. \tag{A 2.3}$$

r を球の中心からの距離とし，θ を $\mathbf{r}$ と z 軸の間の角とすれば，

(a) の場合には

　　$r \gg a$ であれば，$\mathbf{E} = \mathbf{E}_\infty$，すなわち $\Phi = -E_\infty r \cos\theta$, (A 2.4)

(b) の場合には

$$r \to 0 \text{ に対して } \quad \Phi = \frac{\mu}{\epsilon_2} \frac{\cos\theta}{r^2}. \tag{A 2.5}$$

---

† この本の主な節で使った記号とは別に，ここでは ϵ_1 と ϵ_2 は二つの静電的誘電率を表わすとする．

A 2. 双極子能率と他の静電的諸問題

(c) の場合には

$$r<a \quad \text{であれば} \quad \mathbf{D}=\epsilon_2\mathbf{E}+4\pi\mathbf{P}_c, \qquad (\text{A}\,2.6)$$

$$r>a \quad \text{であれば} \quad \mathbf{D}=\epsilon_1\mathbf{E} \qquad (\text{A}\,2.7)$$

となる. ここで $\mathbf{D}$ は電気変位である. この三つのどの場合にも $\mathbf{D}$ の法線成分 D_r と $\mathbf{E}$ の切線成分 E_θ は $r=a$ で連続でなければならない.

上記の三つの場合をまとめて共通に扱うと計算は簡単になる.[*] 何となればどの場合にも Φ の角度依存性は同一になるからである. 一般論では Φ は球関数に展開される. いまの場合には, 三つのいずれかの条件と境堺条件のために, $\cos\theta$ に比例した項だけが現われる. このような角度依存性に対しては, (A 2.3) の一般解は, 二つの不定常数 A, B を含む次の式で与えられる :

$$\Phi = -\left(\frac{A}{r^2}+Br\right)\cos\theta.$$

A, B は球の外と内では違った値をもつ (それぞれ A_1, B_1 と A_2, B_2). これらの値は境界条件によってきめられる. (A 2.4) を使うと $B_2=E_\infty$ となり, 従って外の Φ は次のようになる :

$$\Phi = -\left(\frac{A_1}{r^2}+E_\infty r\right)\cos\theta, \quad r>a. \qquad (\text{A}\,2.8)$$

また (A 2.5) を使うと $-A_1=\mu/\epsilon_2$ となり, 内の Φ は :

$$\Phi = \left(\frac{\mu}{\epsilon_2 r^2}-B_2 r\right)\cos\theta, \quad r<a. \qquad (\text{A}\,2.9)$$

境界条件によって

$$E_\theta = -\frac{1}{r}\frac{\partial\Phi}{\partial\theta}$$

は $r=a$ において連続でなければならないから,

$$\frac{A_1}{a^3}+E_\infty = -\frac{\mu}{\epsilon_2 a^3}+B_2. \qquad (\text{A}\,2.10)$$

---

[*] つまり球の中心に点双極子があり, そのうえ球は一様に分極していてその分極の大きさは $\mathbf{P}_c$ であり, そして外電場 $\mathbf{E}_\infty$ がある場合を扱う.

同様に，(A 2.6) と (A 2.7) を使うと，$r=a$ で $D_r = D\cos\theta$ が連続であることから次の関係が出る：

$$-2\epsilon_1 \frac{A_1}{a^3} + \epsilon_1 E_\infty = \frac{2\mu}{a^3} + \epsilon_2 B_2 + 4\pi P_c. \qquad (\mathrm{A}\,2.11)$$

以上の二式から A_1 と B_2 が求められる：

$$\frac{A_1}{a^3} = \frac{\epsilon_1 - \epsilon_2}{2\epsilon_1 + \epsilon_2} E_\infty - \frac{3}{2\epsilon_1 + \epsilon_2} \frac{\mu}{a^3} - \frac{4\pi P_c}{2\epsilon_1 + \epsilon_2}. \qquad (\mathrm{A}\,2.12)$$

$$B_2 = \frac{3\epsilon_1}{2\epsilon_1 + \epsilon_2} E_\infty + \frac{2}{\epsilon_2} \frac{\epsilon_1 - \epsilon_2}{2\epsilon_1 + \epsilon_2} \frac{\mu}{a^3} - \frac{4\pi P_c}{2\epsilon_1 + \epsilon_2}. \qquad (\mathrm{A}\,2.13)$$

p. 165
(A 2.12) と (A 2.13) を (A 2.8) と (A 2.9) に代入すると，一般問題の解が得られる．

さて三つの場合を分けて議論しよう．

<場合 (a)>　内部に源がない，すなわち，$\mu=0$，$P_c=0$．この場合には球の内部の電場は B_2 に等しい．これを空孔電場 G' と名づけよう．そうすると，(A 2.13) と (A 2.2) を合わせて，球の内部の電場は

$$\mathbf{G}' = \frac{3\epsilon_1}{2\epsilon_1 + \epsilon_2} \mathbf{E}_\infty \qquad (\mathrm{A}\,2.14)$$

となる．特に，$\epsilon_2 = 1$，すなわち，からっぽの球に対しては，この式は次のようになる：

$$\mathbf{G}'(\epsilon_2=1) = \mathbf{G} = \frac{3\epsilon_1}{2\epsilon_1 + 1} \mathbf{E}_\infty. \qquad (\mathrm{A}\,2.15)$$

他方，球が真空中にあれば $\epsilon_1 = 1$ であるから，内部電場は

$$\frac{3}{\epsilon_2 + 2} \mathbf{E}_\infty \qquad (\mathrm{A}\,2.16)$$

となる．球の外の電場は，(A 2.8) によると，無限遠点の電場 $\mathbf{E}_\infty$ と，次のようなポテンシャルをもつ双極子場とからできている：

$$-\frac{\epsilon_1 - \epsilon_2}{2\epsilon_1 + \epsilon_2} E_\infty a^3 \frac{\cos\theta}{r^2}. \qquad (\mathrm{A}\,2.17)$$

A 2. 双極子能率と他の静電的諸問題

ここで双極子場の定数 A としては (A 2.12) の A_1 を使った.

<場合 (b)> 点双極子で外部電場がない,すなわち $\mathbf{E}_\infty=0, P_c=0$. この場合には,(A 2.9) と (A 2.2) によると,B_2 は球内の電場の純双極子場からのずれを表わす.すなわち,B_2 は μ に作用する反作用場 R' である.従って (A 2.13) を使うと

$$\mathbf{R}' = \frac{2}{\epsilon_2} \frac{\epsilon_1-\epsilon_2}{2\epsilon_1+\epsilon_2} \frac{\mu}{a^3} \qquad (\text{A 2.18})$$

となる.特に $\epsilon_2=1$ の場合に,反作用場を $\mathbf{R}$ と記すと,

$$\mathbf{R} = g\mu, \quad \text{ただし} \quad g = \frac{\epsilon_1-1}{2\epsilon_1+1} \frac{2}{a^3}. \qquad (\text{A 2.19})$$

球の外では次式のポテンシャルをもった双極子場が存在することになる:

$$\Phi = -\frac{A_1 \cos\theta}{r^2} = \frac{3}{2\epsilon_1+\epsilon_2} \frac{\mu\cos\theta}{r^2}. \qquad (\text{A 2.20})$$

<場合 (c)> 均一に分極した球で外電場がない,すなわち $\mathbf{E}_\infty=0, \mu=0$. はじめに球は真空中にあるとしよう.この時は $\epsilon_1=\epsilon_2=1$ である.B_2 は球の内部の自己場を表わし,(A 2.13) と (A 2.1) によってこれは次のように与えられる:

$$\mathbf{E}_s = -\frac{4\pi}{3}\mathbf{P}_c = -\frac{\mathbf{M}}{a^3}. \qquad (\text{A 2.21})$$

次にこの球を誘電率 ϵ_1 の媒質で囲んだとしよう.そうすると,球の内部の電場の増加分 B_2-E_s は反作用場 R となる.従って,(2.13) で $\epsilon_2=1$ とおいた式を使うと

p. 166
$$\mathbf{R} = -\frac{4\pi}{2\epsilon_1+1}\mathbf{P}_c + \frac{4\pi}{3}\mathbf{P}_c = \frac{2(\epsilon_1-1)}{2\epsilon_1+1} \frac{4\pi}{3}\mathbf{P}_c = \frac{2(\epsilon_1-1)}{2\epsilon_1+1} \frac{\mathbf{M}}{a^3} \qquad (\text{A 2.22})$$

が得られ,これは (A 2.19) と形の上では同じになる.(μ の代りに $\mathbf{M}$ が入っている).

もしも球が一様に分極している上になお点双極子 μ を含んでいるならば,反作用場は

$$\mathbf{R} = \frac{2}{a^3} \frac{\epsilon_1 - 1}{2\epsilon_1 + 1} (\mathbf{M} + \boldsymbol{\mu}) = g(\mathbf{M} + \boldsymbol{\mu}) \qquad (\text{A}\,2.23)$$

によって与えられる. g は (A 2.19) で定義されたものであり, $\mathbf{M} + \boldsymbol{\mu}$ は球の全双極子能率である.

球の外部の領域に対しても, (b) の場合の $\boldsymbol{\mu}$ を $\mathbf{M}$ でおきかえれば, (c) の場合になる $((\text{A}\,2.20)$ のポテンシャルで $\boldsymbol{\mu}$ を M でおきかえたものが (c) の場合の球外のポテンシャルになる). このことは $\epsilon_2 \neq 1$ でも成り立つ. すなわち, 球の外の領域の電場を問題にする限り, (b) の場合と (c) の場合は同じ結果になる.

(ii) 双極子能率

能率 μ_e をもつ剛体的 (分極しない) 双極子が誘電率 ϵ_1 の無限に拡がった媒質の中にあるときのポテンシャルは次のように与えられる:

$$\Phi = \frac{\mu_e}{\epsilon_1} \frac{\cos\theta}{r^2}. \qquad (\text{A}\,2.24)$$

いま, 誘電率 ϵ_2 の球の中心に剛体的双極子 $\boldsymbol{\mu}$ をおいたような分子の模型を考えよう ((c) の場合に相当して, それと同じ能率をもった, 球全体に拡った双極子の模型を使ってもよい). もしも分子が誘電率 ϵ_1 の媒質の中にうずまっているとすれば, (A 2.20) (と (c) の場合の議論の最後にのべた注意) によって, 球の外部のポテンシャルは (A 2.24) 式によって表わされる. ただし,

$$\mu_e = \frac{3\epsilon_1}{2\epsilon_1 + \epsilon_2} \mu. \qquad (\text{A}\,2.25)$$

それ故, μ_e は媒質 ϵ_1 の中の分子の**外部能率**と定義される.

真空中の能率 μ_v は μ と異なるということに気をつけねばならない. なぜならば, μ_v は $\epsilon_1 = 1$ の媒質中の外部能率と定義されるからである. 従って**真空能率**は次の式で与えられる:

$$\mu_v = \frac{3}{\epsilon_2 + 2} \mu \qquad (\text{A}\,2.26)$$

A 2. 双極子能率と他の静電的諸問題

上の二式から ϵ_1 の媒質中の外部能率 μ_e は μ_v を使って表わすことができる. すなわち (A 2.25) と (A 2.26) から,

$$\mu_e = \frac{\epsilon_2+2}{3}\frac{3\epsilon_1}{2\epsilon_1+\epsilon_2}\mu_v. \qquad (A\,2.27)$$

いうまでもなく μ_e は分子が作り出す電場と同じ電場を作り出すような点双極子の能率であるが, この外部能率とは異なって, **内部能率** μ_i は ϵ_1 の媒質に分子を埋めたときに, それがもつ実際の能率である. 真空 ($\epsilon_1=1$) では外部能率と内部能率は等しい. しかし真空でない媒質の中では, 反作用場によって分子が分極されるために, 内部能率は真空能率 μ_v とちがう. このことから μ_i に対する (6.18) 式が得られ, また, これと (A 2.19) を合わせると, (6.20) 式が出る. (6.20) は外部能率の性質を直接使うことによっても導き出すこともできる. すなわち, 上に見たように, 球の外部に作られる電場は, 球の能率が点双極子によるものであるか, あるいはその球の一様な分極によるものであるかにはよらない. 能率の大きさが与えられている限り, それは同じである. それ故, 中心に双極子 μ をもつ誘電率 ϵ_2 の球によって表わされる分子の能率は, 誘電率が ϵ_1 で中心に能率 μ_e があり, 同じ誘電率 ϵ_1 の媒質中におかれた球の能率と同一である. なぜならば, μ_e の定義によって, この両者は球の外部に同一の電場を作るからである. そこで

$$\mu_i = \mu_e + \int_{球} \mathbf{P}\,d\tau \qquad (A\,2.28)$$

となり, μ_i は剛体双極子 μ_e の能率と, その周りの球内の部分に含まれる能率の和であることが分る. さて μ_e が z 方向に向いているとすれば, 対称性から考えて, 上の積分は同じ z 方向に向いたベクトルでなければならない. そこで次の二つの式を使う:

$$4\pi P_z = (\epsilon_1-1)E_z = -(\epsilon_1-1)\frac{\partial \Phi}{\partial z}, \qquad (A\,2.29)$$

$$\frac{\cos\theta}{r^2} = \frac{z}{r^3} = -\frac{\partial}{\partial z}\left(\frac{1}{r}\right).$$

そうすると，(A 2.24) の助けをかりて (A 2.28) の積分は次のように計算される：

$$\int P_z d\tau = \frac{\epsilon_1-1}{4\pi} \frac{\mu_e}{\epsilon_1} \int \frac{\partial^2}{\partial z^2}\left(\frac{1}{r}\right) d\tau = \frac{\epsilon_1-1}{4\pi} \frac{\mu_e}{\epsilon_1} \frac{1}{3} \int \nabla^2\left(\frac{1}{r}\right) d\tau$$

$$= -\frac{\epsilon_1-1}{3\epsilon_1}\mu_e. \qquad (A\,2.30)$$

なぜならば

$$\int \frac{\partial^2}{\partial x^2}\left(\frac{1}{r}\right) d\tau = \int \frac{\partial^2}{\partial y^2}\left(\frac{1}{r}\right) d\tau = \int \frac{\partial^2}{\partial z^2}\left(\frac{1}{r}\right) d\tau$$

が成り立ち，また

$$\int \nabla^2\left(\frac{1}{r}\right) d\tau = -4\pi$$

であるからである．(A 2.30) を (A 2.28) に代入すると

$$\mu_i = \mu_e\left(1 - \frac{\epsilon_1-1}{3\epsilon_1}\right) = \frac{2\epsilon_1+1}{3\epsilon_1}\mu_e \qquad (A\,2.31)$$

が得られ，これは (6.20) と同じものになる．

なお，上の計算は双極子をかこむ球の中に含まれる双極子能率がこの球の大きさに関係しないということを示している．従って誘電体中の二つの球面
p. 168
の間に含まれる能率は 0 である．このことは二つの球が同心でなくても成り立つ．†

---

† 二つの球にはさまれた空間の双極子能率の任意の方向の成分は，その方向をベクトル s で表わせば，この空間についての積分 $\int \partial\Phi/\partial s\,d\tau$ に比例する（訳者註：分極 **P** の s 方向の成分 P_s の積分を求めればよいのであるが，$\mathbf{P}=(\epsilon_1-1)/4\pi\cdot\mathbf{E}$，$\mathbf{E}=-\mathrm{grad}\,\Phi$ であるから——(A 2.29) 参照—— $\int P_s d\tau = -(\epsilon_1-1)/4\pi \cdot \int \partial\Phi/\partial s\,d\tau$）．二つの球の半径を r_e, r_i とし（外の球面を e，内の球面を i で表わす），この積分を表面積分の差に直して書き表わすと，

$$r_e^2 \int_e \Phi_e \cos\phi\, d\Omega - r_i^2 \int_i \Phi_i \cos\phi\, d\Omega.$$

$d\Omega$ は各球に対する立体角の素片，Φ_e と Φ_i は二つの球面上の Φ の値，ψ は s と表面の法線方向（球の中心から外へ向いた方向）の間の角である．Φ_e と Φ_i をそれぞれの中心に原点をとって球面関数に展開すると，各中心にある双極子からのポテンシャ

A 2. 双極子能率と他の静電的諸問題

こういうわけで，もしも誘電率 ϵ_1 の無限に拡った誘電体の中に大きい球を考え，そしてこの球が内部能率 μ_i をもつ分子を含むとすれば，この大きい球の能率もまた μ_i である．

しかし，この大きい球がそれと同じ媒質の中に埋まっているのでない場合には，このことはもはや正しくない．なんとなれば異なる媒質の中にあれば，分子の外の電場は点双極子の電場とは異なるものになるからである．(A 2.26) との類似からこのような場合には球の能率は

$$\mu_s = \frac{3}{\epsilon_1 + 2} \mu_i \qquad (\text{A 2.32})$$

ルを表わす第一項だけが積分に寄与する．その項はそれぞれ $\cos\psi/r_e^2$ と $\cos\psi/r_i^2$ に比例する．従って二つの表面積分は打ち消し合う．

訳者註：上記の註の最後の部分について説明を加えておく．いま外の球の中心が双極子のおかれている点から $a(<r_e)$ だけずれているとする．任意の点 P における双極子からのポテンシャル Φ は，その双極子からの P への距離を r，その双極子の方向からはかった P の極角を θ とすると，$\cos\theta/r^2$ に比例する．双極子の方向を z 方向とすれば $\cos\theta/r^2$ は次のように書ける：

$$\frac{\cos\theta}{r^2} = \frac{z}{r^3} = -\frac{\partial}{\partial z}\frac{1}{r}.$$

次に原点を球の中心に移して，考えている点 P の球の中心からの距離を r' とし，球の中心から双極子へ引いた直線から測った P の極角を θ' とする．そうすると $1/r$ は次のようにルジャンドル関数に展開される：

$$\frac{1}{r} = \frac{1}{r'}\sum_{l=0}^{\infty}\left(\frac{a}{r'}\right)^l P_l(\cos\theta'). \qquad (\text{ただし } a<r')$$

この展開式の第一項は $1/r'$ である．これを z 方向に微分する．そのために z 軸を球の中心を通る位置に平行移動させ，その z 軸から測った極角を θ'' とする．そうすると

$$-\frac{\partial}{\partial z}\frac{1}{r'} = \frac{z}{r'^3} = \frac{\cos\theta''}{r'^2}.$$

ここで三つの方向を考える．すなわち球の中心 O と，考えている点 P とを結ぶ方向 $\overrightarrow{OP}$，始めに考えたベクトル s の方向，および z 方向である．z と $\overrightarrow{OP}$ の間の角は θ'' である．z と s の間の角を α とする．$\overrightarrow{OP}$ と s の間の角は ψ である．s を球の中心から引くとして，s と z 軸を含む面が s と $\overrightarrow{OP}$ を含む面となす角を φ とすると，

$$\cos\theta'' = \cos\alpha\cos\psi + \sin\alpha\sin\psi\cos\varphi$$

となる．右辺の第一項は $\int \Phi_e \cos\psi\, d\Omega$ の積分の Φ_e に $\cos\alpha\cos\psi/r_e^2$ に比例した寄与をする．これは球の中心の位置に無関係である．$\sin\psi$ に比例した第二項は積分に寄与しない．

上記のルジャンドル関数の展開式の第二項以下は積分に寄与しない．なぜならば，これらを z で微分すると $1/r'^3$ 以上に比例したポテンシャルになり，それらは $l\geq 2$ 以上の $P_l(\cos\theta')$ で表わされる．すなわち $P_2(\cos\theta')/r'^3$，$P_3(\cos\theta')/r'^4$，…… の組み合わせで表わされる．従ってルジャンドル関数の直交性によって積分には寄与しない．

で与えられると考えられるが，球の半径が分子に比べて大きい場合には計算によってこのことが実際に確かめられる．

以上で5つの異なる双極子能率 μ, μ_v, μ_i, μ_e, μ_s を導入した．混乱を防ぐために，もう一度簡単にその要約をしよう．

μ は球模型を使ったときだけ意味がある．

μ_v＝真空中の分子の能率．

μ_i＝誘電率 ϵ_1 の媒質中の分子の能率．

　＝ϵ_1 の無限に拡った媒質中の，分子を含む球の能率．

μ_e＝分子が作る双極子場と同じ場を ϵ_1 の媒質中に作る剛体点双極子の能率．

μ_s＝分子を含む真空中にある誘電球の能率．

公式を要約すると次のようになる：

$$\mu_v = \frac{3}{\epsilon_2+2} \frac{2\epsilon_1+\epsilon_2}{2\epsilon_1+1}\mu_i = \frac{2\epsilon_1+\epsilon_2}{\epsilon_1(\epsilon_2+2)}\mu_e$$

$$= \frac{\epsilon_1+2}{\epsilon_2+2}\frac{2\epsilon_1+\epsilon_2}{3\epsilon_1}\mu_s = \frac{3}{\epsilon_2+2}\mu. \quad (A\,2.33)$$

p. 169
(iii) 自己エネルギー

電場によって分極された誘電体の自由エネルギー F は3つの項から成り立つと考えてよい：(1) 場の中に入れる前の誘電体と場の自由エネルギーF_0；(2) 分極した誘電体と場の相互作用のエネルギー；(3) 誘電体を分極するのに必要な自由エネルギー．最後のものは自己エネルギー F_s とよばれる．もしも誘電体が一様に分極させられているならば，$F_s = \gamma M^2$ と仮定できる．ただし $\mathbf{M}$ は誘電体の能率である．$\mathbf{E}_0$ を誘電体をもちこむ前の電場（一様電場）とすれば，相互作用のエネルギーは $-(\mathbf{ME}_0)$ に等しい．従って

$$F - F_0 = -(\mathbf{ME}_0) + \gamma M^2. \quad (A\,2.34)$$

つりあいの状態では，$\mathbf{M} = (M_x, M_y, M_z)$ をパラメーターとして変えた場合に F は極小値をとらなければならない．すなわち

$$\frac{\partial E}{\partial M_x} = \frac{\partial F}{\partial M_y} = \frac{\partial F}{\partial M_z} = 0, \quad (A\,2.35)$$

これから

$$2\gamma M = E_0 \quad \text{すなわち} \quad \gamma = \frac{E_0}{2M}. \tag{A 2.36}$$

従って, $F_s = \gamma M^2$ とおいたことは $\mathbf{M}$ が $\mathbf{E}_0$ に平行であることを意味する. γ の値は誘電体の形に関係する. 半径 a の球を一様な電場 $\mathbf{E}_0$ に入れたときのその能率は次のものである:

$$\mathbf{M} = a^3 \mathbf{E}_0 (\epsilon_s - 1)/(\epsilon_s + 2).$$

従って

$$\gamma = \frac{1}{2} \frac{\epsilon_s + 2}{\epsilon_s - 1} \frac{1}{a^3}, \quad F_s = \frac{1}{2} \frac{\epsilon_s + 2}{\epsilon_s - 1} \frac{M^2}{a^3}. \tag{A 2.37}$$

他方 $\mathbf{E}_0$ に垂直な表面をもつ体積 V の板は $\mathbf{M} = V\mathbf{E}_0(\epsilon_s - 1)/4\pi\epsilon_s$ の能率をもつ. この場合には

$$\gamma = \frac{2\pi}{V} \frac{\epsilon_s}{\epsilon_s - 1}, \quad F_s = \frac{\epsilon_s}{\epsilon_s - 1} \frac{2\pi M^2}{V}. \tag{A 2.38}$$

どちらの場合にも, 分極 M/V が一定であれば F_s が体積に比例することはいうまでもない.

A 3. CLAUSIUS-MOSSOTTI の公式

5節では, そこで使ったモデルに対して正確に成り立つような静電誘電率 ϵ_s の式 (5.13) を導いた. この式は通常 Clausius-Mossotti 公式とよばれる. そののち6節では, 同様な公式が無極分子の液体に対して近似的に成り立ち, その近似がよいための条件は近距離相互作用が無視できることであるということを見出した. 8節では, 近距離相互作用を無視すれば, 7節の一般論から Clausius-Mossotti の式か, Onsager の式かのいずれかが出るということを指摘した. 前者は無極球形分子の場合で, 後者は有極球形分子の場合である. このことの証明は本節の終りにのべる.

p. 170

Clausius-Mossotti 公式が正確に成り立つかどうかは, 誘電体の文献に多

年にわたって議論されて来たことである．そして互いに矛盾する結論が引出されているが，それは主としてこの公式の意味の誤解に基づくものである．我々は巨視的な公式と分子論的な公式を区別しなければならない．通常同じ数学的記号が二つの場合に使われ，その結果としてしばしば混同が起るのである．巨視的な公式は正確に成り立つものであるが，分子論的公式は15節にのべた条件がみたされるときにだけ成り立つ．

巨視的公式を導き出すために，連続的な等方誘電体を考え，これを一定電場 $\mathbf{f}$ に入れたとしよう．すると，(A 2.16) によって，球の内部の電場は次のように与えられる：

$$\mathbf{E} = \frac{3}{\epsilon_s + 2} \mathbf{f}. \qquad (A\,3.1)$$

ただし ϵ_s は誘電率である．いま $\mathbf{M}_E$ を球に誘導された双極子能率としよう．そうすると球の分極率 α_m （添字 m は 'macroscopic' を意味する）は次の式で定義される：

$$\mathbf{M}_E = \alpha_m \mathbf{f}. \qquad (A\,3.2)$$

一方，(1.9) を見れば，

$$M_E = \frac{(\epsilon_s - 1)}{4\pi} VE = \frac{\epsilon_s - 1}{3} a_m{}^3 E \qquad (A\,3.3)$$

で，ここに V は体積，a_m は球の半径である．(A 3.3) と (A 3.2) を等しいとおき，(A 3.1) によって f を消去すれば次の Clausius-Mossotti 公式がえられる：

$$\frac{\epsilon_s - 1}{\epsilon_s + 2} = \frac{\alpha_m}{a_m{}^3}. \qquad (A\,3.4)$$

この公式を別の方法で導くために，一様な誘電体の中に球領域を考えよう．もしも一定電場 $\mathbf{E}$ が誘電体中に生じたとすると，球領域外の源によって球領域内にできる電場の部分（内部電場）は (5.9) の表式によって与えられ，これは我々の電場 $\mathbf{f}$ に等しい（(A 3.1) 参照）．そこで，それ以後の計算を上に与えた計算と同じにして，(A 3.4) が得られる．

A 3. CLAUSIUS-MOSSOTTI の公式

 (A 3.4) 式は球領域が十分に大きい限りはいつも正しく成り立つ．すなわち，その球に含まれる物質を巨視的な観点からみてよい場合にこれが成り立つ．分子論的観点からは (A 3.4) はそのままでは意味をもたない．これに意味をもたすためには，分極率 α を他の量 — 静電的誘電率の測定によって実験的に求められるものでなく，何か違った性質の実験できめられる値をもつ量 — によって表わされねばならない．

 (A 3.4) 式が主に応用される場合は，電荷の弾性的変化と関係づけられるような分極を示す誘電体の場合 (4節(i)の場合) である．球内の誘電物質の最も一般な変位は，そのとき基準振動の重ね合わせによって表わされ (Van Vleck, [$V3$] 参照)，その結果として分極率 α は，物質の密度を一定に保てば温度に無関係な定数となる．このような方法の重要性は，このような方法によって，弾性的変位の仮定から温度に無関係な誘電率が導かれることである．

p. 171

 次に '分子論' 的な，Clausius-Mossotti の公式を議論しよう．この場合には，巨視的分極率 α_m が分子的分極率 α — 温度と密度に無関係な定数 — によって表わすことができると仮定する．すなわち半径 a_m の巨視的な球の中の分子の数を N として

$$\alpha_m = N\alpha \qquad (A 3.5)$$

であるとする．さらに分子が占める体積を

$$\frac{4\pi}{3}a^3 = \frac{V}{N} = \frac{4\pi}{3}\frac{a_m^3}{N} \qquad (A 3.6)$$

とすれば，(A 3.5) と (A 3.6) を (A 3.4) に代入して次の式が得られる：

$$\frac{\epsilon_s - 1}{\epsilon_s + 2} = \frac{\alpha}{a^3}. \qquad (A 3.7)$$

この分子論的な公式は (A 3.4) と同じ数学的形式をもっているが，その意味は違ったものである．つまり (A 3.7) では分極率 α は一個の分子の性質であって，巨視的なパラメータには無関係である．$3/4\pi a^3$ という量は単位体積中の分子数 N_0 に等しく，それは分子量 W と密度 d によって表わす

と次のようになる：

$$\frac{3}{4\pi a^3} = N_0 = \frac{d}{W}A \qquad (A\,3.8)$$

ただし，A は Avogadro 数である．従って α/a^3 は誘電体の密度に比例し，外圧を変えれば変る量である．(A 3.4) の式からはこのような結論は引出せない．(A 3.4) にでている巨視的分極率 α_m は密度の関数ではあるが密度に比例するとは限らない．

(A 3.4) から (A 3.7) に至る途中の決定的段階は，(A 3.5) の仮説の中に含まれている．(A 3.5) は分子間に近距離相互作用がない場合にだけ成り立つと考えられるものであることを承知しておかねばならない．何故ならばこのような相互作用は，与えられた分子の外電場に対する反応を変えるからである．実際，本文で分子論的 Clausius-Mossotti 公式 ((5.13) と (6.34)) を導いた際には近距離相互作用がないとした．

最後に，7 節の一般論を，近距離力が全く存在しないようなモデルに適用して，(A 3.7) と Onsager 公式を導くことにしよう．いま単位胞は球形で，この単位胞の外側の平均分極は，この単位胞の能率 **m** によって分極された等方連続体の平均分極に等しいと仮定しよう．この場合には，単位胞を含む球（その球よりも大きい試料の中に埋まった球）の平均能率 **m*** は，7 節で示したように，単位胞の能率 **m** に等しい．従って 7 節で導入した球形領域はこの単位胞と同じものであるとしてよい．このため (7.11) は，$N=1$ とおいた (7.34) を考慮に入れると，(7.33) と同じものになる．そこで (A 3.8) を使えば

$$\epsilon_s - 1 = \frac{3\epsilon_s}{2\epsilon_s + 1} \frac{\overline{m^2}}{kTa^3} \qquad (A\,3.9)$$

p. 172
が得られる．ここに $\overline{m^2}$ は，球状単位胞がそれと同じ媒質中にある場合に，その球状単位胞が示す自発双極子能率の二乗平均である．はじめこの単位胞が能率 μ をもつ剛体双極子を含んでいるとすれば，$\mathbf{m} = \mu$ および $\overline{m^2} = \mu^2$ となり，(A 3.9) から Onsager の式が出る．しかし，他方，永久能率をも

A 3. CLAUSIUS-MOSSOTTI の公式

たない球状の分極可能な分子を考えれば，このような分子は弾性的に束縛された電荷 e によって表わされる．このとき $\mathbf{r}$ を変位とすれば，内部エネルギー U_i は $\mathbf{r}$ について二次形式でなければならない．すなわち，

$$U_i = \frac{c}{2} r^2, \qquad (A\,3.10)$$

ただし c は分子常数である．この常数を分極率で書き表わすために，外部電場 $\mathbf{f}$ の中に分子を持ち込んだとしよう．そうすると，そのポテンシャル・エネルギーは次のように与えられる：

$$\frac{c}{2} r^2 - e\,\mathbf{f}\mathbf{r}. \qquad (A\,3.11)$$

$\mathbf{r}$ の平衡値 $\bar{\mathbf{r}}$ はこの量を極小にすることによって得られる．すなわち

$$e\,\bar{\mathbf{r}} = \frac{e^2}{c} \mathbf{f} \qquad (A\,3.12)$$

は分子の平均能率である．そしてこれは $\alpha \mathbf{f}$ に等しくなければならないから，

$$\alpha = \frac{e^2}{c} \qquad (A\,3.13)$$

が得られ，従って (A 3.10) によって，

$$U_i = \frac{e^2}{2\alpha} r^2. \qquad (A\,3.13)$$

$\overline{m^2}$ を計算するためにはエネルギー $U = U_i + U_e$ が必要である．何となれば，(7.12) のように $\mathbf{m} = e\mathbf{r}$ とおいて，

$$\overline{m^2} = e^2 \int_0^\infty r^2 e^{-U/kT} r^2 dr \bigg/ \int_0^\infty e^{-U/kT} r^2 dr. \qquad (A\,3.15)$$

さて，$\mathbf{R}$ を反作用場とすれば，外部エネルギー U_e は $-\frac{1}{2}\mathbf{m}\mathbf{R}$ によって与えられる．これは (7.18) を導いたときの議論によって分る通りである．それ故，(5.10) 式を使い，$4\pi a^3/3 = V$ に注意して，

$$U_e = -\frac{m^2}{a^3} \frac{\epsilon_s - 1}{2\epsilon_s + 1} = -\frac{e^2}{a^3} \frac{\epsilon_s - 1}{2\epsilon_s + 1} r^2. \qquad (A\,3.16)$$

(A 3.15) に $U=U_i+U_e$ を代入して積分すれば：

$$\overline{m^2}=\frac{3}{2}\frac{kT2a^3(2\epsilon_s+1)\alpha}{a^3(2\epsilon_s+1)-2(\epsilon_s-1)\alpha}. \qquad (A\,3.17)$$

この表式を (A 3.9) に代入すればすぐに (A 3.7) が得られる．

上記の導出では，外部エネルギー U_e —— これは反作用場と分子の相互作用を含む —— が重要であることを強調したい．

上の結果を双極子能率 μ をもつ分極不能な分子の場合 (Onsager の場合) と比べることは面白い．この場合には分子と反作用場の相互作用は問題にならない．変り得る量は μ の方向だけであり，μ の大きさは変らない．また $\mathbf{m}=\mu$ であるから $m^2=\mu^2=$ 一定で，(A 3.16) によると U_e も一定である．従って，(A 3.15) で U_e を含む項は積分の外に出すことができ，分母と分子から消える．

A 4. 吸収曲線の形 [F 9]

質量 M，電荷 e，固有振動数 $\omega_0/2\pi$ の一次元調和振動子の集りを考えよう．その単位体積当りの数 N は十分に小さく，そのために相互作用は無視できるとする．この集りに外部電場 E が働くと，E が時間の関数であっても，運動方程式は

$$\ddot{x}=-\omega_0^2 x+\frac{e}{M}E\cos\theta \qquad (A\,4.1)$$

となる．ここで x は電荷 e の変位であり，θ は $\mathbf{E}$ が x 方向となす角で，点は時間に関する微分を表わす．これらの振動子が熱平衡にある媒質とひんぱんに衝突を行なうと考え，そのためにそれらは熱平衡に向って近づくとする．それらの振舞いを記述するために，分布関数 $f(x,\dot{x})$ を導入する．$f(x,\dot{x})dxd\dot{x}$ は変位が x と $x+dx$ の間にあり，速度が $\dot{x}$ と $\dot{x}+d\dot{x}$ の間にある振動子の単位体積当りの数を表わす．従って

$$\iint_{-\infty}^{\infty}f(x,\dot{x})dx\,d\dot{x}=N. \qquad (A\,4.2)$$

A 4. 吸収曲線の形

この分布関数を使って電場方向の分極 P は次のように求められる:

$$P = e\cos\theta \iint_{-\infty}^{\infty} x f(x, \dot{x}) dx d\dot{x}. \tag{A 4.3}$$

まず静電的な場合を考えよう．この場合には電場は時間に無関係であり，$E = E_0$．U を一つの振動子のエネルギー，すなわち

$$U = U_0 - eEx\cos\theta, \tag{A 4.4}$$

$$U_0 = \frac{1}{2} M\omega_0^2 x^2 + \frac{1}{2} M\dot{x}^2 \tag{A 4.5}$$

とすれば，つりあいの状態では，Boltzmann の定理によって

$$f(x, \dot{x}) = C e^{-U(x,\dot{x})/kT}. \tag{A 4.6}$$

ここに C は x と $\dot{x}$ に無関係であり，(A 4.2) によって決められる定数である．(A 4.4) を使うと，

$$e^{-U(x,\dot{x})/kT} = e^{-U_0/kT} \left\{ 1 - \frac{eEx\cos\theta}{kT} + \frac{1}{2}\left(\frac{eEx\cos\theta}{kT}\right)^2 + \cdots \right\}. \tag{A 4.7}$$

従って，(A 4.5) を考慮に入れて

$$f = f_0 - \frac{eE\cos\theta}{M\omega_0^2} \frac{\partial f_0}{\partial x} + \cdots, \tag{A 4.8}$$

ただし，…… は E の高次のベキに比例する項を表わす．分極 P の計算には E の一次の項だけを考えればよいから，これらの高次の項は考える必要がない．正確にいうならば，P を E で展開した式が収斂することを証明しなければならないが，それは省略する．(A 4.9) で

$$f_0 = C e^{-U_0/kT} \tag{A 4.9}$$

は電場がない場合の平衡分布を表わす．因数 C は，この場合に (A 4.2) を E の一次および零次の項だけを考えて計算する限りは，(A 4.6) の C と同じである．

さて (A 4.8) を (A 4.3) に代入すると，一定電場における分極 P_0 は次のようになる:

$$P_0 = e\cos\theta \left(\iint_{-\infty}^{\infty} xf_0\,dx\,d\dot{x} - \frac{eE\cos\theta}{M\omega_0^2} \iint_{-\infty}^{\infty} x\frac{\partial f_0}{\partial x}\,dx\,d\dot{x} \right). \quad (\text{A 4.10})$$

ここで第一項は f_0 が x の偶関数であることから消える．第二項を部分積分で書きかえ，(A 4.2) を使うと，

$$P_0 = \frac{e^2 E \cos^2\theta\, N}{M\omega_0^2}. \quad (\text{A 4.11})$$

これを電場のすべての方向について平均すれば，$\cos^2\theta$ を 1/3 で置きかえたものになる．従って静電的誘電率への寄与 $\Delta\epsilon$ は次の式で与えられる：

$$\Delta\epsilon = \frac{P_0}{E} = \frac{e^2 N}{3M\omega_0^2}. \quad (\text{A 4.12})$$

次に周期電場 E を考えよう．このときは

$$E = E_0\, e^{-i\omega t}. \quad (\text{A 4.13})$$

この場合にも分布関数 f を導入しよう．これは (A 4.2) をみたすが，いまの場合は時間の関数である．与えられた x と $\dot{x}$ の値に対する f の時間変化 $\partial f/\partial t$ を考えて f を計算することにしよう．この $\partial f/\partial t$ は二つの項からできている．その一つは，振動子がその周囲の媒質と衝突することによるものであり，もう一つは振動子の運動によるものである．衝突による f の変化の割合を $(\partial f/\partial t)_{\text{coll}}$ とかけば，

$$\left(\frac{\partial f}{\partial t}\right)_{\text{coll}} = -\frac{1}{\tau}(f - f_{\text{equ}}) \quad (\text{A 4.14})$$

とおくことが最も簡単な仮定である．ここで緩和時間 τ は x と $\dot{x}$ に無関係とする．このことは f がつりあい状態の f_{equ} に指数関数的に近づくことを意味する．

時間とともに変る電場に対しても，f_{equ} がいま考えている時刻の電場の値に相当した平衡分布であるとすれば，(A 4.14) はやはり成り立つ．従って，(A 4.8) と (A 4.13) を使って

$$f_{\text{equ}} = f_0 - \frac{eE_0\, e^{-i\omega t}\cos\theta}{M\omega_0^2}\frac{\partial f_0}{\partial x} \quad (\text{A 4.15})$$

A 4. 吸収曲線の形

となる. この場合の分布関数 f に対しては次のように仮定する:

$$f(x,\dot{x},t)=f_0(x,\dot{x})+g(x,\dot{x})E_0\cos\theta\,e^{-i\omega t}, \quad (A\,4.16)$$

p. 175
ここに $g(x,\dot{x})$ は時間 t に無関係な x と $\dot{x}$ の関数である. (A 4.2) をみたすためには

$$\iint_{-\infty}^{\infty}g(x,\dot{x})dxd\dot{x}=0 \quad (A\,4.17)$$

でなければならない. (A 4.16) と (A 4.15) を (A 4.14) に代入すると, その結果は次のようになる:

$$\left(\frac{\partial f}{\partial t}\right)_{\text{coll}}=-\frac{1}{\tau}\left(g+\frac{e}{M\omega_0^2}\frac{\partial f_0}{\partial x}\right)E_0\,e^{-i\omega t}\cos\theta. \quad (A\,4.18)$$

次に振動子の運動からの $\partial f/\partial t$ への寄与がある. この寄与を $(\partial f/\partial t)_m$ と記せば,

$$\frac{\partial f}{\partial t}=\left(\frac{\partial f}{\partial t}\right)_{\text{coll}}+\left(\frac{\partial f}{\partial t}\right)_m. \quad (A\,4.19)$$

$(\partial f/\partial t)_m$ の表現をみいだすために, 時刻 t において $\Delta x\Delta\dot{x}$ の間隔に含まれるすべての振動子—その数は $f(x,\dot{x},t)\Delta x\Delta\dot{x}$ —は, 時刻 $t-\delta t$ において座標 $x-\dot{x}\,\delta t$, $\dot{x}-\ddot{x}\,\delta t$ のところの, 同じ大きさ[†] の間隔 $\Delta x\Delta\dot{x}$ の中にあったということに注意しよう. ただし衝突によって数が変らなかったとする. この間隔に時刻 $t-\delta t$ において含まれていた $f(x,\dot{x},t-\delta t)\Delta x\Delta\dot{x}$ 個のすべての振動子が前記の間隔の中へ移動して来たのであるから, 運動による f の変化の割合は

$$\frac{1}{\delta t}\{f(x-\dot{x}\,\delta t,\ \dot{x}-\ddot{x}\,\delta t,\ t-\delta t)-f(x,\ \dot{x},\ t-\delta t)\}$$

となる. これから, $\delta t\to 0$ として,

$$\left(\frac{\partial f}{\partial t}\right)_m=-\frac{\partial f}{\partial x}\dot{x}-\frac{\partial f}{\partial\dot{x}}\ddot{x} \quad (A\,4.20)$$

[†] これは (A 4.1) を使って証明することができる. (訳者註: これは Liouville の定理の特別な場合である).

が得られ，(A 4.1) を使うと：

$$\left(\frac{\partial f}{\partial t}\right)_m = -\frac{\partial f}{\partial x}\dot{x} + \omega_0^2 \frac{\partial f}{\partial \dot{x}}x - \frac{eE_0 \cos\theta\, e^{-i\omega t}}{M}\frac{\partial f}{\partial \dot{x}}. \quad (A\,4.21)$$

さて，(A 4.9) と (A 4.5) から次の式が出る：

$$-\frac{\partial f_0}{\partial x}\dot{x} + \omega_0^2 \frac{\partial f}{\partial \dot{x}}x = 0. \quad (A\,4.22)$$

(A 4.16) を (A 4.20) に代入し，(A 4.22) を使い，E_0 に比例した項を無視すると次の結果が得られる：

$$\left(\frac{\partial f}{\partial t}\right)_m = \left(-\frac{\partial g}{\partial x}\dot{x} + \omega_0^2 \frac{\partial g}{\partial \dot{x}}x - \frac{e}{M}\frac{\partial f_0}{\partial \dot{x}}\right)E_0\, e^{-i\omega t}\cos\theta. \quad (A\,4.23)$$

また (A 4.16) から

$$\frac{\partial f}{\partial t} = -i\omega g\, E_0\, e^{-i\omega t}\cos\theta. \quad (A\,4.24)$$

そこで (A 4.24)，(A 4.23)，および (A 4.18) を (A 4.19) に代入すると，g は次の微分方程式をみたすことが分る：

$$\left(-i\omega + \frac{1}{\tau}\right)g = -\frac{\partial g}{\partial x}\dot{x} + \omega_0^2 \frac{\partial g}{\partial \dot{x}}x - \frac{e}{M}\frac{\partial f_0}{\partial \dot{x}} - \frac{e}{M\omega_0^2\tau}\frac{\partial f_0}{\partial x}.$$
$$(A\,4.25)$$

p. 176
この方程式を解くために

$$g = a\frac{\partial f_0}{\partial x} + b\frac{\partial f_0}{\partial \dot{x}} \quad (A\,4.26)$$

とおく．a と b は定数である．

これは (A 4.25) の最も一般な解を表わすわけではないが，Huby [H 3] が証明したところによると，これは，すべての要求をみたす唯一つの解である．

分極 P は (A 4.3)，(A 4.16)，および (A 4.26) によって次のように計算される：

A 4. 吸収曲線の形

$$P = e\cos^2\theta\, E_0\, e^{-i\omega t} \iint_{-\infty}^{\infty} x\left(a\frac{\partial f_0}{\partial x} + b\frac{\partial f_0}{\partial \dot{x}}\right)dx\,d\dot{x} = -e\cos^2\theta\, E_0\, e^{-i\omega t}a.$$
(A 4.27)

係数 a と b を決めるために (A 4.26) を (A 4.25) に代入して次の二つの式を使う：

$$\left(-\dot{x}\frac{\partial}{\partial x} + \omega_0^2 x\frac{\partial}{\partial \dot{x}}\right)\frac{\partial f_0}{\partial x} = -\omega_0^2\frac{\partial f_0}{\partial \dot{x}},$$
(A 4.28)

$$\left(-\dot{x}\frac{\partial}{\partial x} + \omega_0^2 x\frac{\partial}{\partial \dot{x}}\right)\frac{\partial f_0}{\partial \dot{x}} = \frac{\partial f_0}{\partial x}.$$
(A 4.29)

そうすると次の二つの式が得られる：

$$\left(-i\omega + \frac{1}{\tau}\right)a = b - \frac{e}{M\omega_0^2\tau},$$
(A 4.30)

$$\left(-i\omega + \frac{1}{\tau}\right)b = -\omega_0^2 a - \frac{e}{M}$$
(A 4.31)

従って

$$\begin{aligned}
a &= -\frac{e}{M\omega_0^2}\frac{\omega_0^2\tau^2 + 1 - i\omega\tau}{\omega_0^2\tau^2 + (1-i\omega\tau)^2} \\
&= -\frac{e}{M\omega_0^2}\frac{1}{2}\left(\frac{1-i\omega_0\tau}{1-i(\omega+\omega_0)\tau} + \frac{1+i\omega_0\tau}{1-i(\omega-\omega_0)\tau}\right).
\end{aligned}$$
(A 4.32)

(A 4.32) を (A 4.27) に代入して (A 4.12) を参照すると (13.9) 式が得られる．

B 1. 静電的誘電率

7節に展開した静電的誘電率 ϵ_s を計算するための方法は完全に一般的であり，この方法で (7.20), (7.21), (7.33) の ϵ_s の式を出した．そこでは体積 V の大きい球を考え，それが同一の誘電率をもつ連続媒質の中に埋ま

っていると仮定した．この方法を拡張して，球を囲む連続媒質が任意の静電的誘電率 ϵ_1 をもつ場合を扱うことができる．この拡張された場合は二つの特別な場合を含む．その一つは球が真空中にある場合（$\epsilon_1 = 1$）で，他の一つは球がそれと同一の媒質の中にある場合（$\epsilon_1 = \epsilon_s$）である．球とそれを囲む部分との相互作用は，後者の静電的誘電率を使って，球の双極子能率 **M**（球内の粒子のある配置に対するもの）から静電的に計算することができる．もしも球が十分に大きければ，この計算に微視的な考察が含まれないことは明らかであるから，巨視的な式 (7.14) を，このとき平均二乗偏差 $\overline{M^2}$ の計算の出発点としてとることができる．(7.14) の積分の値を求めるためには，全系の自由エネルギーの球の能率 M に関係する部分 $F(M)$ が必要である．この自由エネルギーは (3.13) の自由エネルギーの項と同じもので，(7.16) と (7.18) で与えられる球内の部分と球外の部分の和として表わされる：

$$F(M) = F_i(M) + F_e(M), \qquad (\text{B 1.1})$$

ここに

$$F_e(M) = -\frac{1}{2}\mathbf{MR}; \quad \mathbf{R} = g\mathbf{M}. \qquad (\text{B 1.2})$$

因数 g は (A 2.19) によると

$$g = \frac{4\pi}{3V} \frac{2(\epsilon_1 - 1)}{2\epsilon_1 - 1}, \qquad (\text{B 1.3})$$

で与えられ，従って (B 1.1)—(B 1.3) と (7.16) によって $F(M)$ は次のようになる：

$$F(M) = \frac{1}{2} \frac{4\pi}{V} \frac{2\epsilon_1 + \epsilon_s}{(\epsilon_s - 1)(2\epsilon_1 + 1)} M^2. \qquad (\text{B 1.4})$$

反作用場を静電誘電率を使って計算することに対して反対論がきかれることがある．つまり，能率 **M** は時間的にゆらぐから，**R** を計算するためには何か適当な動的誘電率を使わねばならないというのである．しかしこれは間違っている．なぜならば，(7.14) を出すための一般式（(7.12) の次の式）は結局自由エネルギー $F(M)$ だけしか含まず，この $F(M)$ は静的な量だから

B 1. 静電的誘電率

である．この式の導出は文献 [T 1] に与えられている．動的な要素が存在しないという理由は，統計力学における重みの因子 $\exp(-H/kT)$ にさかのぼって考えられる．ここで H は系の全エネルギーであって，運動エネルギーと位置エネルギーの和である：

$$H = H_{\text{kin}}(\dot{\mathbf{X}}) + H_{\text{pot}}(\mathbf{X}). \tag{B 1.5}$$

$\mathbf{X}$ はすべての位置座標を表わし，$\dot{\mathbf{X}}$ はそれらの速度を表わす．位置座標の関数—それを $f(\mathbf{X})$ とする—の平均値を計算する場合には $\dot{\mathbf{X}}$ に関係する項は消えて

$$\bar{f} = \int f(\mathbf{X}) e^{-H/kT} d\mathbf{X} d\dot{\mathbf{X}} \Big/ \int e^{-H/kT} d\mathbf{X} d\dot{\mathbf{X}}$$

$$= \int f(X) e^{-H_{\text{pot}}/kT} dX \Big/ \int e^{-H_{\text{pot}}/kT} dX \tag{B 1.6}$$

となり，この式は $\bar{f}$ に動的性質が入りこまないということを示している．以上によって一般的な理由は納得できるであろうが，このような疑問を解明するのに役立つごく簡単な例を B2 に与えよう．

$\overline{M^2}$ の計算を完遂するために (B 1.4) を (7.14) に代入する．そして積分を行なえば (p. 42 の脚註を使って)，

$$\overline{M^2} = kT \frac{3V}{4\pi} (\epsilon_s - 1) \frac{2\epsilon_1 + 1}{2\epsilon_1 + \epsilon_s}. \tag{B 1.7}$$

$\epsilon_1 = \epsilon_s$ と $\epsilon_1 = 1$ に対してこの式はそれぞれ (7.20) と (7.21) に同じものになる．

(B 1.7) は非常に沢山の粒子を含んだ球に対して導いたものであるが，しかし注意に値することは，もしもこの式を単一の剛体双極子 ($\mathbf{M} = \boldsymbol{\mu}$) がそれ自身の媒質 ($\epsilon_1 = \epsilon_s$) にうずまっている場合に適用すれば，(B 1.7) は剛体双極子に対する Onsager の ($n=1$, $N_0 = 1/V$ とした (6.36) 式) と同じものになるということである．このことは偶然ではない．なぜならば，Onsager の式の導出には近距離相互作用がないことを仮定した．その意味は
i) 二つの双極子があたかも点双極子であるかのように相互に作用すること，

ii) その物質が等方的とみなされるようにそれらの双極子が配列していることである．このような場合には，与えられた一つの双極子と他のすべての双極子の間の相互作用は，前者と連続媒質との間の相互作用と同じである．つまり，連続媒質が与えられた双極子の位置に作る電場は，その連続媒質の小さい各体積素片の双極子能率が作る電場を重ね合わせたものと考えてよいからである．そうすると，次に，媒質が完全に等方的ではないことを考慮に入れるため，このモデルを改良して四重極および更に高次の極からの寄与を含めることに誘惑を感じるであろう．しかし，四重極以上の寄与は双極子寄与よりも近距離的なものであるから，そうすることは筋が立たない．筋を立てるためには他の型の近距離力をも含めることが必要である．

高周波寄与を分離すること

(B 1.7) で計算した平均のゆらぎ $\overline{M^2}$ は，原理的には色々な周波数からの平均寄与に分解できるはずである．その計算には周波数に依存する複素誘電率 $\epsilon(\omega)$ が問題になる．多くの物質では，$\epsilon(\omega)$ の振舞いから，このような寄与がよく分解されていることが分り，そしてそれらの寄与は異なる運動の型に帰着されることが分る．そのような場合というのは，ある高い周波数で誘電率 $\epsilon(\omega)$ がある値 ϵ_∞ に達し，それから以後，赤外吸収が始まるまでの周波数域では $\epsilon(\omega)$ はほぼ一定値を保ち，さらに高い周波数ではそれは降下して一定値 n^2 になり，光学的吸収がはじまるまでは再びほぼ一定値を保つという場合である．このような明瞭な分離が起る場合には，ゆらぎ $\overline{M^2}$ はよく分離されたグループからの寄与に分けることが可能でなければならない．ごく簡単な場合はイオン結晶の場合で，このときは結晶の動的性質は赤外域の基準振動と紫外域の基準振動に分けることができる (18節)．そのときエネルギーも自由エネルギーもこのような異なる基準振動の寄与の和となり，$\overline{M^2}$ の分離はごく簡単にできる．以下では†双極性物質に対して高周波数寄

---

† H. Fröhlich, *Physica*, 1956, **22**, 898; B. K. P. Scaife, *Proc. Phys. Soc.*, 1957, **70** B, 314.

B 1. 静電的誘電率

与の分離を実際に行ってみよう．このときは，いうまでもなく，二つの巨視的誘電率 ϵ_s と ϵ_∞ を使った巨視的考察だけが必要である．

最初に真空中にある球の場合を考えよう．このときは与えられた巨視的能率 $\mathbf{M}$ は，低周波数と高周波数に相当する二つの部分 $\mathbf{M}_l$ と $\mathbf{M}_h$ から成り立つと考えてよい：

$$\mathbf{M} = \mathbf{M}_l + \mathbf{M}_h. \qquad (\text{B}1.8)$$

特別な場合として双極性物質のときには，$\mathbf{M}_h$ は主としてイオンと電子の弾性的変位により，$\mathbf{M}_l$ は双極子の向きによる．ただし後者にはそれが誘起す

p. 179

る変位分極を含める．(B 1.8) 式は $\mathbf{M}_l$ と $\mathbf{M}_h$ の完全な定義を表わしているのではない．例えば $\mathbf{M}_h$ が何か他の方法で定義されたときに $\mathbf{M}_l$ を定義する式である．$\mathbf{M}$ はもちろん直接測定できるものである．

$\mathbf{M}_h$ の定義には高周波誘電率 ϵ_∞ が入りこむが，自由エネルギーの助けをかりて定義するのが一番よい．まず $\epsilon = \epsilon_\infty$ が成り立つような周波数範囲では双極子の向きによる誘電率への寄与は全くないと仮定しよう．いま双極子の向きの変化を妨げるような魔神がいたと想像し，彼は電荷の静電的変位だけを許すものと考えよう．そうすれば我々の物質は静電的誘電率 ϵ_∞ をもつことになり，そして真空中にある球を考えているのであるから $F_e = 0$ ((7.18) で $\epsilon_1 = 1$ とおく) となるため，自由エネルギーは (7.16) の ϵ_s を ϵ_∞ でおきかえたもので与えられることになる．すなわち自由エネルギーを $F_{ih}(M_h)$ と書けば，

$$F_{ih}(M_h) = \frac{1}{2} \frac{M_h^2}{\beta(1)}; \quad \beta(1) = \frac{3V}{4\pi} \frac{\epsilon_\infty - 1}{\epsilon_\infty + 2}. \qquad (\text{B}1.9)$$

そこで，$\mathbf{M}_h$ が与えられたとき，魔神が双極子の向きを変えて，$\mathbf{M}_h$ を変えずに全能率を $\mathbf{M}$ にしたと想像しよう．その際，定義によって $\mathbf{M}_l$ は双極子の向きの変化によって誘起される変位能率を含むということを思い出しておこう．このように $\mathbf{M}_l$ を定義することは，以下に示すように，全自由エネルギー（球が真空中にあるから球内部の自由エネルギーと同じもの）が下の式のような形の和になることと同等である．すなわち，全自由エネルギーを

$F_{,lh}(\mathbf{M}_l, \mathbf{M}_h)$ と書いて,*

$$F_{,lh}(\mathbf{M}_l, \mathbf{M}_h) = F_l(M_l) + F_{lh}(M_h), \qquad (\text{B}1.10)$$

ただし F_{lh} は (B1.9) で与えられ,また

$$F_l(M_l) = \frac{1}{2} \frac{M_l^2}{\gamma(1)} ; \quad \gamma(1) = \frac{3V}{4\pi} \left(\frac{\epsilon_s - 1}{\epsilon_s + 2} - \frac{\epsilon_\infty - 1}{\epsilon_\infty + 2} \right). \quad (\text{B}1.11)$$

これを証明するためには,** $F_i(M)$ に対する (7.16) 式が $\mathbf{M} = \mathbf{M}_l + \mathbf{M}_h$ を一定に保ち $\mathbf{D} = \mathbf{M}_l - \mathbf{M}_h$ を色々に変えて $F_{i,lh}$ を適当に平均することによって得られることを示さねばならない.すなわち

$$e^{-F_i/kT} = \text{const.} \int e^{-F_{i,lh}/kT} d\mathbf{D}. \qquad (\text{B}1.12)$$

ここで const. は $\mathbf{M}_l$ と $\mathbf{M}_h$ には無関係な定数である.さて,

$$\mathbf{M}_l = \frac{1}{2}(\mathbf{D} + \mathbf{M}) ; \quad \mathbf{M}_h = \frac{1}{2}(\mathbf{M} - \mathbf{D}), \qquad (\text{B}1.13)$$

であるから

$$F_{i,lh} = \frac{1}{2}\left(\frac{M_h^2}{\beta(1)} + \frac{M_l^2}{\gamma(1)}\right) = \frac{1}{8}\left\{\left(\frac{1}{\beta(1)} + \frac{1}{\gamma(1)}\right)(D^2 + M^2) \right.$$
$$\left. + 2\left(\frac{1}{\gamma(1)} - \frac{1}{\beta(1)}\right)\mathbf{D}\mathbf{M}\right\}. \qquad (\text{B}1.14)$$

---

* $F_{i,lh}(\mathbf{M}_l, \mathbf{M}_h)$ は $\mathbf{M}_l$ と $\mathbf{M}_h$ が与えられたときの自由エネルギーである. $F_i(M)$ は $\mathbf{M} = \mathbf{M}_l + \mathbf{M}_h$ が与えられたときの自由エネルギー(等方的物質を考えるから $|\mathbf{M}| = M$ の関数)であるから, $F_{i,lh}$ から F_i を求めるには, $\mathbf{M}$ を一定にし,従って $\mathbf{D} = \mathbf{M}_l - \mathbf{M}_h$ だけを変えて, (B1.12) のような積分を計算することになる.これは統計力学でいつも使う手段である. $d\mathbf{D}$ は $dD_x \, dD_y \, dD_z$ の略.

** 自由エネルギー $F_{i,lh}$ が $M_h^2/2\beta(1) + M_l^2/2\gamma(1)$ の形となることは以下で証明することでなく,このことは高周波部分と低周波部分がよく分離されているという仮定に基づく.つまり, $\mathbf{M}_h$ を一定に保って $\mathbf{M}_l$ を変えたとき,自由エネルギーは M_l^2 だけに依存して変り, $\mathbf{M}_h$ によらないということが分離の意味である.なお本文には $\mathbf{M}_l$ の定義が (B1.10) と (B1.11) を合わせたものと同等であると書いてあるが,のようないい方はおもしろくない.この附近の原文は甚だ説明がまずく,意味がつかみにくい.要するに, $F_{i,lh} = M_h^2/2\beta(1) + M_l^2/2\gamma(1)$ であって $\beta(1)$ が (B1.9) で与えられているときには, $\gamma(1)$ が (B1.11) の第二式になる,ということが証明のすべてである.そのとき (7.16) を使う.

B 1. 静電的誘電率

(B 1.12) を積分し M^2 の項を比較すると F_i は次のようになる：*

$$F_i = \frac{1}{2} \frac{M^2}{\beta(1) + \gamma(1)}. \qquad (B\,1.15)$$

この式を (7.16) と比較すると

$$\beta(1) + \gamma(1) = \frac{3V}{4\pi} \frac{\epsilon_s - 1}{\epsilon_s + 2} \qquad (B\,1.16)$$

が得られ，いま要求されているように，これは (B 1.9) と (B 1.11) の $\beta(1)$ と $\gamma(1)$ の定義に一致する。

p. 180
$F_{i,lh}$ が M_e^2 に比例する項と M_h^2 に比例する項に分れることからの大事な結論の一つは $\overline{\mathbf{M}_l \mathbf{M}_h} = 0$ であるということである。** 従って

$$\overline{M^2} = \overline{M_h^2} + \overline{M_l^2} \qquad (B\,1.17)$$

の関係が (B 1.8) のほかに成り立つ。

次の段階として，球が誘電率 ϵ_1 の連続媒質中に埋まっている場合を考えよう。いままた (B 1.8) と (B 1.17) が成り立つように $\mathbf{M}$ を分離しよう。すなわち自由エネルギー F_{lh} が

$$F_{lh} = F_l + F_h \qquad (B\,1.18)$$

と書けるようにしよう。ただし

$$F_h = \frac{1}{2} \frac{M_l^2}{\beta(\epsilon_1)}, \quad F_l = \frac{1}{2} \frac{M_h^2}{\gamma(\epsilon_1)}. \qquad (B\,1.19)$$

もしも $\epsilon_1 \neq 1$ であれば自由エネルギー F_{lh} は，(B 1.1) のように外部と内

---

* (B 1.14) を書きかえると

$$F_{i,lh} = \frac{1}{8} \sum_{x,y,z} \left\{ \left(\frac{1}{\beta} + \frac{1}{\gamma}\right)(D_x^2 + M_x^2) + 2\left(\frac{1}{\gamma} - \frac{1}{\beta}\right) D_x M_x \right\}$$
$$= \frac{1}{8} \sum_{x,y,z} \left\{ \left(\frac{1}{\beta} + \frac{1}{\gamma}\right)\left(D_x + \frac{\beta - \gamma}{\beta + \gamma} M_x\right)^2 + \frac{4}{\beta + \gamma} M_x^2 \right\}$$

となる。(B 1.12) の右辺にこの結果を入れて D_x, D_y, D_z についての積分をするとき，$\left(\frac{1}{\beta} + \frac{1}{\gamma}\right)\left(D_x + \frac{\beta - \gamma}{\beta + \gamma} M_x\right)^2$, etc. からは Gauss 積分が出て，それは M_x, etc. に関係しないものになる。$\frac{4}{\beta + \gamma} M_x^2$ の項を x, y, z について集めると $\frac{M^2}{2(\beta + \gamma)}$ が出る。

** $F_{i,lh}$ は $\mathbf{M}_l$ と $\mathbf{M}_h$ の相互の向きに関係しないから，$\mathbf{M}_l \cdot \mathbf{M}_h$ の $e^{-F_{i,lh}/kT}$ による平均値は消える。

部の自由エネルギーの和 $F_{e,lh}+F_{i,lh}$ である．また $F_{e,lh}$ は正確に (B1.2) と (B1.3) によって与えられ，従ってそれは $M^2=(\mathbf{M}_l+\mathbf{M}_h)^2$ に比例するから $\mathbf{M}_l\mathbf{M}_h$ に比例する項を含む．F_{lh} が (B1.18) と (B1.19) の形をとるようにするためには，$\mathbf{M}_l$ と $\mathbf{M}_h$ の定義として $\epsilon_1=1$ の場合と同じものを使うことはよくない．なぜならば，そうすれば内部の自由エネルギーは (B1.9) と (B1.11) によって与えられることになり，内外の和 F_{lh} は $\mathbf{M}_l\mathbf{M}_h$ に比例する項を含むことになるからである．このため，出発にとった $\mathbf{M}_h$ の定義は ϵ_1 を含んだものとなっていなければならず，(B1.8) は次の式でおきかえられなければならない：

$$\mathbf{M}=\mathbf{M}_h(\epsilon_1)+\mathbf{M}_l(\epsilon_1), \qquad (B1.20)$$

つまり与えられた $\mathbf{M}$ に対して $\mathbf{M}_h$ と $\mathbf{M}_l$ は共に ϵ_1 に依存する．このことは当然予期されることである．そのわけは，$\mathbf{M}_l$ はそれ自身が誘起する変位分極を含んでいると仮定しているから，$\mathbf{M}_l(\epsilon_1)$ を見出すためには，$\mathbf{M}_l(1)$ に，反作用場によって誘起される変位分極を加えねばならないからである．(B1.2) と (B1.3) によると反作用場は $g\mathbf{M}_l(\epsilon_1)$ によって与えられ，静電気学によると，このような場は球内に $\beta(1)g\mathbf{M}_l(\epsilon_1)$ という能率を作るから，((B1.2), (B1.3), (B1.9) 参照)，次の関係が成り立つ：

$$\left.\begin{array}{c}\mathbf{M}_l(\epsilon_1)-\beta(1)g\mathbf{M}_l(\epsilon_1)=\mathbf{M}_l(1),\\[4pt] \mathbf{M}_l(\epsilon_1)=\dfrac{\mathbf{M}_l(1)}{1-\beta(1)g}.\end{array}\right\} \qquad (B1.21)$$

さて全能率 $\mathbf{M}$ が与えられたとき，$\epsilon_1=1$ も含めて任意の ϵ_1 に対して (B1.20) が成り立たねばならないから，$\mathbf{M}_h$ は次のようにならねばならない：

$$\mathbf{M}_h(\epsilon_1)=\mathbf{M}_h(1)-\frac{\beta(1)g}{1-\beta(1)g}\mathbf{M}_l(1). \qquad (B1.22)$$

そこで自由エネルギーが $F_{i,lh}$ ($\epsilon_1=1$ に対する F の値) と (B1.2) によって与えられる $F_{e,lh}$ (すなわち $-\frac{1}{2}gM^2$) の和であるという事実を使う．そうすると (B1.10) と (B1.11) を使って

B1. 静電的誘電率

$$F_{lh}\{\mathbf{M}_l(\epsilon_1),\mathbf{M}_h(\epsilon_1)\}=\frac{1}{2}\left(\frac{M_l^2(1)}{\gamma(1)}+\frac{M_h^2(1)}{\beta(1)}-gM^2\right). \quad \text{(B 1.23)}$$

この式の $\mathbf{M}_l(1)$ と $\mathbf{M}_h(1)$ を (B1.21) と (B1.22) を使って $\mathbf{M}_l(\epsilon_1)$ と $\mathbf{M}_h(\epsilon_1)$ によって書きかえ,(B1.20) を使えば, F_{lh} は (B1.18) と (B1.19) で要求されているように二つの二乗項の和に帰着されることが分る.ただし (B1.9),(B1.11) および (B1.3) を使って, $\beta(\epsilon_1)$ と $\gamma(\epsilon_1)$ は次の式で与えられる:

$$\beta(\epsilon_1)=\frac{V}{4\pi}(\epsilon_\infty-1)\frac{2\epsilon_1+1}{2\epsilon_1+\epsilon_\infty}, \quad \text{(B 1.24)}$$

$$\gamma(\epsilon_1)=\frac{V}{4\pi}(\epsilon_s-\epsilon_\infty)\frac{(2\epsilon_1+1)^2}{(3\epsilon_1+\epsilon_\infty)(2\epsilon_1+\epsilon_s)}. \quad \text{(B 1.25)}$$

従って (7.14) のように計算して,

$$\overline{M_l^2}(\epsilon_1)=\frac{\int_0^\infty dM_l \int_0^\infty dM_h\, M_l^2\, e^{-F_{lh}/kT}\, M_l^2 M_h^2}{\int_0^\infty dM_l \int_0^\infty dM_h\, e^{-F_{lh}/kT}\, M_l^2 M_h^2}. \quad \text{(B 1.26)}$$

同様に $\overline{M_h^2}(\epsilon_1)$ を計算して,結局次の二つの式がえられる:

$$\overline{M_h^2}(\epsilon_1)=3kT\beta(\epsilon_1),\quad \overline{M_l^2}(\epsilon_1)=3kT\gamma(\epsilon_1). \quad \text{(B 1.27)}$$

(B1.25) を使うと (B1.27) の第二式はもっと具体的に次のように書ける:

$$\epsilon_s-\epsilon_\infty=\frac{4\pi}{3VkT}\frac{(2\epsilon_1+\epsilon_\infty)(2\epsilon_1+\epsilon_s)}{(2\epsilon_1+1)^2}\overline{M_l^2}(\epsilon_1). \quad \text{(B 1.28)}$$

もしも球がそれと同じ媒質 ($\epsilon_1=\epsilon_s$) の中に埋まっていれば,(B1.28) は次のようになる:

$$\epsilon_s-\epsilon_\infty=\frac{4\pi}{3VkT}\frac{(2\epsilon_s+\epsilon_\infty)3\epsilon_s}{(2\epsilon_s+1)^2}\overline{M_l^2}(\epsilon_s). \quad \text{(B 1.29)}$$

この式でとくに $\epsilon_\infty=1$ とすれば,(7.20) と同じものが得られる.もしも球が真空中 ($\epsilon_1=1$) にあれば,(B1.28) は次のようになる:

$$\epsilon_s - \epsilon_\infty = \frac{4\pi}{3VkT} \frac{\epsilon_\infty+2}{3} \frac{\epsilon_s+2}{3} \overline{M_l^2}(1). \qquad (\text{B}\,1.30)$$

上記の式，(B 1.28)，あるいはその特別な場合の (B 1.29) と (B 1.30) は，ϵ_∞ が実験などから知られているときには，誘電率 ϵ_s の計算の出発点として使うべき式である．もしも ϵ_∞ をも計算するつもりであれば，(B 1.24) と (B 1.27) の第一式を使わねばならない．(B 1.28)—(B 1.30) は $\mathbf{M}_l$ が全能率への双極子寄与を表わすという仮定をもとにして導いたものである．しかしこのような仮定はあからさまには使わなかった．そして実際，これらの式は，(比較的)低い周波数の部分が高周波誘電率からはっきりと分離される場合，すなわち ϵ_∞ が明確に定義できる場合には，常に成り立つものである．通常，個々の場合に，$\overline{M_l^2(\epsilon_s)}$ と $\overline{M_l^2}(1)$ のどちらを計算する方が易しいかに従って，(B 1.29) を使うか，(B 1.30) を使うかをきめればよい．例えばイオン結晶では $\mathbf{M}_l$ はイオンの変位による赤外寄与（18節参照）を表わし，そのイオン変位によって誘起される電子変位を含んでいる．このとき，ϵ_∞ は光学的寄与によるもので，$\sqrt{\epsilon_\infty}$ は屈折率 n に等しい．この場合には，$\overline{M_l^2}(1)$ は真空中の球の，赤外周波数をもった双極子能率のゆらぎを表わし，これは赤外周波数の基準振動の座標から容易に求められるから，(B 1.30) の方が役に立つ式である．すなわち，(18.29) で $\mathbf{P}_{ir} = \mathbf{M}/V$ とおくと，

$$\mathbf{M}_l(1) = e^* N\mathbf{Q} \qquad (\text{B}\,1.31)$$

p. 182
となり，これは18節で導入した有効電荷 e^* の定義となり，またこの能率は電荷 e^* の N 箇の粒子の変位 $\mathbf{Q}$ によるものであることを示している．この $\mathbf{M}_l(1)$ に対応するポテンシャル・エネルギーは

$$\frac{1}{2} N M_{\text{red}} \omega_s^2 Q^2 = \frac{1}{2} \frac{M_{\text{red}} \omega_s^2 M_l^2(1)}{e^{*2} N} \qquad (\text{B}\,1.32)$$

である（(18.27) 参照）．ここで M_{red} は換算質量で，ω_s は18節に論じた赤外周波数である．統計力学によると，このエネルギーの熱平均値は $\frac{3}{2}kT$（1自由度について $\frac{1}{2}kT$）であるから，

B 1. 静電的誘電率

$$\overline{M_l^2(1)} = \frac{3kTNe^{*2}}{M_{\text{red}}\omega_s^2}. \qquad (B\,1.33)$$

これを (B 1.10) と (B 1.11) に代入して $\epsilon_\infty = n^2$ および $N = N_0 V$ とおくと，すぐに Szigeti の公式 (18.30) がでる．この公式は次のようにも書き表わされる：

$$\frac{\epsilon_s - n^2}{\epsilon_s + 2} = \frac{4\pi}{3} \frac{n^2 + 2}{3} \frac{(e^* N_0)^2}{(N_0 M_{\text{red}})\omega_s^2}. \qquad (B\,1.34)$$

この形では微視的な量が含まれていない．すなわち $e^* N_0$ と $M_{\text{red}} N_0$ はそれぞれ単位体積当りの有効電荷と換算質量だからである．こういうわけで，この場合には，(B 1.30) によって真空中の球を扱い，また球とその外部の相互作用は存在しないのであるから，球自身の巨視的な動的性質を使うことが有効である．

双極性物質の場合はこれと違っている．その場合には ϵ_s を個々の双極性分子の性質によって表わしたいのである．(B 1.29) は (B 1.30) よりもこの場合には適している．なぜならば，(B 1.29) では球内外共にすべての遠距離力が自動的に消去されているからである．[*] (7.24) のように最初 $M_l(\epsilon_1)$ を個々の分子からの寄与に分解する．この寄与を $\mathbf{m}(x_j)$ の代りに $\mathbf{m}(x_j, \epsilon_1)$ と書いて，これが ϵ_1 に関係することを明らかにしておくと，

$$\mathbf{M}_l(\epsilon_1) = \sum_{j=1}^{N} \mathbf{m}(x_j, \epsilon_1) \qquad (B\,1.35)$$

となり，(7.32) のように，これの二乗の平均は

$$\overline{M_l^2(\epsilon_1)} = N \overline{\mathbf{m}(\epsilon_1) \mathbf{m}^*(\epsilon_1)} \qquad (B\,1.36)$$

となる．$\mathbf{M}_l(\epsilon_1)$ は ϵ_1 の媒質の中に埋まった球の能率で，これは分子の双極子の並び方が与えられたとき，その分極によって球の中に誘起される変位分極を含む全能率であることを思い出しておこう．したがって $\mathbf{m}(x_j, \epsilon_1)$ は j

---

[*] 球と同じ物質で囲まれた場合に成り立つ式であって，$M_l(\epsilon_1)$ は球の能率であるから，この式には球内外の相互作用はすでにとり入れられている．しかし，その相互作用はあらわにはこの式に出ていない．

番目の分子がある向き x_j にあるとき，それによって球の中に誘起される変位分極を含めて，その分子がもつ能率である．この変位分極は，ϵ_∞ が変位分極だけに関係した量であるから，誘電率 ϵ_∞ をもつような連続体に誘起されるものとして扱ってよい．与えられた向きに対して $\mathbf{m}(x_j, \epsilon_1)$ は球内の分子の位置には無関係であるから（ただし表面の近くの分子は別として），これを $\mathbf{m}(\epsilon_1)$ と記そう．

さて，$\epsilon_1 = \epsilon_s$ で，分子が球形である場合を考えよう．このときは

$$\mathbf{m}(\epsilon_s) = \mu_i \qquad (\text{B}\,1.37)$$

は，ある向きにある分子の内部能率である．なぜならば，一個の分子の変位分極率は，ϵ_∞ を巨視的に扱えば，球の分極率と同じであるから，A 2.ii の静電気学的な取扱いによると，$\mathbf{m}(\epsilon_s)$ は球の大きさに無関係で，6節に定義した μ_i と一致することになるからである．

$\mathbf{m}(\epsilon_i)$ とちがって，$\mathbf{m}^*(\epsilon_s)$ は $\epsilon_1 = \epsilon_s$ の媒質中に埋まった大きい球が，その中の一つの分子を能率 $\mathbf{m}(\epsilon_s)$ の状態に保つとき，それによって分極されてもつ能率である．ただしこの球は完全な熱平衡にあるとし，また，すでに $\mathbf{m}(\epsilon_s)$ にとり入れられている遠距離力による分極のほかに，近距離力の影響をも考える．この能率を

$$\mathbf{m}^*(\epsilon_s) = \mu_i^* \qquad (\text{B}\,1.38)$$

と書く．近距離力がない場合には $\mu_i^* = \mu_i$ である．そこで (B 1.29) は，(B 1.36), (B 1.37), (B 1.38) を使うと次のようになる：

$$\epsilon_s - \epsilon_\infty = \frac{3\epsilon_s(2\epsilon_s + \epsilon_\infty)}{2(\epsilon_s+1)^2} \frac{4\pi N_0 \overline{\mu\,\mu_i^*}}{3kT}. \qquad (\text{B}\,1.39)$$

ここで $N_0 = N/V$，また横棒は分子のすべての向きについての平均操作を表わす．

8節と附録 A 2.ii で使ったごく簡単な分子模型，すなわち分子を誘電率 $\epsilon_\infty = n^2$ の球がその中心に剛体点双極子† μ を含んだものとした模型の場合に

---

† 点双極子とは，μ が球の中にひろがっているとき，その球の半径を 0 にもっていった極限をさしていう．

は，μ_i は，(A 2.33)で ϵ_1 と ϵ_2 とをそれぞれ ϵ_s と ϵ_∞ でおきかえた式を使って，真空能率 μ_v によって表わすことができる：

$$\mu_i = \frac{\epsilon_\infty+2}{3}\frac{2\epsilon_s+1}{2\epsilon_s+\epsilon_\infty}\mu_v. \qquad (B\,1.40)$$

また，(B 1.40)で μ_i と μ_v に * をつけた式で μ_v^* を定義する．そうすると (B 1.39) は

$$\epsilon_s - \epsilon_\infty = \left(\frac{\epsilon_\infty+2}{3}\right)^2 \frac{3\epsilon_s}{2\epsilon_s+\epsilon_\infty}\frac{4\pi N_0 \overline{\mu_v \mu_v^*}}{3kT} \qquad (B\,1.41)$$

となる．この式は，ここで $n^2 = \epsilon_\infty$ とおいて (8.1) を参照すれば，(8.5) と同じものになる．なお，(B 1.39) は，(B 1.41) に較べると，もっと一般的な分子模型に対して成り立つものであることを注意しておこう．

ここで μ_i は分子体積の中の能率であると定義したことを思い出しておこう．このように定義したため $\epsilon_1 = \epsilon_s$ とおくことができたのであり，(B 1.29) を出発点としてとることができたのである．これが定義の主な利点である．長距離の相関がない場合には，μ_i^* はごく少数の分子に関係してきまる．従って，長距離相関（近距離力によってできる長距離相関）が存在しない場合には，いつも (B 1.29) から出発することが有利である．長距離相関がある場合，例えば双極子が秩序配列をしている場合には，一つのえらばれた双極子 $\mathbf{m}_j$ の向きは遠くまで他の双極子に影響を与えるから，$\mathbf{m}^*$ はその双極子の周りの小さい領域に含まれず，従って長距離力を消去した (B 1.29) から出発することは有利でない．

B 2. 反作用場：簡単な一例

B 1 と 7 節に筋書きしたような方法で平均のゆらぎ $\overline{m^2}$ を計算し，それから静電誘電率 ϵ_s を求めるときには，十分に大きい，しかし微視的に扱った球とその周囲との間の長距離相互作用を使った．球の周囲は静電誘電率 ϵ_1 をもった連続媒質として扱い，それとの相互作用は反作用場 $\mathbf{R}$ を使っ

て求めた．B1に指摘したように，この目的には静的（動的でない）誘電率 ϵ_1 を使わねばならなかった．反作用場を誘起する球内の粒子がたえず運動しているにもかかわらず，そうしなければならなかったのである．このことは一般的考察からでてくるが，いまここで正確に扱えるごく簡単なモデルについてそれを実証してみせることは教育的であろう．

直線上に等間隔に固定された3つの $-e$ 電荷があり，それぞれの附近には $+e$ の荷電粒子が弾性的に束縛されているとしよう．この 3 つの $+e$ 粒子は，この直線を含む一つの面内で，この直線に垂直な方向に変位しうるものとし，中心の粒子の変位を y，両端の粒子の変位をそれぞれ x_1 および x_2 としよう．これらの変位の大きさはすべて固定電荷の間隔 a に比べて小さいとし，従って，変位した粒子の間の相互作用を計算するときには，双極子場だけを考えればよいとする．

双極子 μ がその能率に垂直な方向に r だけへだたったところに作る電場の $+\mu$ 方向の成分は

$$E = -\mu/r^3 \qquad (B\,2.1)$$

であるから，両端の双極子間の相互作用のエネルギーは $e^2 x_1 x_2 /(2a)^3$ である．従って $-fx_i (i=1,2)$ を復原力，m_0 を粒子の質量とすれば，この二つの双極子の全エネルギー $H_{1,2}$ は次の式で与えられる：

$$H_{1,2} = \frac{1}{2} m_0 (\dot{x}_1^2 + \dot{x}_2^2) + \frac{1}{2} f(x_1^2 + x_2^2) + \frac{e^2 x_1 x_2}{8a^3}. \qquad (B\,2.2)$$

新しい変数 χ, χ' を

$$\sqrt{2}\chi = x_1 + x_2, \quad \sqrt{2}\chi' = x_1 - x_2 \qquad (B\,2.3)$$

によって導入すれば，

$$H_{1,2} = \frac{1}{2} m_0 (\dot{\chi}^2 + \Omega^2 \chi^2 + \dot{\chi}'^2 + \Omega'^2 \chi'^2) \qquad (B\,2.4)$$

となる．ただし

$$\Omega^2 = \frac{1}{m_0}\left(f + \frac{e^2}{8a^3}\right), \quad \Omega'^2 = \frac{1}{m_0}\left(f - \frac{e^2}{8a^3}\right). \qquad (B\,2.5)$$

B 2. 反作用場：簡単な一例

ところで，対称的な変位 χ だけが中心の双極子と相互作用をし，反対称的な χ' はそうでないから，中心の双極子との相互作用のエネルギーは（(B 2.1) を参照して）次の式で与えられる：

$$I = \frac{e^2(x_1+x_2)y}{8 a^3} = \sqrt{2}\frac{e^2\chi y}{a^3}. \tag{B 2.6}$$

従って全系のエネルギーは

$$H = H_{1,2} + \frac{1}{2}m(\dot{y}^2 + \omega^2 y^2) + \sqrt{2}\frac{e^2\chi y}{a^3} \tag{B 2.7}$$

となる．ただし m は中心の粒子の質量，ω は中心の双極子が両端の双極子と相互作用をしないと仮定したときにもつ周波数である．

p. 185
統計力学の原理に従えば，中心双極子の変位の平均のゆらぎ $\overline{y^2}$ は，系が熱平衡にあれば，

$$\overline{y^2} = \int y^2 e^{-H/kT} d\tau \Big/ \int e^{-H/kT} d\tau \tag{B 2.8}$$

によって与えられる．ここに

$$d\tau = d\chi\, d\chi'\, dy\, d\dot{\chi}\, d\dot{\chi}'\, d\dot{y}. \tag{B 2.9}$$

(B 2.8) は次のように書ける：

$$\overline{y^2} = \int_{-\infty}^{\infty} d\chi \int_{-\infty}^{\infty} dy\, y^2 e^{-H_p/kT} \frac{1}{L} = -\frac{2kT}{\omega^2} \frac{\partial}{\partial m}\log L, \tag{B 2.10}$$

ただし

$$H_p' = \frac{1}{2}m_0\Omega^2\chi^2 + \frac{1}{2}m\omega^2 y^2 + \sqrt{2}\frac{e^2 y\chi}{a^3}$$

$$= \frac{1}{2}m_0\Omega^2\left(\chi + \frac{\sqrt{2}e^2 y}{a^3 m_0\Omega^2}\right)^2 + \left(\frac{1}{2}m\omega^2 - \frac{e^4}{m_0\Omega^2 a^6}\right)y^2, \tag{B 2.11}$$

$$L = \iint_{-\infty}^{\infty} e^{-H_p/kT} d\chi dy = C\int_{-\infty}^{\infty} \exp\left\{\frac{1}{2kT}\left(\frac{2e^4}{m_0\Omega^2 a^6} - m\omega^2\right)y^2\right\} dy$$

$$= C'\Big/\left(m\omega^2 - \frac{2e^4}{m_0\Omega^2 a^6}\right)^{\frac{1}{2}}. \tag{B 2.12}$$

ここで H_p はポテンシャル・エネルギーであり，C と C' は m に無関係な定数である．(B 2. 10) と (B 2. 12) から $\overline{y^2}$ は

$$\overline{y^2} = kT \bigg/ \left(m\omega^2 - \frac{e^2 \alpha}{a^6} \right) \tag{B 2.13}$$

と計算される．ただし α は両端の双極子の分極率で次のように与えられる：

$$\alpha = 2e^2/m_0 \Omega^2. \tag{B 2.14}$$

この α という量は，一様な外電場 E が変位の方向に働いた場合，両端の双極子が中心の双極子と相互作用をしないと仮定して，その両端の双極子がもつ分極の和を P としたとき，次の関係が成り立つという性質をもっている：

$$P = \alpha E, \quad \text{ここに} \quad P = e(x_1 + x_2) = \sqrt{2} e\chi. \tag{B 2.15}$$

外電場とこの両端の双極子との間の相互作用は $-\sqrt{2} eE\chi$ であり，変位 χ による両端の双極子の全ポテンシャル・エネルギーは，(B 2.15) の P と (B 2.14) の α を参照して，次の式で与えられる：

$$V = \frac{1}{2} m_0 \Omega^2 \chi^2 - \sqrt{2} e\chi E = \frac{1}{2} \frac{P^2}{\alpha} - PE. \tag{B 2.16}$$

つりあいの状態では $\partial V/\partial P = 0$ で，これから (B 2.15) が出る．

中心双極子の平均のゆらぎ $\overline{y^2}$ は，統計力学の正確な適用によって，(B 2.13) で与えられている．この式は反作用場の方法によっても導くことができる．そのときは，外側の二つの双極子を (B 2.14) の分極率 α によって決められるような静電誘電率をもつ媒質として扱い，中心の双極子をそのような外側の媒質と相互作用をする粒子として扱う．中心粒子の変位 y は，(B 2.1) によると，外側の粒子，すなわち '媒質' の位置に電場 $E = -ey/a^3$ を作る．従って (B 2.15) によって，静電的分極率を使って計算されるその分極は

$$P = -\alpha ey/a^3 \tag{B 2.17}$$

である．この分極の各半分は外側の各双極子の上にそれぞれ誘起されるものである．すると，(B 2.1) によって反作用場 R，すなわち '媒質' の分極 P

B 2. 反作用場：簡単な一例

によって中心双極子の位置に作られる電場は，(B 2.17) を使って

$$R=-P/a^2=\alpha ey/a^6 \qquad (B 2.18)$$

となる．

さて $\overline{y^2}$ を 7 節あるいは B 1 の方法によって求めるために (7.17) を使う．そうすると

$$\overline{y^2}=\int_{-\infty}^{\infty} y^2 e^{-F(y^2)/kT} dy \Big/ \int_{-\infty}^{\infty} e^{-F(y^2)/kT} dy. \qquad (B 2.19)$$

ただし，$F(y^2)$ は y に関係する自由エネルギーの項である．(B 1.1) のように，これは内部と外部の項に分けることができる：

$$F=F_i+F_e. \qquad (B 2.20)$$

ここに (B 1.2) と (B 2.18) によって F_e は

$$F_e=-\frac{1}{2}MR=-\frac{1}{2}eyR=-\frac{1}{2}\alpha e^2 y^2/a^6. \qquad (B 2.21)$$

能率 M はいまの場合は ey であることに注意する．内部自由エネルギーは単に粒子がそのつりあい位置に弾性的に束縛されているための位置エネルギーで，それは ω の定義を使うと次のように表わされる：

$$F_i=\frac{1}{2}m\omega^2 y^2. \qquad (B 2.22)$$

従って，以上 (B 2.20)—(B 2.22) から

$$F=\frac{1}{2}\Big(m\omega^2-\frac{\alpha e^2}{a^6}\Big)y^2. \qquad (B 2.23)$$

これを (B 2.19) に代入すると，統計力学の直接の適用によって得られた (B 2.13) の結果がすぐに出る．

さて，静的な分極率 α を動的な α_d でおきかえてはならないことは容易に分る．動的な分極率 α_d を導き出すために，P と y に対する運動方程式を考察しよう．変位 χ に対する全復原力は，(B 2.7) の H を使うと，$-\partial H/\partial \chi$ で与えられるということに注意すると，P の定義 (B 2.15) と α の式 (B 2.14) によって，次の運動方程式が得られる：

$$\ddot{P} + \Omega^2 P = \alpha \Omega^2 ey/a^3 \tag{B 2.24}$$

もしも y が週期的, すなわち $y = y_0 e^{\nu i}$ であれば, 誘起分極 P は

$$P = -\frac{\alpha \Omega^2}{\Omega^2 - \nu^2} \frac{ey}{a^3} = -\alpha_d \frac{ey}{a^3}. \tag{B 2.25}$$

となる. ところで $-ey/a^3$ は y による '媒質' 中の電場であるから, (B 2.15) の定義を時間に関係する電場の場合に拡張すれば, α_d は次のように与えられる:

$$\alpha_d = \alpha \frac{\Omega^2}{\Omega^2 - \nu^2}. \tag{B 2.26}$$

p. 187
振動数 ν は, 方程式 (B 2.24) に y の運動方程式をおぎなうと求めることができる. (B 2.23) で α を α_d でおきかえるならば, その結果は正確な統計的方法によって得られた (B 2.13) と明らかに違ったものになり, それ故これは誤りである. (B 2.25) は外電場中の解として普通に使われるが, しかし注意したいことは, それは (B 2.24) の最も一般的な解を表わしてはいないということである. なぜならば, この解は同次方程式を解いて得られる角周波数 Ω の項を含まないからである. 熱平衡では, 振動子を熱平衡に保つため, 外部の作用物 ('熱槽') との衝突を考えねばならず, 従って振動子 y は, その位相と振巾を不規則な時間間隔ごとに変えると考えねばならない.

衝突の後の P の位相と振巾のある定まった値を考慮に入れるには, (B 2.24) の同次方程式の解を, 適当な因数をかけて, (B 2.25) の解に加えなければならない. このことの詳しい調査は, 変位のゆらぎの周波数スペクトルを導く上に役立つが, しかし, $\overline{y^2}$ のような平均のゆらぎを計算するときには, このような詳細は必要でない. なぜならば, 平均のゆらぎは熱平衡の性質だからである.

B 3. 誘 電 損 失

Debye 方程式 (10.15—17) によって表わされる誘電損失の最も簡単な型

B 3. 誘電損失

は，一定電場で媒質の分極がそのつりあいの値に時と共に指数関数的に近づくという仮定に基づいている (10節). 共鳴吸収を表わす (13.2) 式は，つりあいへの到達が指数関数的に減衰する振動によって起ると仮定して得られた式である. Debye 損失を与えるようなモデルについては 11 節に述べた. しかし，それらのいずれにおいても，分子模型を使った正確な動的取扱いがなされたわけではなく，つりあいへの指数関数的な到達を仮定することと同等な，いくつかの仮定が使われたにすぎない. しかし，これらの仮定によって，Debye の緩和時間 τ の値を他の物理量によって表わすことができた. そういう点から見ると，それらの仮定は純粋な現象論的仮説を越えたものといえる. たとえば，11節のはじめの模型についていえば，そこでは荷電粒子の集まりからできている物質を仮定し，この荷電粒子の各々は高さ H のポテンシャルの壁によってへだてられた二つの平衡位置をもつとし，これらの粒子は周囲と相互作用をしており，その相互作用は頻度 $1/\tau_0$ の衝突によって表わされるとしている. もしも $H \gg kT$ であれば，粒子は一つの平衡位置から他の平衡位置へとぶまでに，τ_0 に比べて長い平均時間 τ を過ごす ((11.1) 参照). このとき，(11.2) で指摘したように，Debye の式は

$$\omega_L \sim 1/\tau_0 \tag{B 3.1}$$

であるような限界周波数 ω_L よりも高い周波数では成り立たない. しかし，(正確な動的取扱いをすれば) この不成立がより低い周波数ですでに始まることはあり得ることである.

Debye の式の成立がある限界周波数 ω_L 以下に限られているということは，すべてのモデルに共通な一般的特徴である. なぜならば，つりあいに向って指数関数的に近づくことは，多数の衝突に関する平均の結果として成り立つことで，それはモデルの如何にはよらないからである. 13節に導いた共鳴吸収の公式も，それに含まれているパラメーターのある範囲に限られている. Debye の式にせよ，共鳴吸収の式にせよ，その適用限界のくわしいことは使われた特別なモデルに依存することであり，またこの限界の外で成り立つ方程式が導けるかどうかもモデルに依存する. この種の研究は最近 R.

A. Sack および E. P. Gross によって行なわれた[†]．これらの著者は，特に，双極性分子を僅かに含む非極性気体を扱っている．双極性分子の間の相互作用を無視すると，あまり高くない周波数に対しては Debye の式が成り立ち，緩和時間 τ は，双極性分子の慣性能率を I とするとき，次の式で与えられる：

$$\tau = \frac{1}{\tau_1} \frac{I}{kT}. \tag{B 3.2}$$

ここに τ_1 は各双極性分子の間の相つづく二つの衝突の間の時間の程度の時間である．双極子の回転エネルギーは，ω_R を回転の周波数とすると，$I\omega_R^2$ の程度であり，熱平衡ではその平均値は kT の程度であるから，

$$\overline{\omega_R^2} \simeq kT/I. \tag{B 3.3}$$

このモデルに対する Debye の式は $1/\tau_1$ よりも小さい周波数に限られていることは確かであるが，しかしまた $(\overline{\omega_R^2})^{\frac{1}{2}}$ よりも低い周波数にも限られていると考えねばならない．ところで $1/\tau_1 < \omega_R$ であるときだけ双極子のほぼ自由な回転が可能であるから，結局，この特別な模型に対する Debye の式の成立限界は次の関係で与えられる[*]：

$$\omega_L^2 \simeq \overline{\omega_R^2} \simeq kT/I. \tag{B 3.4}$$

実際，上記の論文ではこのような結果が見出されいてる．

[†] R. A. Sack, *Kolloid Z.* 1953, **134**, 16, 83; *Proc. Phys. Soc.* 1957, B, in press; E. P. Gross, *Phys. Rev.* 1955, **97**, 395; *J. Chem. Phys.* **23**, 1415.

[*] 原文には誤って $\omega_L^2 \simeq \overline{\omega_R^2} \simeq I/kT$ と記されている．(B 3.4) 式のいみは，温度が十分高くて，そのため $\omega_L (\simeq 1/\tau_1)$ が $(\overline{\omega_R^2})^{1/2} (\simeq (kT/I)^{1/2})$ をこさないときに，Debye の式が成立するということである．$1/\tau_1 \simeq (kT/I)^{1/2}$ のような温度が Debye の式が成立する温度の下限であるといういみである．

文 献

文献の完全な表を掲載する意図ではない

- A 1. ABRAHAM, M., and BECKER, R. *Electricity and Magnetism* (Blackie).
- B 1. BAUER, E., and MASSIGNON, D. *Trans. Far. Soc.* 1946, **42A**, 12.
- B 2. BERNAL, J. D., and FOWLER, R. H. *J. Chem. Phys.* 1933, **1**, 515.
- B 3. BLEANEY, B., and PENROSE, R. P. *Proc. Phys. Soc.* 1947, **59**, 418.
- B 4. BORN, M., and GÖPPERT-MAYER, M. *Handb. d. Phys.*, 2nd ed., **24.2**, 623 (Springer, 1933).
- C 1. CLAUSIUS, R. *Die mechanische, Wärmelehre*, **2**, 62–97 (Vieweg, 1879).
- C 2. CLEETON, C. E., and WILLIANS, N. H. *Phys. Rev.* 1934, **45**, 234.
- C 3. COLLIE, C. H., HASTED, J. B., and RITSON, D. M. *Proc. Phys. Soc.* 1948, **60**, 145.
- D 1. DANFORTH, W. E. *Phys. Rev.* 1931, **38**, 1224.
- D 2. DEBYE, P. *Polar Molecules* (New York, 1929).
- D 3. ——*Phys. Zs.* 1935, **36**, 100, 193.
- E 1. EYRING, H. *J. Chem. Phys.* 1935, **3**, 107.
- E 2. ——Ibid. 1936, **4**, 283.
- F 1. FRANK, F. C. *Proc. Roy. Soc.* 1935, A, **152**, 171.
- F 2. ——*Trans. Far. Soc.* 1936, **32**, 1634.
- F 3. ——Ibid. 1946, **42A**, 24.
- F 4. ——and SUTTON, L. E. Ibid. 1937. **33**, 1307.
- F 5. FRÖHLICH, H. *Proc. Phys. Soc.* 1942, **54**, 422; *E.R.A. Report* L/T 121, 1941.
- F 6. ——*Trans. Far. Soc.* 1944, **40**, 498; *E.R.A. Report* L/T 156, 1945.
- F 7. ——*J.I.E.E.* 1944, **91**, part I, 456.
- F 8. ——*Proc. Roy. Soc.* 1946, A, **185**, 399; *E.R.A. Report* L/T 147, 1944.
- F 9. ——*Nature*, 1946, **157**, 478; *E.R.A. Reports* L/T 157, 1945, L/T 163, 1946.
- F 10. ——*Trans. Far. Soc.* 1948, **44**, 238.
- F 11. ——and MOTT, N. F. *Proc. Roy. Soc.* 1939, A, **171**, 496.
- F 12. ——and SACK, R. Ibid. 1944, A, **182**, 338.
- G 1. GARTON, C. G. *Trans. Far. Soc.* 1946, **42A**, 56.
- G 2. GEVERS, M., and DU PRÉ, F. K. Ibid. 47.
- G 3. GIRARD, P., and ABADIE, P. Ibid. 40.
- G 4. GROSS, B. *Phys. Rev.* 1941, **59**, 748.
- G 5. GROSS, P., and HALPERN, O. *Phys. Zs.* 1925, **26**, 403.
- H 1. HARTSHORN, L., MEGSON, N. J. L., and RUSHTON, E. *Proc. Phys. Soc.* 1940, **52**, 796.
- H 2. HIGASI, K. *Sci. Pap. I.P.C.R.* 1936, **28**, 284.
- H 3. HUBY, R. *E.R.A. Report* L/T 179. 1947.
- J 1. JACKSON, W. *Proc. Roy. Soc.* 1935, **150**, 197.
- J 2. ——Ibid. 1935, A, **153**, 158.
- J 3. ——and POWLES, J. G. *Trans. Far. Soc.* 1946, **42A**, 101.
- K 1. KAUZMANN, W. *Rev. mod. Phys.* 1932, **14**, 12.

K 2. KELLERMANN, E. W. *Phil. Trans. Roy. Soc.* 1940, A, **238**, 513.
K 3. KIRKWOOD, J. G. *J. Chem. Phys.* 1936, **4**, 592.
K 4. ——Ibid. 1939, **7**, 911.
K 5. ——Ibid. 1940, **8**, 205.
K 6. ——*Trans. Far. Soc.* 1946, **42A**, 7.
L 1. LEE, E., SUTHERLAND, G. B. B. M., and CHANG-KAI WU. *Proc. Roy. Soc.* 1940, A, **176**, 493.
L 2. LE FÈVRE, R. J. W. *Dipole Moments* (Methuen, 1948).
L 3. LORENTZ, H. A. *The Theory of Electrons*, § 117 (Teubner, 1909).
L 4. LYDDANE, R. H., HERZFELD, K. F., and SACHS, R. G. *Phys. Rev.* 1940, **58**, 1008.
L 5. ——, SACHS, R. G., and TELLER, E. *Phys. Rev.* 1941, **59**, 673.
M 1. MAGAT, M. *Trans. Far. Soc.* 1946, **42A**, 77.
M 2. MICHELS, A., and HAMERS, J. *Physica*, 1937, **4**, 995.
M 3. ——and KLEEREKOPER, L. *Physica*, 1939, **6**, 586.
M 4. MORGAN, J., and WARREN, B. E. *J. Chem. Phys.* 1938, **6**, 666.
M 5. MOSSOTTI, O. F. *Mem. di math. e fisica di Modena*, 1850, **24**, 2, 49.
M 6. MULLER, A. *Proc. Roy. Soc.* 1928, A, **120**, 437.
M 7. ——Ibid. 1936, A, **158**, 403.
M 8. MULLER, *Proc. Roy. Soc.* 1940, A, **174**, 137.
M 9. MÜLLER, F. H. *Ergebn. d. exakt. Naturw.* 1938, **17**, 164.
N 1. NIX, F. C., and SHOCKLEY, W. *Rev. mod. Phys.* 1938, **10**, 1.
O 1. ONSAGER, L. *J. Amer. Chem. Soc.* 1936, **58**, 1486.
O 2. OSTER, G., and KIRKWOOD, J. G. *J. Chem. Phys.* 1943, **11**, 175.
P 1. PAULING, L. *Phys. Rev.* 1930, **36**, 430.
P 2. PELMORE, D. R. *Proc. Roy. Soc.* 1939, A, **172**, 502.
P 3. PELZER, H. *Trans. Far. Soc.* 1946, **42A**, 164.
P 4. ——and WIGNER, E. *Z. phys. Chem.* 1932, B, **15**, 445.
S 1. SÄNGER, R. *Phys. Zs.* 1926, **27**, 556.
S 2. SAXTON, J. A. and LANE, J. A. Report on 'Meteorogical Factors in Radio-wave Propagation'. *Phys. Soc.* 1946, 278.
S 3. SCHALLAMACH, A. *Trans. Far. Soc.* 1946, **42A**, 180.
S 4. ——*Nature*, 1946, **158**, 619.
S 5. SCOTT, A. H., MCPHERSON, A. T., and CURTIS, H. L. *J. Res. Bureau Stand., Wash.* 1933, **11**, 173.
S 6. SILLARS, R. W. *Proc. Roy. Soc.* 1938, A, **169**, 66.
S 7. SMYTH, C. P. *Trans. Far. Soc.* 1946, **42A**, 175.
S 8. ——*Dielectric Constant and Chemical Structure* (New York, 1931).
S 9. ——and HITCHCOCK, C. S. *J. Amer. Chem. Soc.* 1934, **56**, 1084.
S 10. SUTTON, L. E. *Trans. Far. Soc.* 1946, **42A**, 170.
S 11. SZIGETI' B. *E.R.A. Repoat.* L/E T105, 1947.
S 12. ——Ibid. L/T 172, 1947.
S 13. ——*Trans. Far. Soc.* 1949, **45**, 155.
T 1. TOLMAN, R. C. *Statistical Mechanics*, § 141 *d* (Oxford, 1938).
T 2. TURGEWICH, A., and SMYTH, C. P. *J. Amer. Chem. Soc.* 1940, **62**, 2468.

文　献

- U 1. UBBLOHDE, A. R. Trans. Far. Soc. 1938, 34, 282.
- V 1. VAN VLECK, J. H. Theory of Electric and Magnetic Susceptibilities (Oxford, 1932).
- V 2. ——J. Chem. Phys. 1932, 5, 320.
- V 3. ——Ibid. p. 556.
- V 4. ——Phys. Rev. 1947, 71, 413, 425.
- V 5. ——and WEISSKOPF, V. Rev. mod. Phys. 1945, 17, 227.
- W 1. WEIGLE, J. Helv. Phys. Acta, 1933, 6, 68.
- W 2. WHIFFEN, D. H., and THOMPSON, H. W. Trans. Far. Soc. 1946, 42A, 114, 122, and 166.
- W 3. WHITE, H., BIGGS, B. S., and MORGAN, S. O. J. Amer. Chem. Soc. 1940, 62, 16.
- W 4. ——and MORGAN, S. O. J. Chem. Phys. 1937, 5, 655.
- W 5. WHITEHEAD, S. Trans. Far. Soc. 1946, 42A, 66.
- W 6. ——and HACKETT, W. Proc. Phys. Soc. 1939, 51, 173.

索 引

ff. とあるのは'その頁以下'の意味
passim はその頁の'どの部分についても'の意味

ア

アルカリ ハライド 170
アルゴン 121
α-ブロムナフタリン 134-5
安息香酸メチル 134-5
アンモニヤ 128-9

イ

一酸化炭素 115

エ

エネルギー，静電場中の ...... 9 ff., 173
―――，周期電場中の損失 ... 5 ff., 14, 175
塩化水素 115
塩化タリウム 171
塩化ナトリウム 118, 169
塩化メチル 126
塩素 115
塩素化ヂフェニル 146
エントロピー ...... 9 ff.

オ

オンサーガーの公式 ... 36 ff., 53 ff., 57-8
141, 190

カ

カークウッドの公式 ...... 54 ff., 148
外部能率 34
重ね合わせの原理 6

過酸化水素 115
緩和時間 ... 80 ff., 97, 99 ff., 132 ff., 140 ff.
緩和時間の分布 ...... 99 ff.

キ

稀ガス 118, 120
気体 ...... 30 ff., 112 ff., 126 ff.
吸収 ...... 77 ff., 98 ff.
―――係数 ...... 107 ff., 127 ff., 192 ff.
局所電場 24
極性分子 ...... 28 ff., 115 ff., passim
極性分子の稀薄溶液，ベンゼン中の
...... 130-1
―――，無極性液体中の 33 ff., 97, 128 ff.
―――，パラフィン中の 131
―――，固体中の ...... 58 ff., 86 ff., 142 ff.
共鳴吸収 ...... 107 ff., 192 ff.

ク

空孔電場 27, 36, 42
クセノン 121
屈折率 30, 177
クラウジウス-モソッティの公式
...... 28, 30, 38, 120, 187 ff.
クリプトン 121
クロロホルム 126-7, 134-135

ケ

ケトン ...... 117, 137 ff., 153 ff.
原子 ...... 114 ff.

索引

原子分極 …………………………… 116 ff.
減衰関数 ………………………………… 6

コ

光学常数 ……………………………15, 177
光学的分極 ………………………115 ff., 161
ゴム硫黄化合物 ………………………… 146

サ

酸化カルシウム ………………………… 171
酸化ストロンチウム …………………… 171
酸化チタン ……………………………… 118
酸化マグネシウム ……………………… 171
酸素 ……………………………… 118, 121

シ

シアン化エチレン(固体) ……………… 144
四塩化炭素 ……………………… 118, 126
自己エネルギー ………… 156, 167, 186
自己場 ……………………………………26
自由エネルギー ………………… 9 ff., 42
自由電荷 …………………………………… 3
樟脳 …………………………………… 134-5
真空能率 ……………………………… 182
真電荷 ……………………………………… 3

ス

水酸基 …………………………………… 117

セ

静電的誘電率 …………………………… 2
石炭酸樹脂(フェノール樹脂) ……… 146

ソ

双極子 ……………………… 21 *passim*
―――, 分子の ……… 28-9, 115 *passim*
―――, の間の力 …23 ff., 35, 39 ff., 52 ff.
双極性結晶における秩序-無秩序転移
 ……………………… 58 ff., 143-4, 158
束縛回転 …………………………………56
束縛電荷 ………………………………… 3
損失角 ………………… 15, 80 ff., 110, 131 ff.

タ

第三級塩化ブチル ……………………… 149
ダイヤモンド ……………… 118, 119, 120
短距離秩序 …………………………………63
単原子分子反応の速度 …………………89

チ

ヂイソプロピル ケトン …………… 145
ヂクロル プロパン ………………… 149
ヂクロル メタン ………………… 126-7
窒素 …………………………………… 121
長距離秩序 …………………………………63
長鎖分子 ……………………… 123 ff., 135 ff.
調和振動子 …………………………17, 69

テ

デバイ単位 …………………………………29
デバイの式 ……… 77 ff., 85 ff., 130-1 ff.
電気双極能率 ……4, 16 ff., 29 ff., 115 ff.
 182 ff., *passim*
電気変位 ………………………………… 3
電子分極 ……………………………… 115
電力損失, 周期電場中の誘電体の
 …………………14, 80 ff., 100 ff., 107 ff.

ナ

内部電場, ローレンツの… 24 ff., 178 ff.
―――, オンサーガーの… 27 ff., 178 ff.
内部能率 ……………………………33, 183

索引

ニ
二酸化炭素 …………………… 116-8, 125

ネ
ネオン ……………………………… 121
粘性 ……………………… 92ff., 97-8, 135

ハ
ハライド ………………………………… 170
パラフィン ……………… 118, 123ff., 136ff.
パルミチン酸セチル（パラフィン
ろうに溶けた）……………………… 146
ハロゲン化セシウム …………………… 171
ハロゲン化銅 …………………………… 171
ハロゲン化ルビデウム ………………… 171
反作用場 ……………… 27, 33, 36, 44, 181

フ
分極 ……………………………… 2-3, 70
分極の異方性 ………………………… 122-3
分極波 ………………………………… 161ff.
分極率 …………………………… 30, 115ff.
分子 ……………………………… 115ff.; passim
分子分極率 ……………………………… 121

ヘ
ヘプタン ………………………………… 134
ヘリウム ………………………………… 121
ベンジル アルコール樹脂 …………… 146
ベンゼン ………………………………… 118
ベンゾフェノン溶液 …………………… 131
ペンタメチル クロルベンゼン …… 149
ペンタン ………………………………… 125

ミ

ム
水 ……………………………… 116, 148ff.

無極性分子 ………………… 28-9, 115ff.

メ
メタン ………………………………… 126-7

モ
模型（モデル），結晶固体に対する …59ff.
────，デバイの式に対する ……… 85ff.
────，複素誘電率に対する ……… 69ff.
────，静電誘電率に対する ……… 17ff.

ユ
誘電常数の温度依存性 …… 誘電率をみよ
誘電常数の周波数依存性 … 複素誘電率をみよ
誘電率 ……………………… 1ff., passim
────（静電）………………… 2, 16ff.
────の一般統計理論 ……………… 39ff.
────無極性物質中の双極性分子の
　稀薄溶液に対する …… 33ff., 128ff.
────気体の ……………… 30ff., 126ff.
────イオン結晶の ……………… 160ff.
────混合体の ……………………… 51ff.
────有極性液体の ……… 54ff., 141ff.
────固体の ……………… 58ff., 141ff.
────球状分子の ……………… 33-4, 35ff.
────の温度依存性 … 12-13, 30ff., 50ff.
　52-67, 83ff., 125-128, 213ff.
────（複素）…………………… 6, 68ff.
────の周波数依存性 8, 68ff., 80, 125ff.
　129ff., 141ff.
────の実部と虚部の間の関係 … 8, 176

リ
硫化水素固（体）……………………… 143

Fröhlich H: Theory of Dielectrics

1960年12月15日 第1刷発行	
1963年 7月15日 第2刷発行	￥750.

訳　者　　永宮健夫
　　　　　中井祥夫

発行者　　吉　岡　清　久

印刷者　　出　間　照　久

発行所　京都市左京区北白川西町78　吉岡書店

発売元　東京都中央区日本橋2丁目6　丸善株式会社

天業社印刷・田中製本

誘電体論　[POD版]

2000年2月15日	発行
著　者	フレーリッヒ
訳　者	永宮　健夫・中井　祥夫
発行者	吉岡　誠
発　行	株式会社 吉岡書店 〒606-8225 京都市左京区田中門前町87 TEL 075-781-4747 FAX 075-701-9075
印刷・製本	ココデ印刷株式会社 〒173-0001 東京都板橋区本町34-5

ISBN978-4-8427-0277-3　　　　Printed in Japan

本書の無断複製複写(コピー)は、特定の場合を除き、著作者・出版社の権利侵害になります。